交通版 高等学校土木工程专业规划教材

JIAOTONGBAN GAODENG XUEXIAO TUMU GONGCHENG ZHUANYE GUIHUA JIAOCAI

结构力学 （下 册）

Jiegou Lixue

林继德 段敬民 甘亚南 主编

王立忠 主审

人民交通出版社

China Communications Press

内 容 提 要

本书是交通版高等学校土木工程专业规划教材之一，是按照教育部力学课程教学指导委员会拟定的《结构力学教学基本要求》编写的。

全书共十三章，分上、下两册。上册共九章，内容包括：第一章绪论；第二章平面体系的几何组成分析；第三章静定梁、静定平面刚架和三铰拱；第四章静定桁架和组合结构；第五章虚功原理和结构的位移计算；第六章力法；第七章位移法；第八章力矩分配法；第九章结构在移动荷载下的计算。下册共四章，内容包括：第十章矩阵位移法；第十一章结构的动力计算；第十二章梁和刚架的极限荷载；第十三章结构的稳定问题。每章均有思考题、习题及习题答案。

本书为土木工程专业，即"大土木"的房建、路桥、水利等各类专门化方向的教材，也可供有关工程技术人员参考。

图书在版编目（CIP）数据

结构力学. 下册/林继德　等主编. —北京：人民
交通出版社，2010.6
ISBN 978-7-114-08482-9

I.①结⋯　II.①林⋯　III.①土木结构—结构力学—
高等学校—教材　IV.①TU311

中国版本图书馆 CIP 数据核字（2010）第 105383 号

交通版高等学校土木工程专业规划教材

书　　名：结构力学（下册）
著 作 者：林继德　段敬民　甘亚南
责任编辑：张征宇　赵瑞琴
出版发行：人民交通出版社
地　　址：（100011）北京市朝阳区安定门外外馆斜街 3 号
网　　址：http://www.ccpress.com.cn
销售电话：（010）59757969,59757973
总 经 销：人民交通出版社发行部
经　　销：各地新华书店
印　　刷：北京交通印务实业公司
开　　本：787×1092　1/16
印　　张：13.5
字　　数：328 千
版　　次：2010 年 7 月　第 1 版
印　　次：2010 年 7 月　第 1 次印刷
书　　号：ISBN 978-7-114-08482-9
定　　价：26.00 元

交 通 版

高等学校土木工程专业规划教材

编 委 会

主 任 委 员：阎兴华

副主任委员：张向东　李帼昌　魏连雨　赵　尘

　　　　　　宗　兰　马芹永　段敬民　黄炳生

委　　　员：彭大文　林继德　张俊平　刘春原

　　　　　　党星海　刘正保　刘华新　丁海平

秘 书 长：张征宇

序

XU

随着科学技术的迅猛发展、全球经济一体化趋势的进一步加强以及国力竞争的日趋激烈,作为实施"科教兴国"战略重要战线的高等学校,面临着新的机遇与挑战。高等教育战线按照"巩固、深化、提高、发展"的方针,着力提高高等教育的水平和质量,取得了举世瞩目的成就,实现了改革和发展的历史性跨越。

在这个前所未有的发展时期,高等学校的土木类教材建设也取得了很大成绩,出版了许多优秀教材,但在满足不同层次的院校和不同层次的学生需求方面,还存在较大的差距,部分教材尚未能反映最新颁布的规范内容。为了配合高等学校的教学改革和教材建设,体现高等学校在教材建设上的特色和优势,满足高校及社会对土木类专业教材的多层次要求,适应我国国民经济建设的最新形势,人民交通出版社组织了全国二十余所高等学校编写"交通版高等学校土木工程专业规划教材",并于 2004 年 9 月在重庆召开了第一次编写工作会议,确定了教材编写的总体思路;于 2004 年 11 月在北京召开了第二次编写工作会议,全面审定了各门教材的编写大纲。在编者和出版社的共同努力下,目前这套规划教材已陆续出版。

这套教材包括"土木工程概论"、"建筑工程施工"等 31 门课程,涵盖了土木工程专业的专业基础课和专业课的主要系列课程。这套教材的编写原则是"厚基础、重能力、求创新,以培养应用型人才为主",强调结合新规范、增大例题、图解等内容的比例并适当反映本学科领域的新发展,力求通俗易懂、图文并茂。其中,对专业基础课要求理论体系完整、严密、适度,兼顾各专业方向,应达到教育部和专业教学指导委员会的规定要求;对专业课要体现出"重应用"及"加强创新能力和工程素质培养"的特色,保证知识体系的完整性、准确性、正确性和适应性。专业课教材原则上按课群组划分不同专业方向分别考虑,不在一本教材中体现多专业内容。

反映土木工程领域的最新技术发展、符合我国国情、与现有教材相比具有明显特色是这套教材所力求达到的,在各相关院校及所有编审人员的共同努力下,交通版高等学校土木工程专业规划教材必将对我国高等学校土木工程专业建设起到重要的促进作用。

交通版高等学校土木工程专业规划教材编审委员会

人民交通出版社

前言

QIANYAN

　　本书是根据高等学校学科建设发展的需要，由人民交通出版社组织河北建筑工程学院、天津城市建设学院、北京建筑工程学院、河南理工大学、南阳理工学院、华北水利水电学院、西南交通大学，按照土木工程专业的培养目标和教学大纲，本着"厚基础、重能力、求创新、以培养应用型人才为主"的总体思想，结合编者多年的教学经验编写而成的。

　　本书以结构力学基本概念、基本原理及科学运算为主线，以学生素质能力为目标，准确把握结构力学教学基本要求。本书体现了概念结构力学的基本思想，并加强了结构电算的内容。在教材组织上力求使教师易教、学生易学，为此与其他同类教材相比增加了一定数量的例题和习题，并在各章后加入思考题，以活跃思维、启发思考，提高对问题本质的认识。此外对某些非重点内容也是通过思考题和习题引导学生自己思考、掌握，而不是不分主次地对所有内容全面铺叙，这样更有利于抓重点，精讲多练，启发学生独立思考。全书始终注重分析问题和解决问题能力的培养。本书除作为土木工程专业的教材外，也可作为土木工程专业的工程技术及科研人员的参考书。

　　本书由林继德、段敬民、甘亚南主编，由王立忠主审。各章编写分工如下：第一、六章由林继德编写；第二章由段敬民编写；第三章由毕全超编写；第四章由朱宁芹编写；第五章由魏俊亚编写；第七章由甘亚南编写；第八章由杨庆年编写；第九章由张方、周万俊编写；第十章由崔恩第编写；第十一章由符怡编写；第十二章由林松编写；第十三章由张方、周淼编写；全书由林继德修改、统稿。在编写过程中，得到了许多同行的大力帮助，在此深表谢意。

　　对审稿人王立忠的精心审阅和指导深表谢意。

　　由于水平有限，对本书中存在的不足之处敬请读者不吝赐教。

编者

2010 年 6 月

目录 MULU

第十章 矩阵位移法
DISHIZHANG

第一节 概 述

力法、位移法和渐近法是建立在手算基础上的结构分析方法。当实际结构的形状和所受荷载比较复杂时,用传统的手算方法对其进行计算,工作量是相当大的,有时甚至不能求解。随着现代电子计算机的广泛应用,结构分析的计算方法也得到空前的发展,有限元法就是伴随着电子计算机技术的进步而发展起来的一种新兴数值分析方法。应用有限元法对杆件结构或连续体进行分析时都要借助矩阵。矩阵表达式简洁、紧凑,便于编制计算机程序,适宜在高速数字计算机进行自动化运算。

传统位移法和矩阵位移法基本原理是相同的,只是后者在表达形式上采用了矩阵形式。矩阵方法用于分析杆件结构时,通常称为结构矩阵分析方法;用于分析连续体时,称为有限单元法。结构矩阵分析法就是有限单元法在杆件结构分析中的应用。

结构矩阵分析方法的基本思路是将结构看成是由有限个单元组成的整体,以单元结点的位移或结点力作为基本未知量求解。其解题过程可以概括为:"一分一合"。所谓"分"就是将结构离散为单元。通过单元分析,根据物理条件确定单元杆端力与杆端位移之间的关系式,即"单元刚度方程"。所谓"合"就是根据位移条件确定结点位移和杆端位移之间的关系,以及根据平衡条件确定结点力与杆端力之间的关系,将已经离散的单元再组合为原结构。这样,通过"一分一合"或"拆了再搭"的过程,建立结点力与结点位移之间的关系式,即整个结构的刚度方程。最后,解算刚度方程,完成结构计算。

与传统的力法、位移法和混合法相对应,结构矩阵分析方法依所选未知量不同,也可分为矩阵力法、矩阵位移法和混合法。当以结构的多余约束力为基本未知量时,称为矩阵力法,亦称柔度法;当以结构的结点位移为基本未知量时,称为矩阵位移法,亦称刚度度法;当以结构中部分多余约束力及部分结点位移为基本未知量时,则称为混合法。在杆件结构矩阵分析中,混合法很少采用。矩阵力法用于分析超静定结构时,由于基本体系和多余约束力未知量的选取不是唯一的,因此它不适合编制计算机通用程序。而矩阵位移法的基本体系和结点位移未知量的选择一般来说是唯一的,这一点为编制计算机通用程序提供了便利,因而矩阵位移法得到了广泛的应用。矩阵位移法又有刚度法和直接刚度法之分。二者的基本原理无本质区别,只是在形成整体刚度矩阵时,使用的方法不同。相比较来说,直接刚度法要简便得多,因而得到广泛的应用。本书只介绍矩阵位移法中的直接刚度法。

在电子计算机得到广泛应用之前,结构分析靠"手算"完成。由于计算工具以计算尺、手摇计算器为主,因此,为了避免大量繁杂、重复的运算,设计人员在计算技巧方面做了许多研究工作。随着计算机技术的发展,将矩阵简洁、明快的数学表达形式与高速、准确运算的电子计算机结合在一起,形成了现代结构分析的"电算"。电算适合于系统化、模式化的计算过程。它要求数据结构简明、规范,大量的、重复性地计算并不会增加难度,但计算时头绪杂乱,则会给编制电算程序带来困难。这就是人们常说的"手算怕繁,电算怕乱"的道理。

本章在介绍矩阵位移法的同时,用手算计算了少量简单的问题,以利于读者了解结构矩阵分析的原理和过程,为编制结构计算程序做了简单的铺垫。计算结果可作为检验程序正确性的依据。

第二节 单 元 分 析

一、单元的内力和变形

1. 单元的划分

整个结构可视为有限个单元的集合体。对杆件结构而言,每一根直杆都可以划分为一个或几个单元。单元与单元相连接的点称为结点。换言之,单元与单元之间是用结点连接在一起的。对于图 10-1a)所示的刚架,其单元和结点的化分如图 10-1b)所示。图中 1、3、4、6、7、8结点称为构造结点。构造结点包括杆件的汇交点、转折点、支承点和截面的突变点,它是由结构本身构造的特征决定的。而 2、5 结点称为非构造结点,它不是由结构本身构造的特征决定的。之所以将单元上集中荷载作用点作为结点处理,是为了保证结构只承受结点荷载作用。关于单元上承受非结点荷载的另一种处理方法是把它改用等效的结点荷载来代替。对于图 10-1b)所示单元⑦的情况,只能将均布荷载改用等效的结点荷载来代替。

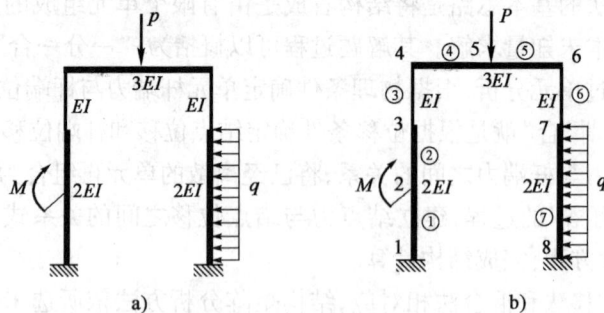

图 10-1 单元和结点的划分

a)门式刚架;b)结点、单元编号情况

对杆件结构而言,由于单元受力情况不同,一般可分为刚架单元(一般单元)、桁架单元和梁单元。分析刚架单元时应同时考虑弯矩、剪力和轴力的作用,对桁架单元一般只考虑轴力的影响,而梁单元一般同时考虑弯矩和剪力的影响。当所研究的结构为空间刚架时,除考虑弯矩、剪力和轴力的作用外,还应考虑扭矩的作用。

2. 单元的内力

对杆件结构而言，每一单元都是一根直杆。直杆两端的内力称为单元的杆端力。当单元的杆端力确定后，则可以求出单元任意截面上的内力。所以，单元的杆端力是单元内力的代表。

建立一个坐标系来描述单元的内力。这种专属于某一个单元的坐标系称为局部坐标系，用 $\overline{O}xyz$ 表示。设单元的编号为 e，单元的始端记为 1、末端记为 2，称为局部号。杆轴与 $\bar{x}$ 轴重合，截面的两个主轴分别与 $\bar{y}$ 轴、$\bar{z}$ 轴重合。对平面结构，单元杆端力为图 10-2 所示的杆端力方向均为正。在这种情况下，杆端力与杆的内力是一致的，它们分别对应 1、2 点的轴力、剪力和弯矩。

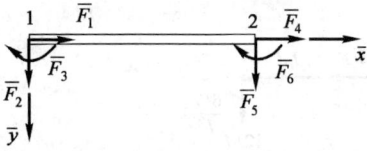

图 10-2 局部坐标系下的单元杆端力

$$\overline{F}^{\textcircled{e}} = \left[\overline{F}_1 \vdots \overline{F}_2\right]^{\textcircled{e}\mathrm{T}} = \left[\overline{F}_1 \quad \overline{F}_2 \quad \overline{F}_3 \vdots \overline{F}_4 \quad \overline{F}_5 \quad \overline{F}_6\right]^{\textcircled{e}\mathrm{T}} \tag{10-1}$$

$$\overline{F}^{\textcircled{e}} = \left[\overline{F}_1 \vdots \overline{F}_2\right]^{\textcircled{e}\mathrm{T}} = \left[N_1 \quad Q_1 \quad M_1 \vdots N_2 \quad Q_2 \quad M_2\right]^{\textcircled{e}\mathrm{T}} \tag{10-2}$$

3. 单元的变形

当荷载作用在结构上时，组成结构的单元将发生变形，单元的两端将发生位移。该位移称为杆端位移。我们用杆端位移来表示单元的变形。

单元 $\textcircled{e}$ 的杆端位移可表示为

$$\overline{\delta}^{\textcircled{e}} = \left[\overline{\delta}_1 \vdots \overline{\delta}_2\right]^{\textcircled{e}\mathrm{T}} = \left[\overline{\delta}_1 \quad \overline{\delta}_2 \quad \overline{\delta}_3 \vdots \overline{\delta}_4 \quad \overline{\delta}_5 \quad \overline{\delta}_6\right]^{\textcircled{e}\mathrm{T}} \tag{10-3}$$

二、单元刚度矩阵和单元刚度方程

单元分析的目的在于得出单元刚度方程和单元刚度矩阵。单元刚度方程是单元的杆端力与杆端位移之间的关系式，而单元的刚度矩阵是单元的杆端位移与杆端力之间的变换矩阵。由于在一般杆件结构中，各单元的方向不尽相同。因此，必然会有若干杆件的局部坐标系与整体坐标系不一致。对于这些杆件单元，我们先要在局部坐标系下进行分析，建立单元刚度方程和刚度矩阵，而后再通过坐标变换，将它们转换为相应于整体坐标系的刚度方程和刚度矩阵。

为了分析问题方便，我们做如下规定：

（1）以直杆单元的轴线为局部坐标系的 $\bar{x}$ 轴，在单元轴线上划一箭头表示 $\bar{x}$ 轴的正方向，即由单元的始端指向单元的末端的方向。

（2）一律采用右手直角坐标系。由 x 轴与 $\bar{x}$ 轴的正方向按顺时针方向转 $90°$ 为 y 与 $\bar{y}$ 轴的正方向。一切与转动有关的量，如角位移、弯矩、力偶等，均以顺时针为正；一切与平动有关的量，如线位移、剪力、轴力、集中荷载、分布荷载等，以与坐标轴正向一致时为正。

（3）表示局部坐标系中各量值的文字符号，均在其上面加一横线；不加横线的表示整体坐标系下的量。

1. 一般单元

如果把所有的杆端力都作为计算对象，对单元不考虑任何约束，即相当于单元可以在平面内任意运动而不受任何约束，这样的单元称为一般单元。一般单元也称为刚架单元或自由式单元。

设单元 $\textcircled{e}$ 的弹性模量、截面惯性矩、横截面积分别为 E、I、A，杆长为 l，局部坐标系杆端力及杆端位移的正方向则如图 10-3 所示。

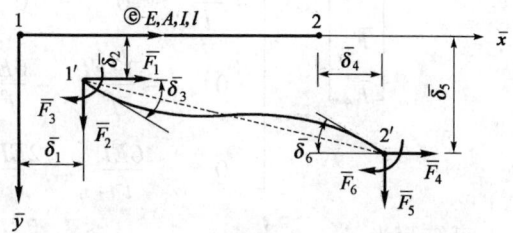

图 10-3 一般单元位移图

因为我们所讨论的问题局限于线性变形体系的范围,故不考虑轴向力、轴向变形与弯曲内力与弯曲变形的相互影响问题。它们可分别考虑再予以组合。

根据转角位移方程,可分别求出当 $\delta^{\circledcirc}$ 中一个分量等于1,而其余分量均为零时的单元杆端力,如图 10-4 所示。各图中未绘出的杆端位移分量和杆端力分量在该情况下其数值为零。

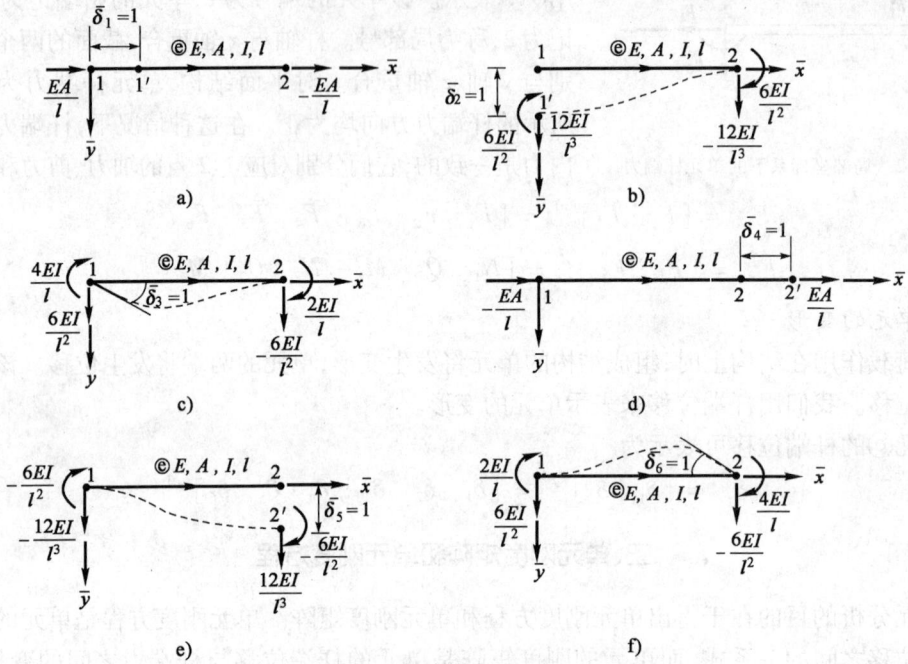

图 10-4 仅一个位移分量等于1时的杆端力
a)$\bar{\delta}_1 = 1$;b)$\bar{\delta}_2 = 1$;c)$\bar{\delta}_3 = 1$;d)$\bar{\delta}_4 = 1$;e)$\bar{\delta}_5 = 1$;f)$\bar{\delta}_6 = 1$

如图 10-4 所示,仅一个位移分量等于1时的杆端力称为刚度系数。当杆端位移分量等于任意值时,可以以刚度系数为基础进行叠加,进而求出杆端力的各分量。单元的杆端力与杆端位移之间的关系式称为单元刚度方程,以矩阵形式表示为

$$
\begin{bmatrix} \bar{F}_1 \\ \bar{F}_2 \\ \bar{F}_3 \\ \bar{F}_4 \\ \bar{F}_5 \\ \bar{F}_6 \end{bmatrix}^{\circledcirc} = \begin{bmatrix} \dfrac{EA}{l} & 0 & 0 & -\dfrac{EA}{l} & 0 & 0 \\ 0 & \dfrac{12EI}{l^3} & \dfrac{6EI}{l^2} & 0 & -\dfrac{12EI}{l^3} & \dfrac{6EI}{l^2} \\ 0 & \dfrac{6EI}{l^2} & \dfrac{4EI}{l} & 0 & -\dfrac{6EI}{l^2} & \dfrac{2EI}{l} \\ -\dfrac{EA}{l} & 0 & 0 & \dfrac{EA}{l} & 0 & 0 \\ 0 & -\dfrac{12EI}{l^3} & -\dfrac{6EI}{l^2} & 0 & \dfrac{12EI}{l^3} & -\dfrac{6EI}{l^2} \\ 0 & \dfrac{6EI}{l^2} & \dfrac{2EI}{l} & 0 & -\dfrac{6EI}{l^2} & \dfrac{4EI}{l} \end{bmatrix} \begin{bmatrix} \bar{\delta}_{1_1} \\ \bar{\delta}_2 \\ \bar{\delta}_3 \\ \bar{\delta}_4 \\ \bar{\delta}_5 \\ \bar{\delta}_6 \end{bmatrix}^{\circledcirc}
$$

(10-4)

可简写为

$$\bar{F}^{\circledcirc} = \bar{k}^{\circledcirc} \bar{\delta}^{\circledcirc}$$

(10-5)

其中

$$
\bar{k}^{\text{(e)}} = \left[\begin{array}{c|c} \bar{k}_{11} & \bar{k}_{12} \\ \hline \bar{k}_{21} & \bar{k}_{22} \end{array} \right]^{\text{(e)}} = \left[\begin{array}{ccc|ccc} \dfrac{EA}{l} & 0 & 0 & -\dfrac{EA}{l} & 0 & 0 \\[2mm] 0 & \dfrac{12EI}{l^3} & \dfrac{6EI}{l^2} & 0 & -\dfrac{12EI}{l^3} & \dfrac{6EI}{l^2} \\[2mm] 0 & \dfrac{6EI}{l^2} & \dfrac{4EI}{l} & 0 & -\dfrac{6EI}{l^2} & \dfrac{2EI}{l} \\[2mm] \hline -\dfrac{EA}{l} & 0 & 0 & \dfrac{EA}{l} & 0 & 0 \\[2mm] 0 & -\dfrac{12EI}{l^3} & -\dfrac{6EI}{l^2} & 0 & \dfrac{12EI}{l^3} & -\dfrac{6EI}{l^2} \\[2mm] 0 & \dfrac{6EI}{l^2} & \dfrac{2EI}{l} & 0 & -\dfrac{6EI}{l^2} & \dfrac{4EI}{l} \end{array} \right]^{\text{(e)}} \tag{10-6}
$$

称为单元刚度矩阵。它具有如下性质:

(1) 单元刚度矩阵 $\bar{k}^{\text{(e)}}$ 中的每个元素代表单位杆端位移引起的杆端力。例如元素 $\bar{k}_{ij}$ 的物理意义是第 j 个位移分量等于 1、其余位移分量为零时,所引起的第 i 个杆端力分量的值。$\bar{k}^{\text{(e)}}$ 中第 j 列元素表示第 j 个杆端位移分量为 1、其余位移分量为零时,所引起的各杆端力分量值;第 i 行元素表示各个杆端位移分量均等于 1 时,所引起的第 i 个杆端力分量值。

(2) 单元刚度矩阵 $\bar{k}^{\text{(e)}}$ 为对称矩阵,其元素 $\bar{k}_{ij} = \bar{k}_{ji}(i \neq j)$。

(3) 单元刚度矩阵 $\bar{k}^{\text{(e)}}$ 为奇异矩阵,其元素行列式等于零。由 $\bar{k}^{\text{(e)}}$ 的奇异性可知,$\bar{k}^{\text{(e)}}$ 的逆矩阵不存在。也就是说,如果给定杆端位移 $\bar{\delta}^{\text{(e)}}$,可由刚度方程 $\bar{F}^{\text{(e)}} = \bar{k}^{\text{(e)}} \bar{\delta}^{\text{(e)}}$ 求出杆端力的唯一解;但反过来,当杆端力 $\bar{F}^{\text{(e)}}$ 已知时,则不存在 $\bar{\delta}^{\text{(e)}} = (\bar{k}^{\text{(e)}})^{-1} \bar{F}^{\text{(e)}}$ 这样的关系式,因此无法求出杆端位移的唯一解。

(4) $\bar{k}^{\text{(e)}}$ 具有分块性质。

2. 轴力单元

只需考虑轴向杆端位移和轴向杆端力的单元,称为轴力单元。桁架中的杆单元就是轴力单元。在轴力单元中,杆端力与杆端位移的关系[如图 10-4a)、图 10-4d)]为

$$
\left[\begin{array}{c} \bar{F}_1 \\ \bar{F}_2 \end{array} \right]^{\text{(e)}} = \left[\begin{array}{cc} \dfrac{EA}{l} & -\dfrac{EA}{l} \\[2mm] -\dfrac{EA}{l} & \dfrac{EA}{l} \end{array} \right]^{\text{(e)}} \left[\begin{array}{c} \bar{\delta}_1 \\ \bar{\delta}_2 \end{array} \right]^{\text{(e)}} \tag{10-7}
$$

式(10-7) 是在局部坐标系下轴力单元的刚度方程,式中刚度矩阵为 2×2 阶方阵。一般情况下,单元的局部坐标系与结构的整体坐标系不都是相同的,因此需要进行坐标变换。为了便于坐标变换,将式(10-7)写成

$$
\left[\begin{array}{c} \bar{F}_1 \\ \bar{F}_2 \\ \bar{F}_3 \\ \bar{F}_4 \end{array} \right]^{\text{(e)}} = \left[\begin{array}{cccc} \dfrac{EA}{l} & 0 & -\dfrac{EA}{l} & 0 \\[2mm] 0 & 0 & 0 & 0 \\[2mm] -\dfrac{EA}{l} & 0 & \dfrac{EA}{l} & 0 \\[2mm] 0 & 0 & 0 & 0 \end{array} \right]^{\text{(e)}} \left[\begin{array}{c} \bar{\delta}_1 \\ \bar{\delta}_2 \\ \bar{\delta}_3 \\ \bar{\delta}_4 \end{array} \right]^{\text{(e)}} \tag{10-8}
$$

式中刚度矩阵为

$$k^{e} = \begin{bmatrix} \dfrac{EA}{l} & 0 & -\dfrac{EA}{l} & 0 \\ 0 & 0 & 0 & 0 \\ -\dfrac{EA}{l} & 0 & \dfrac{EA}{l} & 0 \\ 0 & 0 & 0 & 0 \end{bmatrix}^{e} \qquad (10\text{-}9)$$

显然,轴力单元的刚度矩阵 4×4 阶对称方阵,也是奇异矩阵。

式(10-7)中的轴力单元刚度矩阵可由一般单元刚度矩阵,即式(10-6)删去 2、3、5、6 行和列的元素得到。

3. 梁单元

对于只考虑结点弯矩与结点转角的梁单元刚度矩阵,也可以由一般单元刚度矩阵删去第 1、2、4、5 行和第 1、2、4、5 列的元素得到。

$$\bar{k}^{e} = \begin{bmatrix} \dfrac{4EI}{l} & \dfrac{2EI}{l} \\ \dfrac{2EI}{l} & \dfrac{4EI}{l} \end{bmatrix}^{e} \qquad (10\text{-}10)$$

由以上分析可以看出,梁单元和轴力单元是一般单元的特殊情况。用这种删去单元两端并不存在或不考虑的位移所对应的行和列的方法,还可以得到其他形式的特殊单元。

例 10-1 试建立同时考虑杆端弯矩与杆端剪力的梁单元刚度矩阵。该梁 E、A、I、l 为已知常数。

解

该单元局部坐标系下的单元杆端力如图 10-5 所示,局部坐标系下的杆端位移 $\bar{\delta}_1$、$\bar{\delta}_2$、$\bar{\delta}_3$、$\bar{\delta}_4$ 与杆端力一一对应,在图中没有绘出。

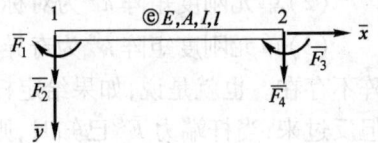

图 10-5 局部坐标系下的单元杆端力

根据转角位移方程,可确定各刚度系数(仅一个位移分量等于 1 时的杆端力),进而建立局部坐标系下的单元刚度矩阵[式(10-11)]。该单元刚度矩阵也可由一般单元刚度矩阵删去第 1、4 行和第 1、4 列的元素得到。

$$\bar{k}^{e} = \begin{bmatrix} \dfrac{12EI}{l^3} & \dfrac{6EI}{l^2} & -\dfrac{12EI}{l^3} & \dfrac{6EI}{l^2} \\ \dfrac{6EI}{l^2} & \dfrac{4EI}{l} & -\dfrac{6EI}{l^2} & \dfrac{2EI}{l} \\ -\dfrac{12EI}{l^3} & -\dfrac{6EI}{l^2} & \dfrac{12EI}{l^3} & -\dfrac{6EI}{l^2} \\ \dfrac{6EI}{l^2} & \dfrac{2EI}{l} & -\dfrac{6EI}{l^2} & \dfrac{4EI}{l} \end{bmatrix}^{e} \qquad (10\text{-}11)$$

三、坐标变换、整体坐标系下的单元刚度矩阵

在进行整体分析时,需要考虑结点的平衡条件和位移连续条件,同时还要将各单元刚度矩阵组集成整体刚度矩阵。由于各单元局部坐标系不尽相同,因而在电算中就难以做到自动化地处理各种数据,无法完成上述工作,因此必须建立一个各单元共同参照的坐标系 xOy,这就是整体坐标系,亦称公共坐标系。

图 10-6 所示为一般单元ⓔ,其中 $x O y$ 为局部坐标系,$\overline{xOy}$ 为整体坐标系。单元ⓔ在整体坐标系和局部坐标系中的杆端力列阵分别为

$$F^{ⓔ} = \left[\, F_1 \; \vdots \; F_2 \,\right]^{ⓔT} = \left[\, F_1 F_2 F_3 \; \vdots \; F_4 F_5 F_6 \,\right]^{ⓔT} \tag{10-12}$$

$$\overline{F}^{ⓔ} = \left[\, \overline{F}_1 \; \vdots \; \overline{F}_2 \,\right]^{ⓔT} = \left[\, \overline{F}_1 \overline{F}_2 \overline{F}_3 \; \vdots \; \overline{F}_4 \overline{F}_5 \overline{F}_6 \,\right]^{ⓔT} \tag{10-13}$$

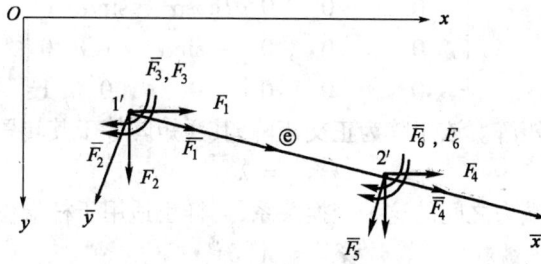

图 10-6 两种坐标系中的杆端力

而杆端位移列阵(与杆端力一一对应,图中没有绘出)分别为

$$\delta^{ⓔ} = \left[\, \delta_1 \; \vdots \; \delta_2 \,\right]^{ⓔT} = \left[\, \delta_1 \delta_2 \delta_3 \; \vdots \; \delta_4 \delta_5 \delta_6 \,\right]^{ⓔT} \tag{10-14}$$

$$\overline{\delta}^{ⓔ} = \left[\, \overline{\delta}_1 \; \vdots \; \overline{\delta}_2 \,\right]^{ⓔT} = \left[\, \overline{\delta}_1 \overline{\delta}_2 \overline{\delta}_3 \; \vdots \; \overline{\delta}_4 \overline{\delta}_5 \overline{\delta}_6 \,\right]^{ⓔT} \tag{10-15}$$

为了导出单元ⓔ1 端在整体坐标系中杆端力 F_1、F_2、F_3 与局部坐标系中杆端力 $\overline{F}_1$、$\overline{F}_2$、$\overline{F}_3$ 之间的关系,将 F_1、F_2 分别向 $\overline{x}$、$\overline{y}$ 轴上投影,可得

$$\left.\begin{array}{l} \overline{F}_1 = F_1\cos\alpha + F_2\sin\alpha \\ \overline{F}_2 = -F_1\sin\alpha + F_2\cos\alpha \end{array}\right\} \tag{10-16}$$

式中,α 表示由 x 轴转到 $\overline{x}$ 轴之间的夹角,以顺时针为正。

在两个坐标系中,力偶分量不变,即

$$\overline{F}_3 = F_3 \tag{10-17}$$

同理,对于单元ⓔ2 端在整体坐标系中杆端力 F_4、F_5、F_6 与局部坐标系中杆端力 $\overline{F}_4$、$\overline{F}_5$、$\overline{F}_6$ 之间的关系为

$$\left.\begin{array}{l} \overline{F}_4 = F_4\cos\alpha + F_5\sin\alpha \\ \overline{F}_5 = -F_4\sin\alpha + F_5\cos\alpha \\ \overline{F}_6 = F_6 \end{array}\right\} \tag{10-18}$$

将式(10-16)、式(10-17)、式(10-18)合并起来,并用矩阵表示,可得

$$\begin{bmatrix} \overline{F}_1 \\ \overline{F}_2 \\ \overline{F}_3 \\ ---- \\ \overline{F}_4 \\ \overline{F}_5 \\ \overline{F}_6 \end{bmatrix}^{ⓔ} = \begin{bmatrix} \cos\alpha & \sin\alpha & 0 & 0 & 0 & 0 \\ -\sin\alpha & \cos\alpha & 0 & 0 & 0 & 0 \\ 0 & 0 & 1 & 0 & 0 & 0 \\ ---- & & & ---- & & \\ 0 & 0 & 0 & \cos\alpha & \sin\alpha & 0 \\ 0 & 0 & 0 & -\sin\alpha & \cos\alpha & 0 \\ 0 & 0 & 0 & 0 & 0 & 1 \end{bmatrix}^{ⓔ} \begin{bmatrix} F_1 \\ F_2 \\ F_3 \\ ---- \\ F_4 \\ F_5 \\ F_6 \end{bmatrix}^{ⓔ} \tag{10-19}$$

此式即为两种坐标系中单元杆端力的变换式。该式可简写为

$$\overline{F}^{ⓔ} = \lambda^{ⓔ} F^{ⓔ} \tag{10-20}$$

式中：

$$\lambda^{\text{\textcircled{e}}} = \begin{bmatrix} \cos\alpha & \sin\alpha & 0 & 0 & 0 & 0 \\ -\sin\alpha & \cos\alpha & 0 & 0 & 0 & 0 \\ 0 & 0 & 1 & 0 & 0 & 0 \\ \hdashline 0 & 0 & 0 & \cos\alpha & \sin\alpha & 0 \\ 0 & 0 & 0 & -\sin\alpha & \cos\alpha & 0 \\ 0 & 0 & 0 & 0 & 0 & 1 \end{bmatrix}^{\text{\textcircled{e}}} \tag{10-21}$$

称为一般单元坐标变换矩阵。该矩阵为正交矩阵,其逆矩阵等于其转置矩阵,即

$$\lambda^{\text{\textcircled{e}}-1} = \lambda^{\text{\textcircled{e}}\text{T}} \tag{10-22}$$

显然,式(10-19)杆端力之间的这种变换关系,同样也适用于杆端位移之间的变换,即

$$\bar{\delta}^{\text{\textcircled{e}}} = \lambda^{\text{\textcircled{e}}}\delta^{\text{\textcircled{e}}} \tag{10-23}$$

将式(10-20)及式(10-23)代入式(10-5)

$$\lambda^{\text{\textcircled{e}}}F^{\text{\textcircled{e}}} = \bar{k}^{\text{\textcircled{e}}}\lambda^{\text{\textcircled{e}}}\delta^{\text{\textcircled{e}}}$$

等号两边同时左乘 $\lambda^{\text{\textcircled{e}}-1}$,并利用式(10-22),可得

$$F^{\text{\textcircled{e}}} = \lambda^{\text{\textcircled{e}}-1}\bar{k}^{\text{\textcircled{e}}}\lambda^{\text{\textcircled{e}}}\delta^{\text{\textcircled{e}}} = \lambda^{\text{\textcircled{e}}\text{T}}\bar{k}^{\text{\textcircled{e}}}\lambda^{\text{\textcircled{e}}}\delta^{\text{\textcircled{e}}} \tag{10-24}$$

令

$$k = \lambda^{\text{\textcircled{e}}\text{T}}\bar{k}^{\text{\textcircled{e}}}\lambda^{\text{\textcircled{e}}} \tag{10-25}$$

则得整体坐标系中的单元刚度矩阵

$$F^{\text{\textcircled{e}}} = k^{\text{\textcircled{e}}}\delta^{\text{\textcircled{e}}} \tag{10-26}$$

式(10-26)称为整体坐标系中的单元刚度矩阵;而式(10-25)称为两种坐标系中单元刚度矩阵的变换公式,利用该式可求得整体坐标系中的单元刚度矩阵 $k^{\text{\textcircled{e}}}$。

$k^{\text{\textcircled{e}}}$写成展开形式为

$$k^{\text{\textcircled{e}}} = \begin{bmatrix} S_1 & S_2 & -S_3 & -S_1 & -S_2 & -S_1 \\ & S_4 & S_5 & -S_2 & -S_4 & S_5 \\ & & 2S_6 & S_3 & -S_5 & S_6 \\ \hdashline & & & S_1 & S_2 & S_3 \\ & 对\quad称 & & & S_4 & -S_5 \\ & & & & & 2S_6 \end{bmatrix}^{\text{\textcircled{e}}} \tag{10-27}$$

式中：

$$\left. \begin{aligned} S_1 &= \frac{EA}{l}\cos^2\alpha + \frac{12EI}{l^3}\cos^2\alpha \\ S_2 &= \left(\frac{EA}{l} - \frac{12EI}{l^3} \right)\sin\alpha\cos\alpha \\ S_3 &= \frac{6EI}{l^2}\sin\alpha \\ S_4 &= \frac{EA}{l}\sin^2\alpha + \frac{12EI}{l^3}\cos^2\alpha \\ S_5 &= \frac{6EI}{l^2}\cos\alpha \\ S_6 &= \frac{2EI}{l} \end{aligned} \right\} \tag{10-28}$$

以上推导方法和步骤完全适合于轴力单元。由于轴力单元不需要考虑杆端角位移和杆端弯矩,所以杆端力列阵和杆端位移列阵均为 4 元素列阵,因而相应的轴力单元坐标变换矩阵为 4 阶方阵

$$\lambda^{e} = \begin{bmatrix} \cos\alpha & \sin\alpha & 0 & 0 \\ -\sin\alpha & \cos\alpha & 0 & 0 \\ 0 & 0 & \cos\alpha & \sin\alpha \\ 0 & 0 & -\sin\alpha & \cos\alpha \end{bmatrix}^{e} \qquad (10\text{-}29)$$

该矩阵仍为正交矩阵。它也可以由式(10-21)删去第 3、6 行与第 3、6 列得到。

式(10-20)、式(10-22)~式(10-26)这些关系式对轴力单元仍然成立。在整体坐标系中,轴力单元的单元刚度矩阵为

$$k^{e} = \frac{EA}{l} \begin{bmatrix} \cos^2\alpha & \sin\alpha\cos\alpha & -\cos^2\alpha & -\sin\alpha\cos\alpha \\ \sin\alpha\cos\alpha & \sin^2\alpha & -\sin\alpha\cos\alpha & -\sin^2\alpha \\ -\cos^2\alpha & -\sin\alpha\cos\alpha & \cos^2\alpha & \sin\alpha\cos\alpha \\ -\sin\alpha\cos\alpha & -\sin^2\alpha & \sin\alpha\cos\alpha & \sin^2\alpha \end{bmatrix}^{e} \qquad (10\text{-}30)$$

例 10-2 已知一般杆件单元整体坐标系下的单元刚度矩阵 k^{e},试推导局部坐标系下的单元刚度矩阵 $\bar{k}^{e}$ 的表达式。

解

整体坐标系下的单元刚度矩阵 k^{e} 由下式决定

$$k = \lambda^{eT} \bar{k}^{e} \lambda^{e}$$

上式两侧同时左乘 λ^{e}、右乘 λ^{e-1},同时考虑到 $\lambda^{e-1} = \lambda^{eT}$,于是可得局部坐标系下的单元刚度矩阵 $\bar{k}^{e}$ 的表达式如下

$$\bar{k}^{e} = \lambda k^{e} \lambda^{eT}$$

例 10-3 试求图 10-7a)所示刚架单元①和单元②的局部坐标系下的单元刚度矩阵和整体坐标系下的单元刚度矩阵。已知 $E = 30\text{MPa}, A = 0.18\text{m}^2, I = 5.4 \times 10^{-3}\text{m}^4, l_{AB} = 3\text{m}, l_{BC} = 4\text{m}$。

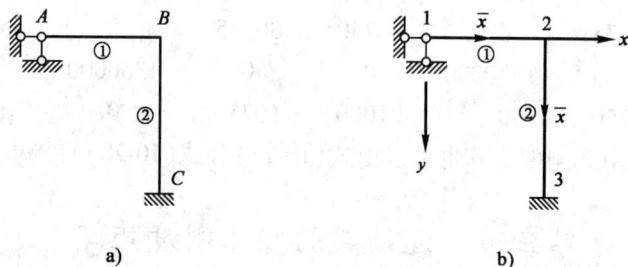

图 10-7 例 10-3 图

a)原结构;b)坐标系及单元、结点编号

解

(1)计算各单元局部坐标系下的单元刚度矩阵。

单元①:将 $E = 30\text{MPa}, A = 0.18\text{m}^2, I = 5.4 \times 10^{-3}\text{m}^4, l_{AB} = 3\text{m}$ 代入式(10-6)得

$$\bar{k}^{①} = \begin{bmatrix} 1800000 & 0 & 0 & -1800000 & 0 & 0 \\ 0 & 72000 & 108000 & 0 & -72000 & 108000 \\ 0 & 108000 & 216000 & 0 & -108000 & 108000 \\ -1800000 & 0 & 0 & 1800000 & 0 & 0 \\ 0 & -72000 & -108000 & 0 & 72000 & -108000 \\ 0 & 108000 & 108000 & 0 & -108000 & 216000 \end{bmatrix}$$

单元②:将 $E=30\text{MPa}, A=0.18\text{m}^2, I=5.4\times10^{-3}\text{m}^4, l_{BC}=4\text{m}$ 代入式(10-6)得

$$\bar{k}^{①} = \begin{bmatrix} 1350000 & 0 & 0 & -1350000 & 0 & 0 \\ 0 & 30375 & 60750 & 0 & -30375 & 60750 \\ 0 & 60750 & 162000 & 0 & -60750 & 81000 \\ -1350000 & 0 & 0 & 1350000 & 0 & 0 \\ 0 & -30375 & -60750 & 0 & 30375 & -60750 \\ 0 & 60750 & 81000 & 0 & -60750 & 162000 \end{bmatrix}$$

(2)计算各单元整体坐标系下的单元刚度矩阵。

单元①的 $\alpha=0, \lambda^{①}=I^{①}$,

$$k^{①} = \lambda^{①\text{T}} k^{①} \lambda^{①} = \bar{k}^{①}$$

单元②的 $\alpha=90°, \cos\alpha=0, \sin\alpha=1$,

$$\lambda^{②} = \begin{bmatrix} 0 & 1 & 0 & 0 & 0 & 0 \\ -1 & 0 & 0 & 0 & 0 & 0 \\ 0 & 0 & 1 & 0 & 0 & 0 \\ 0 & 0 & 0 & 0 & 1 & 0 \\ 0 & 0 & 0 & -1 & 0 & 0 \\ 0 & 0 & 0 & 0 & 0 & 1 \end{bmatrix}^{②}$$

$$k^{②} = \lambda^{②\text{T}} k^{②} \lambda^{②}$$

$$= \begin{bmatrix} 30375 & 0 & -60750 & -30375 & 0 & -60750 \\ 0 & 1350000 & 0 & 0 & -1350000 & 0 \\ -60750 & 0 & 162000 & 60750 & 0 & 81000 \\ -30375 & 0 & 60750 & 30375 & 0 & 60750 \\ 0 & -1350000 & 0 & 0 & 1350000 & 0 \\ -60750 & 0 & 81000 & 60750 & 0 & 162000 \end{bmatrix}$$

整体坐标系下的单元刚度矩阵也可以由式(10-27)和式(10-28)直接求出。

第三节　连续梁的整体刚度矩阵

一、矩阵位移法的概念

现以图 10-8a)所示两跨连续梁为例,说明矩阵位移法的解题思路。为便于阐述,假设该梁只承受结点力偶 P_1、P_2 和 P_3 的作用,且不考虑轴向变形和剪切变形的影响。设梁段 12、23 的线刚度分别为 i_1、i_2。

1. 确定结点、划分单元、建立坐标系

结点编号由左至右按自然数1、2、3排列,则两结点间的梁段即为一独立单元,①、②为单元编号。整个连续梁参考的坐标系为xOy,取x轴与梁轴线平行,并以指向右为正,y轴指向下为正。依右手坐标系规定,结点角位移、结点力偶、杆端角位移和杆端力偶均以顺时针为正。为了便于单元分析,对每个单元也应建立坐标系$\overline{xOy}$,称为局部坐标系,其方向也是x轴以指向右为正,y轴指向下为正。每一单元的始端记为1、末端记为2,称为局部号,如图10-8b)所示。

2. 单元分析

单元分析的目的是研究单元杆端力与杆端位移的关系,建立单元刚度方程。

将原结构体系离散为单元和结点,如图10-8c)所示。在各单元端部作用有杆端力(杆端弯矩)并发生杆端位移(杆端转角)。根据转角位移方程,可写出杆端弯矩和杆端转角的关系

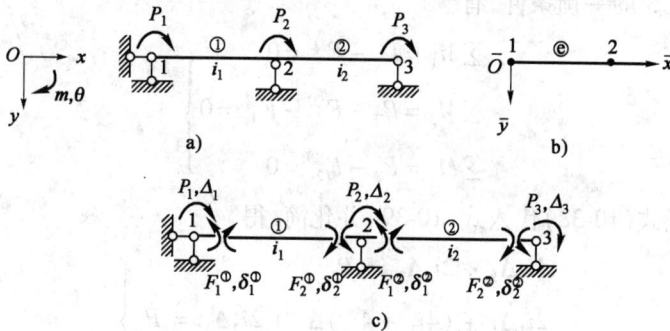

图10-8 两跨连续梁的离散化

a)整体坐标系及编码等;b)局部坐标系及编码等;c)结构的离散情况

单元①

$$F_1^{①} = 4i_1\delta_1^{①} + 2i_1\delta_2^{①} \brace F_2^{①} = 2i_1\delta_1^{①} + 4i_1\delta_2^{①}} \qquad (10\text{-}31)$$

写成矩阵形式

$$\begin{bmatrix} F_1^{①} \\ F_2^{①} \end{bmatrix} = \begin{bmatrix} 4i_1 & 2i_1 \\ 2i_1 & 4i_1 \end{bmatrix} \begin{bmatrix} \delta_1^{①} \\ \delta_2^{①} \end{bmatrix} \qquad (10\text{-}32)$$

单元②

$$F_1^{①} = 4i_1\delta_1^{①} + 2i_1\delta_2^{①} \brace F_2^{①} = 2i_1\delta_1^{①} + 4i_1\delta_2^{①}} \qquad (10\text{-}33)$$

写成矩阵形式

$$\begin{bmatrix} F_1^{②} \\ F_2^{②} \end{bmatrix} = \begin{bmatrix} 4i_2 & 2i_2 \\ 2i_2 & 4i_2 \end{bmatrix} \begin{bmatrix} \delta_1^{②} \\ \delta_2^{②} \end{bmatrix} \qquad (10\text{-}34)$$

式中:$F_1^{ⓔ}$、$F_2^{ⓔ}$分别表示单元ⓔ在始端和末端的杆端力矩;$\delta_1^{ⓔ}$、$\delta_2^{ⓔ}$分别表示单元ⓔ在始端和末端的杆端转角。单元刚度方程的一般表达式为

$$F^{ⓔ} = k^{ⓔ}\delta^{ⓔ} \qquad (10\text{-}35)$$

3. 整体分析

整体分析是根据位移条件和平衡条件,将离散的单元组集成原结构,建立整个结构的刚度方程。

根据结点 1、2、3 的位移连续条件,有

$$\left.\begin{aligned}\delta_1^{①} &= \Delta_1 \\ \delta_2^{②} = \delta_1^{②} &= \Delta_2 \\ \delta_2^{②} &= \Delta_3\end{aligned}\right\} \qquad (10\text{-}36)$$

式中:Δ_1、Δ_2、Δ_3 分别表示连续梁在结点 1、2、3 的转角。把式(10-36)代入式(10-31)、式(10-33)分别得

$$\left.\begin{aligned}F_1^{①} &= 4i_1\Delta_1 + 2i_1\Delta_2 \\ F_2^{②} &= 2i_1\Delta_1 + 4i_1\Delta_2\end{aligned}\right\} \qquad (10\text{-}37)$$

$$\left.\begin{aligned}F_1^{①} &= 4i_1\Delta_2 + 2i_1\Delta_3 \\ F_2^{①} &= 2i_1\Delta_2 + 4i_1\Delta_3\end{aligned}\right\} \qquad (10\text{-}38)$$

根据结点 1、2、3 的平衡条件,有

$$\left.\begin{aligned}\sum M_1 &= P_1 - F_1^{①} = 0 \\ \sum M_2 &= P_2 - F_2^{①} - F_1^{②} = 0 \\ \sum M_3 &= P_3 - F_2^{②} = 0\end{aligned}\right\} \qquad (10\text{-}39)$$

把式(10-37)、式(10-38)代入式(10-39)并化简,得

$$\left.\begin{aligned}4i_1\Delta_1 + 2i_1\Delta_2 &= P_1 \\ 2i_1\Delta_1 + (4i_1 + 4i_2)\Delta_2 + 2i_2\Delta_3 &= P_2 \\ 2i_2\Delta_2 + 4i_2\Delta_3 &= P_3\end{aligned}\right\} \qquad (10\text{-}40)$$

这就是本例的位移法方程。该方程可用矩阵表示为

$$\begin{bmatrix} 4i_1 & 2i_1 & 0 \\ 2i_1 & 4i_1+4i_2 & 2i_2 \\ 0 & 2i_2 & 4i_2 \end{bmatrix}\begin{bmatrix}\Delta_1 \\ \Delta_2 \\ \Delta_3\end{bmatrix} = \begin{bmatrix}P_1 \\ P_2 \\ P_3\end{bmatrix} \qquad (10\text{-}41)$$

或简写成

$$K\Delta = P \qquad (10\text{-}42)$$

式中

$$K = \begin{bmatrix} K_{11} & K_{12} & K_{13} \\ K_{11} & K_{12} & K_{13} \\ K_{11} & K_{12} & K_{13} \end{bmatrix} = \begin{bmatrix} 4i_1 & 2i_1 & 0 \\ 2i_1 & 4i_1+4i_2 & 2i_2 \\ 0 & 2i_2 & 4i_2 \end{bmatrix} \qquad (10\text{-}43)$$

即为连续梁整体刚度矩阵。而

$$\Delta = \begin{bmatrix} \Delta_1 & \Delta_2 & \Delta_3 \end{bmatrix}^{\mathrm{T}} \qquad (10\text{-}44)$$

$$P = \begin{bmatrix} P_1 & P_2 & P_3 \end{bmatrix}^{\mathrm{T}} \qquad (10\text{-}45)$$

分别称为结点位移列阵和结点荷载列阵。式(10-42)称为整体刚度方程。

整体刚度方程(10-41)和式(10-42)是以结点位移为基本未知量的线性方程组,求解它可以得出结点位移 Δ_1、Δ_2、Δ_3,再代入式(10-37)、式(10-38)即可求出各单元的杆端弯矩。

二、直接刚度法

上述建立整体刚度矩阵的方法比较繁琐，常用的方法是刚度集成法，也称直接刚度法。所谓直接刚度法就是在整体坐标系下，将单元刚度矩阵中的子块或元素，按照其下标放到整体刚度矩阵中相应位置，"对号入座，同号相加"，组集整体刚度矩阵的方法。在本例题中，单元①的刚度矩阵及下标为

$$k^{①}=\begin{matrix} & \begin{matrix}1 & \quad 2\end{matrix} & \\ & \begin{bmatrix}k_{11}^{①} & k_{12}^{①}\\ k_{21}^{①} & k_{22}^{①}\end{bmatrix} & \begin{matrix}1\\2\end{matrix}\end{matrix}=\begin{matrix} & \begin{matrix}1 & \quad 2\end{matrix} & \\ & \begin{bmatrix}4i_1 & 2i_1\\ 2i_1 & 4i_1\end{bmatrix} & \begin{matrix}1\\2\end{matrix}\end{matrix}$$

单元②的刚度矩阵及下标为

$$k^{②}=\begin{matrix} & \begin{matrix}2 & \quad 3\end{matrix} & \\ & \begin{bmatrix}k_{22}^{②} & k_{23}^{②}\\ k_{32}^{②} & k_{33}^{②}\end{bmatrix} & \begin{matrix}2\\3\end{matrix}\end{matrix}=\begin{matrix} & \begin{matrix}2 & \quad 3\end{matrix} & \\ & \begin{bmatrix}4i_2 & 2i_2\\ 2i_2 & 4i_2\end{bmatrix} & \begin{matrix}2\\3\end{matrix}\end{matrix}$$

将单元①和单元②刚度矩阵中的子块，按照其下标放到整体刚度矩阵中相应位置，"对号入座，同号相加"，组集整体刚度矩阵如下

$$K=\begin{matrix} & \begin{matrix}1 & \qquad 2 & \qquad 3\end{matrix} & \\ & \begin{bmatrix}k_{11}^{①} & k_{12}^{①} & 0\\ k_{21}^{①} & k_{22}^{①}+k_{22}^{②} & k_{23}^{②}\\ 0 & k_{32}^{②} & k_{33}^{②}\end{bmatrix} & \begin{matrix}1\\2\\3\end{matrix}\end{matrix}=\begin{matrix} & \begin{matrix}1 & \qquad 2 & \qquad 3\end{matrix} & \\ & \begin{bmatrix}4i_1 & 2i_1 & 0\\ 2i_1 & 4i_1+4i_2 & 2i_2\\ 0 & 2i_2 & 4i_2\end{bmatrix} & \begin{matrix}1\\2\\3\end{matrix}\end{matrix}$$

对于图 10-9 所示具有 n 个结点和 $n-1$ 个单元的多跨连续梁，应用直接刚度法可建立 $n\times n$ 阶刚度方程如式(10-46)所示。

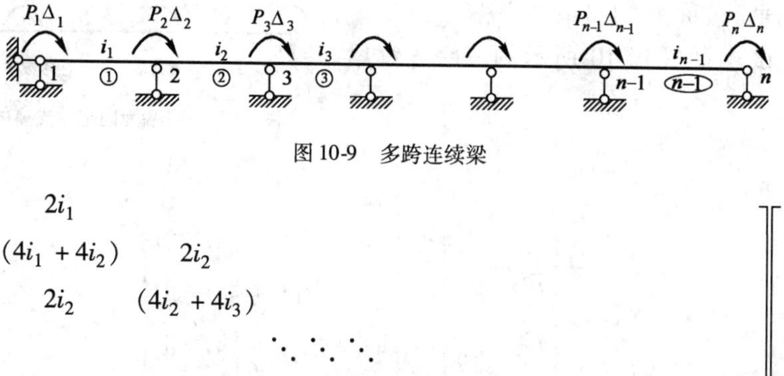

图 10-9　多跨连续梁

$$\begin{bmatrix}P_1\\P_2\\P_3\\\vdots\\P_{n-2}\\P_{n-1}\\P_n\end{bmatrix}=\begin{bmatrix}4i_1 & 2i_1 & & & & & \\ 2i_1 & (4i_1+4i_2) & 2i_2 & & & & \\ & 2i_2 & (4i_2+4i_3) & & & & \\ & & & \ddots\ \ddots\ \ddots & & & \\ & & & & (4i_{n-2}+4i_{n-1}) & 2i_{n-1} & \\ & & & & 2i_{n-1} & (4i_{n-1}+4i_n) & 2i_n\\ & & & & & 2i_n & 4i_n\end{bmatrix}\begin{bmatrix}\Delta_1\\\Delta_2\\\Delta_3\\\vdots\\\Delta_{n-2}\\\Delta_{n-1}\\\Delta_n\end{bmatrix}\qquad(10\text{-}46)$$

三、求解刚度方程时应注意的问题

1. 刚性支座条件的引入

当连续梁两端为固定端支座即刚性支承时，应对刚度方程[式(10-46)]进行修改。我们先就一般情况进行讨论。设第 i 个结点位移受到刚性支座的约束，则 $\Delta_i=0$，而 p_i 为未知的约束反力。相应的刚度方程为

$$\begin{bmatrix} K_{11} & K_{12} & \cdots & K_{1i} & \cdots & K_{1n} \\ K_{21} & K_{21} & \cdots & K_{2i} & \cdots & K_{2n} \\ \vdots & \vdots & & \vdots & & \vdots \\ K_{i1} & K_{i2} & \cdots & K_{ii} & \cdots & K_{in} \\ \vdots & \vdots & & \vdots & & \vdots \\ K_{n1} & K_{n2} & & K_{ni} & & K_{nn} \end{bmatrix} \begin{bmatrix} \Delta_1 \\ \Delta_2 \\ \vdots \\ \Delta_i \\ \vdots \\ \Delta_n \end{bmatrix} = \begin{bmatrix} P_1 \\ P_2 \\ \vdots \\ P_i \\ \vdots \\ P_n \end{bmatrix}$$

将上式移项后

$$\begin{bmatrix} K_{11} & K_{12} & \cdots & 0 & \cdots & K_{1n} \\ K_{21} & K_{21} & \cdots & 0 & \cdots & K_{2n} \\ \vdots & \vdots & & \vdots & & \vdots \\ 0 & 0 & \cdots & 1 & \cdots & 0 \\ \vdots & \vdots & & \vdots & & \vdots \\ K_{n1} & K_{n2} & & 0 & & K_{nn} \end{bmatrix} \begin{bmatrix} \Delta_1 \\ \Delta_2 \\ \vdots \\ \Delta_i \\ \vdots \\ \Delta_n \end{bmatrix} = \begin{bmatrix} P_1 - K_{1i}\Delta_i \\ P_2 - K_{2i}\Delta_i \\ \vdots \\ \left(P_i - \sum\limits_{\substack{j=1 \\ j \neq i}}^{n} K_{ij}\Delta_j\right) / K_{ii} \\ \vdots \\ P_n - K_{ni}\Delta_i \end{bmatrix} \qquad (10\text{-}47)$$

如果我们不准备用第 i 个方程求约束反力 P_i，只要求用它得出 $\Delta_i = 0$，则可将式（10-47）的右端列阵改为 $\begin{bmatrix} P_1 & P_2 & \cdots & P_{i-1} & 0 & P_{i+1} & \cdots & P_n \end{bmatrix}^{\mathrm{T}}$。这就保证了解出的 Δ_i 等于零。体现了引入刚性支座条件后的结果。

根据以上分析，一般情况下引入刚性支座的具体做法是：把主对角元素 K_{ii} 改为 1，第 i 行、i 列的其余元素都改为零，对应的荷载项 P_i 也改为零。这一方法通常被称为"主 1 副零"法。

例 10-4 试建立图 10-10 所示的三跨连续梁的刚度方程。

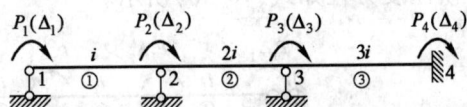

图 10-10 右端为固定端支座的三跨连续梁

解

单元刚度矩阵

$$k^{①} = \begin{bmatrix} k_{11}^{①} & k_{12}^{①} \\ k_{22}^{①} & k_{22}^{①} \end{bmatrix} = \begin{bmatrix} 4i_1 & 2i_1 \\ 2i_1 & 4i_1 \end{bmatrix} = \begin{bmatrix} 4i & 2i \\ 2i & 4i \end{bmatrix}$$

$$k^{②} = \begin{bmatrix} k_{22}^{②} & k_{23}^{②} \\ k_{32}^{②} & k_{33}^{②} \end{bmatrix} = \begin{bmatrix} 4i_2 & 2i_2 \\ 2i_2 & 4i_2 \end{bmatrix} = \begin{bmatrix} 8i & 4i \\ 4i & 8i \end{bmatrix}$$

$$k^{③} = \begin{bmatrix} k_{22}^{③} & k_{23}^{③} \\ k_{32}^{③} & k_{33}^{③} \end{bmatrix} = \begin{bmatrix} 4i_2 & 2i_2 \\ 2i_2 & 4i_2 \end{bmatrix} = \begin{bmatrix} 12i & 6i \\ 6i & 12i \end{bmatrix}$$

采用"直刚法"组集结构刚度矩阵

$$K = \begin{bmatrix} k_{11}^{①} & k_{12}^{①} & 0 & 0 \\ k_{21}^{①} & k_{22}^{①} + k_{22}^{②} & \bar{k}_{23}^{②} & 0 \\ 0 & \bar{k}_{32}^{②} & k_{33}^{②} + k_{33}^{③} & \bar{k}_{34}^{③} \\ 0 & 0 & \bar{k}_{43}^{③} & \bar{k}_{44}^{③} \end{bmatrix} = \begin{bmatrix} 4i & 2i & 0 & 0 \\ 2i & 12i & 4i & 0 \\ 0 & 4i & 20i & 6i \\ 0 & 0 & 6i & 12i \end{bmatrix}$$

连续梁的原始刚度方程

$$\begin{bmatrix} 4i_1 & 2i_1 & 0 & 0 \\ 2i & 12i & 4i & 0 \\ 0 & 4i & 20i & 6i \\ 0 & 0 & 6i & 12i \end{bmatrix} \begin{bmatrix} \Delta_1 \\ \Delta_2 \\ \Delta_3 \\ \Delta_4 \end{bmatrix} = \begin{bmatrix} P_1 \\ P_2 \\ P_3 \\ P_4 \end{bmatrix}$$

为了体现右端的刚性支座条件,应将式 K 按上面介绍的"主1副零"方法修改为

$$\begin{bmatrix} 4i_1 & 2i_1 & 0 & 0 \\ 2i & 12i & 4i & 0 \\ 0 & 4i & 20i & 0 \\ 0 & 0 & 0 & 1 \end{bmatrix} \begin{bmatrix} \Delta_1 \\ \Delta_2 \\ \Delta_3 \\ \Delta_4 \end{bmatrix} = \begin{bmatrix} P_1 \\ P_2 \\ P_3 \\ P_4 \end{bmatrix}$$

2. 非结点荷载的处理

当连续梁上的荷载除了直接作用在结点上的荷载 P_d 之外,还有作用在跨中的非结点荷载时,应将非结点荷载等效变换到结点上,即采用等效结点荷载计算。现以图 10-11a)所示仅承受非结点荷载的连续梁为例,说明计算等效结点的方法。

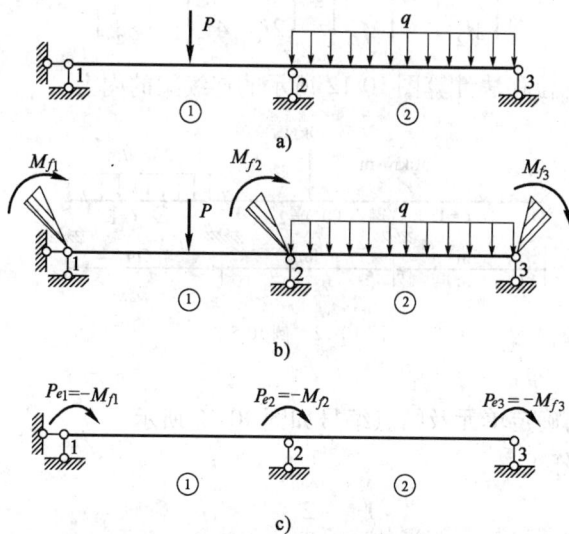

图 10-11 等效结点荷载的确定

a)原结构;b)固端弯矩;c)等效结点荷载引起的弯矩

首先,在各结点增加约束,阻止结点的移动和转动,使原结构成为两端固定梁的组合体[图 10-11b)]。这里由于只考虑结点角位移,且略去轴向变形,故只增加了刚臂约束。各杆在荷载作用下,杆端产生固端弯矩,记为

$$M_f^{\ominus} = \begin{bmatrix} M_{f1}^{\ominus} \\ M_{f2}^{\ominus} \end{bmatrix} \tag{10-48}$$

根据各结点的平衡条件,可求出个结点的约束力矩。约束力矩等于会集在该结点的固端力矩之和,以顺时针方向为正。

$$\begin{bmatrix} M_{f1} \\ M_{f2} \\ M_{f3} \end{bmatrix} = \begin{bmatrix} M_{f1}^{①} \\ M_{f2}^{①} + M_{f1}^{②} \\ M_{f2}^{②} \end{bmatrix} \quad\quad (10\text{-}49)$$

然后,去掉这些附加约束。具体做法是:在各结点施加一外力荷载 P_e,其大小与约束力矩相同,但方向相反[图 10-11c)]。该结点荷载 P_e 称为原非结点荷载的等效结点荷载。

$$P_e = \begin{bmatrix} P_{e1} \\ P_{e2} \\ P_{e3} \end{bmatrix} = \begin{bmatrix} -M_{f1}^{①} \\ -(M_{f2}^{①} + M_{f1}^{②}) \\ -M_{f2}^{②} \end{bmatrix} \quad\quad (10\text{-}50)$$

最后,叠加图 10-11b)和图 10-11c)两种情况,即得图 10-11a)的原始情况。

根据以上分析,非结点荷载作用下杆端弯矩由两部分组成,一部分是完全固结后由非结点荷载引起的固端弯矩,如图 10-11b)所示的情况,图中没有绘出固端弯矩,只绘出了由固端弯矩所引起的结点约束力矩;另一部分是在等效荷载作用下的杆端弯矩,如图 10-11c)所示情况,杆端弯矩没有绘出。将以上两种情况下的杆端弯矩叠加起来,即得非结点荷载作用下的各杆端的杆端弯矩

$$\begin{bmatrix} M_1^{e} \\ M_2^{e} \end{bmatrix} = \begin{bmatrix} M_{f1}^{e} \\ M_{f2}^{e} \end{bmatrix} + \begin{bmatrix} 4i_e & 2i_e \\ 2i_e & 4i_e \end{bmatrix} \begin{bmatrix} \delta_1^{e} \\ \delta_2^{e} \end{bmatrix} \quad\quad (10\text{-}51)$$

例 10-5   试用矩阵位移法计算图 10-12 所示的连续梁的内力。

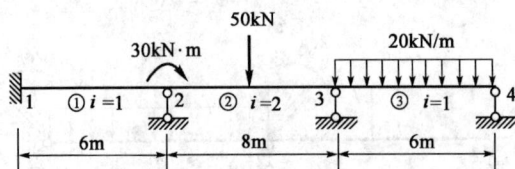

图 10-12   例 10-5 图

解

(1)将结构离散化,确定单元及结点编号如图 10-12 所示。

(2)求单元刚度矩阵

$$k^{①} = \begin{matrix} & 1 & 2 \\ & \begin{bmatrix} k_{11}^{①} & k_{12}^{①} \\ k_{21}^{①} & k_{22}^{①} \end{bmatrix} & \begin{matrix} 1 \\ 2 \end{matrix} \end{matrix} = \begin{bmatrix} 4 & 2 \\ 2 & 4 \end{bmatrix}$$

$$k^{②} = \begin{matrix} & 2 & 3 \\ & \begin{bmatrix} k_{22}^{②} & k_{23}^{②} \\ k_{32}^{②} & k_{33}^{②} \end{bmatrix} & \begin{matrix} 2 \\ 3 \end{matrix} \end{matrix} = \begin{bmatrix} 8 & 4 \\ 4 & 8 \end{bmatrix}$$

$$k^{③} = \begin{matrix} & 3 & 4 \\ & \begin{bmatrix} k_{33}^{③} & k_{34}^{③} \\ k_{43}^{③} & k_{44}^{③} \end{bmatrix} & \begin{matrix} 3 \\ 4 \end{matrix} \end{matrix} = \begin{bmatrix} 4 & 2 \\ 2 & 4 \end{bmatrix}$$

(3)按直接刚度法组集整体刚度矩阵。应用式(10-51),有

$$K = \begin{bmatrix} \overset{1}{k_{11}^{①}} & \overset{2}{k_{12}^{①}} & \overset{3}{0} & \overset{4}{0} \\ k_{21}^{①} & k_{22}^{①}+k_{22}^{②} & k_{23}^{②} & 0 \\ 0 & k_{32}^{②} & k_{33}^{②}+k_{33}^{③} & k_{34}^{③} \\ 0 & 0 & k_{43}^{③} & k_{44}^{③} \end{bmatrix} \begin{matrix} 1 \\ 2 \\ 3 \\ 4 \end{matrix} = \begin{bmatrix} 4 & 2 & 0 & 0 \\ 2 & 12 & 4 & 0 \\ 0 & 4 & 12 & 0 \\ 0 & 0 & 2 & 4 \end{bmatrix}$$

（4）求固端力矩、等效结点荷载并组集整个结构的荷载列阵。三个单元的固端力矩分别为

$$\begin{bmatrix} M_{f1}^{①} \\ M_{f2}^{①} \end{bmatrix} = \begin{bmatrix} 0 \\ 0 \end{bmatrix}, \begin{bmatrix} M_{f1}^{②} \\ M_{f2}^{②} \end{bmatrix} = \begin{bmatrix} -50 \\ +50 \end{bmatrix}, \begin{bmatrix} M_{f1}^{③} \\ M_{f2}^{③} \end{bmatrix} = \begin{bmatrix} -60 \\ +60 \end{bmatrix}$$

应用式（10-50）求得等效结点荷载列阵为

$$P_e = \begin{bmatrix} P_{e1} \\ P_{e2} \\ P_{e3} \\ P_{e4} \end{bmatrix} = \begin{bmatrix} -M_{f1}^{①} \\ -(M_{f2}^{①}+M_{f1}^{②}) \\ -(M_{f2}^{②}+M_{f1}^{②}) \\ -M_{f2}^{④} \end{bmatrix} = \begin{bmatrix} 0 \\ 50 \\ 10 \\ -60 \end{bmatrix}$$

直接作用在结点上的荷载列阵记为 P_d，为

$$P_d = \begin{bmatrix} 0 & 30 & 0 & 0 \end{bmatrix}^{\mathrm{T}}$$

将直接作用在结点上的荷载 P_d 与等效结点荷载 P_e 相加，整个结构的结点荷载列阵

$$P = P_d + P_e = \begin{bmatrix} 0 & 80 & 10 & -60 \end{bmatrix}^{\mathrm{T}}$$

（5）引入支承条件，修改刚度方程。本例中，支承条件为 $\Delta_1 = 0$，因此应对整体刚度矩阵 K 的第一行和列进行相应的修改，同时将荷载列阵 P 的第一个元素改为零。修改后整个结构的刚度方程为

$$\begin{bmatrix} 1 & 0 & 0 & 0 \\ 0 & 12 & 4 & 0 \\ 0 & 4 & 12 & 0 \\ 0 & 0 & 0 & 1 \end{bmatrix} \begin{bmatrix} \Delta_1 \\ \Delta_2 \\ \Delta_3 \\ \Delta_4 \end{bmatrix} = \begin{bmatrix} 0 \\ 80 \\ 10 \\ 0 \end{bmatrix}$$

（6）解方程，求结点位移。解结构的刚度方程，求得结点的角位移为

$$\begin{bmatrix} \Delta_1 \\ \Delta_2 \\ \Delta_3 \\ \Delta_4 \end{bmatrix} = \begin{bmatrix} 0 \\ 6.2069 \\ 1.3793 \\ -15.6897 \end{bmatrix}$$

（7）计算各杆内力，绘内力图。应用式（12-9），计算杆端弯矩，得

$$\begin{bmatrix} M_1^{①} \\ M_2^{①} \end{bmatrix} = \begin{bmatrix} 0 \\ 0 \end{bmatrix} + \begin{bmatrix} 4 & 2 \\ 2 & 4 \end{bmatrix} \begin{bmatrix} 0 \\ 6.2069 \end{bmatrix} = \begin{bmatrix} 12.414 \\ 24.828 \end{bmatrix}$$

$$\begin{bmatrix} M_1^{②} \\ M_2^{②} \end{bmatrix} = \begin{bmatrix} -50 \\ 50 \end{bmatrix} + \begin{bmatrix} 8 & 4 \\ 4 & 8 \end{bmatrix} \begin{bmatrix} 6.2069 \\ 1.3793 \end{bmatrix} = \begin{bmatrix} 5.172 \\ 85.862 \end{bmatrix}$$

$$\begin{bmatrix} M_1^{\textcircled{3}} \\ M_2^{\textcircled{3}} \end{bmatrix} = \begin{bmatrix} -60 \\ 60 \end{bmatrix} + \begin{bmatrix} 4 & 2 \\ 2 & 4 \end{bmatrix} \begin{bmatrix} 1.3793 \\ -15.6897 \end{bmatrix} = \begin{bmatrix} -85.862 \\ 0.000 \end{bmatrix}$$

根据计算结果绘出连续梁的弯矩图如图 10-13 所示。

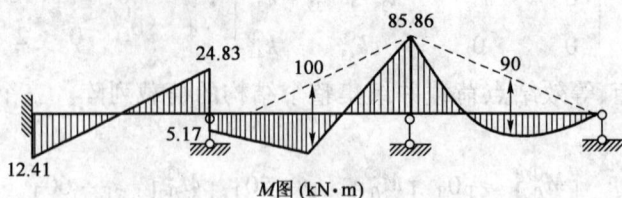

图 10-13　连续梁弯矩图

第四节　刚架的整体刚度矩阵

一、后 处 理 法

先不考虑支承件,直接由单元刚度矩阵形成整体刚度矩阵,建立整个结构的刚度方程;而后,再引入支承条件修改并求解刚度方程,进而求解结点未知位移的方法称为"后处理法"。

为了便于编制电算程序,需要按一定规律对结构的结点、单元及结点的未知位移分量编号。结构的结点位移有自由结点位移与支座结点位移之分。一般情况下,自由结点位移是未知量,支座结点位移是已知量。平面刚架在任意荷载作用下,其结点荷载如图 10-14a) 所示。用后处理法分析该刚架时,设所有结点位移都是未知量,结点位移如图 10-14b) 所示。该结构结点力与结点位移列阵分别为

$$P = \begin{bmatrix} P_1 & P_2 & P_3 & P_4 \end{bmatrix}^T$$
$$= \begin{bmatrix} p_{1x} p_{1y} p_{1\varphi} \vdots p_{2x} p_{2y} p_{2\varphi} \vdots p_{3x} p_{3y} p_{3\varphi} \vdots p_{4x} p_{4y} p_{4\varphi} \end{bmatrix}^T$$
$$\Delta = \begin{bmatrix} \Delta_1 & \Delta_2 & \Delta_3 & \Delta_4 \end{bmatrix}^T$$
$$= \begin{bmatrix} \Delta_{1x} \Delta_{1y} \Delta_{1\varphi} \vdots \Delta_{2x} \Delta_{2y} \Delta_{2\varphi} \vdots \Delta_{3x} \Delta_{3y} \Delta_{3\varphi} \vdots \Delta_{4x} \Delta_{4y} \Delta_{4\varphi} \end{bmatrix}^T$$

式中 p_{ix}、p_{iy}、$p_{i\varphi}$ 分别代表作用在结点 $i(i=1、2、3、4)$ 上的水平力、竖向力和力偶;Δ_{ix}、Δ_{iy}、$\Delta_{i\varphi}$ 分别代表结点 $i(i=1、2、3、4)$ 的水平位移、竖向位移和角位移。规定结点力、结点位移的正方向与整体坐标系 x、y 轴的正方向相同,力偶和结点角位移以顺时针指向为正。

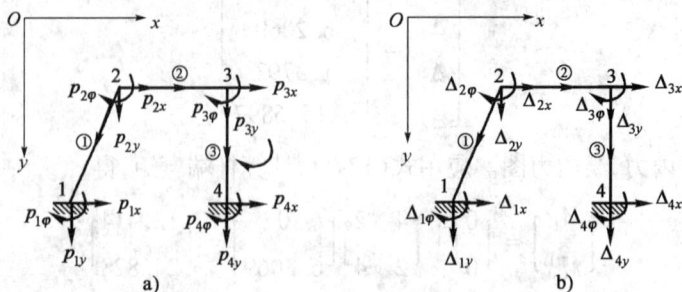

图 10-14　平面刚架的结点力和结点位移
a)平面刚架的结点力;b)平面刚架的结点位移

在求出各单元刚度方程之后,根据结点平衡条件和位移连续条件,可建立整个结构的刚度方程

$$
\begin{bmatrix} P_1 \\ \hline P_2 \\ \hline P_3 \\ \hline P_4 \end{bmatrix} = \begin{bmatrix} k_{11}^{①} & k_{12}^{①} & 0 & 0 \\ \hline k_{21}^{①} & k_{22}^{①} + k_{11}^{②} & k_{12}^{②} & 0 \\ \hline 0 & k_{21}^{②} & k_{22}^{②} + k_{11}^{③} & k_{12}^{③} \\ \hline 0 & 0 & k_{21}^{③} & k_{22}^{③} \end{bmatrix} \begin{bmatrix} \Delta_1 \\ \hline \Delta_2 \\ \hline \Delta_3 \\ \hline \Delta_4 \end{bmatrix} \tag{10-52}
$$

或

$$
P_0 = K_0 \Delta_0 \tag{10-53}
$$

式中:

$$
K_0 = \begin{bmatrix} k_{11} & k_{12} & k_{13} & k_{14} \\ \hline k_{21} & k_{22} & k_{23} & k_{34} \\ \hline k_{31} & k_{32} & k_{33} & k_{34} \\ \hline k_{41} & k_{42} & k_{43} & k_{44} \end{bmatrix} = \begin{bmatrix} k_{11}^{①} & k_{12}^{①} & 0 & 0 \\ \hline k_{21}^{①} & k_{22}^{①} + k_{11}^{②} & k_{12}^{②} & 0 \\ \hline 0 & k_{21}^{②} & k_{22}^{②} + k_{11}^{③} & k_{12}^{③} \\ \hline 0 & 0 & k_{21}^{③} & k_{22}^{③} \end{bmatrix} \tag{10-54}
$$

为结构的整体刚度矩阵,或称为结构的原始刚度矩阵。

由于在建立整体刚度矩阵式(10-53)时,假设所有结点位移都是未知量,都可能发生位移,即相当于整个结构没有约束;因此在外力作用下,结构除发生弹性变形外,还有可能发生刚体位移,因而各结点位移不能唯一确定。在这种情况下,整体刚度矩阵式(10-54)为一奇异矩阵,不能求逆,故利用式(10-53)不能求出结点位移。

由于在图 10-10 所示的刚架中,结点 1、4 为固定端约束,结点位移是已知的:$\Delta_{1x} = \Delta_{1y} = \Delta_{1\varphi} = 0, \Delta_{4x} = \Delta_{4y} = \Delta_{4\varphi} = 0$,即 $\Delta_1 = 0, \Delta_4 = 0$。所以可引入该支承条件,对刚度方程进行修改,得到

$$
\begin{bmatrix} P_1 \\ \hline P_2 \\ \hline P_3 \\ \hline P_4 \end{bmatrix} = \begin{bmatrix} K_{11} & K_{12} & K_{13} & K_{14} \\ \hline K_{21} & K_{22} & K_{23} & K_{24} \\ \hline K_{31} & K_{32} & K_{33} & K_{34} \\ \hline K_{41} & K_{42} & K_{43} & K_{44} \end{bmatrix} \begin{bmatrix} 0 \\ \hline \Delta_2 \\ \hline \Delta_3 \\ \hline 0 \end{bmatrix} \tag{10-55}
$$

引入支承条件后的刚度方程可分为两组:一组为自由结点平衡方程,用它求解未知的结点位移

$$
\begin{bmatrix} P_2 \\ \hline P_3 \end{bmatrix} = \begin{bmatrix} K_{22} & K_{23} \\ \hline K_{32} & K_{33} \end{bmatrix} \begin{bmatrix} \Delta_2 \\ \hline \Delta_3 \end{bmatrix} \tag{10-56}
$$

另一组为支座结点平衡方程。当由式(10-56)求出自由结点位移 Δ_2、Δ_3 后,代入该方程,便可求解未知的支座反力

$$
\begin{bmatrix} P_1 \\ \hline P_4 \end{bmatrix} = \begin{bmatrix} K_{12} & K_{13} \\ \hline K_{42} & K_{43} \end{bmatrix} \begin{bmatrix} \Delta_2 \\ \hline \Delta_3 \end{bmatrix} \tag{10-57}
$$

对于一般杆件结构,都可以按照上述步骤进行分析。无论结构具有多少个结点位移分量,经过调整,总可以将它们分成两组:一组包括所有的未知结点位移分量,可称其为"自由结点位移分量",以 Δ_F 表示;另一组包括所有的支座结点位移分量,以 Δ_R 表示。相应地,将全部的

结点力分量也分为两组，与 Δ_F 相应的为已知的结点力分量列阵，以 P_F 表示；与 Δ_R 相应的为未知的支座结点力分量列阵，以 P_R 表示。于是有

$$\Delta_0 = \begin{bmatrix} \Delta_F \\ \hdashline \Delta_R \end{bmatrix}, \quad P_0 = \begin{bmatrix} P_F \\ \hdashline P_R \end{bmatrix}$$

与以上分组方法相配合，将整体刚度矩阵 K_{ij} 中的各元素也重新排列，划分为 4 个子块，则整体刚度方程(10-53)可写成下列形式

$$\begin{bmatrix} K_{FF} & \vdots & K_{FR} \\ \hdashline K_{RF} & \vdots & K_{RR} \end{bmatrix} \begin{bmatrix} \Delta_F \\ \hdashline \Delta_R \end{bmatrix} = \begin{bmatrix} P_F \\ \hdashline P_R \end{bmatrix} \tag{10-58}$$

展开上式，得

$$K_{FF}\Delta_F + K_{FR}\Delta_R = P_F \tag{10-59}$$

$$K_{RF}\Delta_F + K_{RR}\Delta_R = P_R \tag{10-60}$$

当已知 P_F 及 Δ_R 时，可由式(10-59)计算自由结点位移，由式(10-60)计算支座反力。当无支座移动，即 $\Delta_R = 0$ 时，以上两式简化为

$$K_{FF}\Delta_F = P_F \tag{10-61}$$

$$K_{RF}\Delta_F = P_R \tag{10-62}$$

式(10-61)称为"修正的刚度方程"，K_{FF} 简称为整体刚度矩阵，Δ_F、P_F 分别简称为结点位移列阵与荷载列阵，为了书写简便，它们的下标常常被略去。它与式(10-53)的区别在于引进了支承条件。

二、先 处 理 法

1. 单元、结点及结点位移分量编号

当结构构造复杂，例如结构为复式框架、组合结构且支承也较为复杂时，应用后处理法解题有诸多不便，此时常采用"先处理法"。

所谓先处理法就是在建立整体刚度矩阵时，首先考虑支承条件，仅对自由结点位移分量进行编号，直接建立修正的刚度方程(10-62)的方法。应用先处理法解题时，应对单元、结点及结点位移分量编号问题作出相应的规定，现说明如下。

1) 单元两端结点号数组

图 10-15a)所示为具有组合结点的刚架。建立整体坐标系后，对结点和单元分别按自然数顺序编号。当结构的某些单元的连接不是刚结，而是铰接或组合连接时，在此结点便不能只给予一个编号。例如本图所示刚架在 C 结点铰接，柱 CF 的 C 端及梁 BC 的 C 端的角位移都是独立的未知量。因为一个结点编号只能代表一个结点角位移，如对此结点只采用一个编号，不能如实表现两单元的实际角位移情况，所以该结点应给予 3、4 两个编号。同样，在分析组合结点 D 时，柱 FDC 在结点 D 的角位移及梁 DE 的 D 端的角位移也都是独立的未知量，因此该结点应给予 5、6 两个编号。

对结点编号后，再对单元编号。当各单元的局部坐标系建立后，则各单元 1 端(始端)和 2端(末端)对应的结点号就唯一地确定了。在计算机程序中，单元两端的结点号可采用二维数组 $JE(i,e)$ 表示，称为"单元两端结点号数组"。

$JE(1,e)$ ＝单元 ⓔ 始端的结点号

$JE(2,e)$ = 单元ⓔ末端的结点号

图 10-15a)所示为结构的单元、结点编号情况。1、3、5 单元的两端结点号数组为

$$JE(1,1) = 2, JE(2,1) = 1$$
$$JE(1,3) = 4, JE(2,3) = 5$$
$$JE(1,5) = 6, JE(2,5) = 7$$

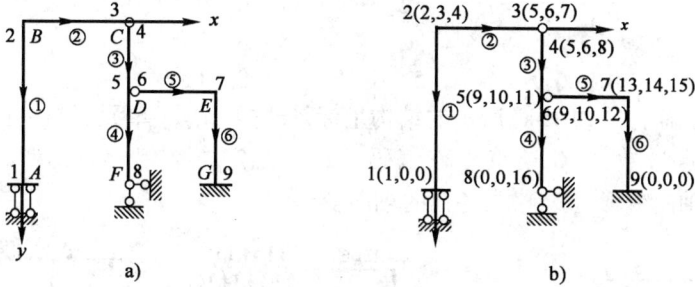

图 10-15 具有组合结点的刚架

a)单元、结点编号情况;b)结点位移编号情况

2)结点位移号数组

采用先处理法对各结点的位移分量编号时,需做如下规定:

(1)仅对独立的位移分量按自然数顺序编号,称为位移号。当某些位移分量由于连接条件或直杆轴向刚性条件的限制彼此相等时,则编为相同的位移号。

(2)在支座处由于刚性约束,使得某些位移分量为零时,则此位移编号记为零。

任意结点位移分量的位移号可采用二维数组 $JN(i,j)$ 表示,称为"结点位移号数组"。

$$JN(1,j) = 结点 j 沿 x 方向的位移号$$
$$JN(2,j) = 结点 j 沿 y 方向的位移号$$
$$JN(3,j) = 结点 j 角位移的位移号$$

图 10-15b)所示为结构的结点位移编号情况,2、4、6 结点的位移号数组为

$$JN(1,2) = 2, JN(2,2) = 3, JN(3,2) = 4$$
$$JN(1,4) = 5, JN(2,4) = 6, JN(3,4) = 8$$
$$JN(1,6) = 9, JN(2,6) = 10, JN(3,6) = 12$$

3)单元定位数组

将单元ⓔ始端及末端的位移号按始端在始、末端在后的顺序排成一行,所形成的数码表称为"单元定位数组"。它可以简单方便地形成杆端位移与相应结点位移之间的协调条件。"单元定位数组"的展开形式为

$$m^{ⓔ} = [m_1, m_2, \cdots, m_d]^{ⓔ}$$

式中,d 个元素 $m_1 \sim m_d$ 分别是单元ⓔ的两端位移分量所对应的位移号的数值。

在计算机程序中,根据已输入的单元两端结点号数组 $JE(i,e)$ 和结点位移号数组 $JN(i,j)$,可以确定任一单元ⓔ的定位数组 $m^{ⓔ}$,各元素的数值由下式确定

$$\left.\begin{array}{l} m_i = JN(i, JE(1,e)) \\ m_{d/2+i} = JN(i, JE(2,e)) \end{array}\right\} \quad (i = 1, 2, \cdots, d/2) \qquad (10\text{-}63)$$

利用单元定位数组,位移协调条件可通过下式予以满足

$$\left.\begin{array}{l}\text{当 } m_i = 0 \text{ 时,则 } \delta_i = 0 \\ \text{当 } m_i \neq 0 \text{ 时,则 } \delta_i = \Delta_{m_i}\end{array}\right\} \quad i = (1,2,\cdots,d) \qquad (10\text{-}64)$$

利用 $m^{\circlede}$ 可以确定单元杆端位移列阵 $\delta^{\circlede}$ 中某一分量 δ_i 是对应支座(当 $m_i = 0$ 时),或是对应结点位移列阵 Δ 中的第 m_i 个分量(当 $m_i \neq 0$ 时),即确定其在 Δ 中的位置,故称单元定位数组。在本例题中 1、2、3 单元的"单元定位数组"分别为

$$m^{\circled1} = \begin{bmatrix} 2 & 3 & 4 & 1 & 0 & 0 \end{bmatrix}$$
$$m^{\circled2} = \begin{bmatrix} 2 & 3 & 4 & 5 & 6 & 7 \end{bmatrix}$$
$$m^{\circled3} = \begin{bmatrix} 5 & 6 & 8 & 9 & 10 & 11 \end{bmatrix}$$

例 10-6 试确定图 10-16a)所示的结构坐标系,并对结点、单元、位移分量进行编码,同时写出 CE 单元结点号数组、C 结点位移编码、EF 单元定位数组。分别考虑以下两种情况:(1)考虑各杆的轴向变形;(2)略去各杆的轴向变形。

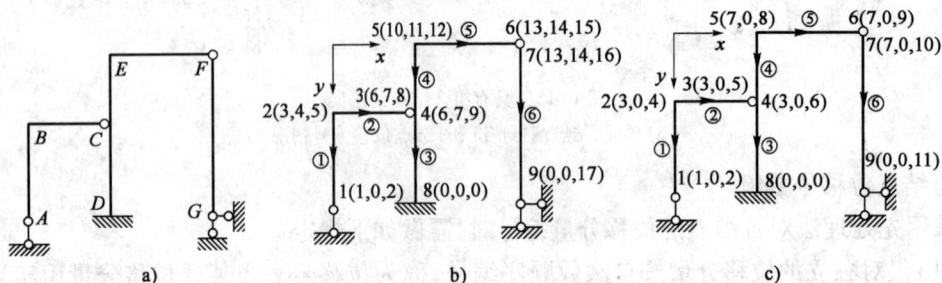

图 10-16 例 10-6 图

a)原结构;b)考虑轴向变形编号情况;c)略去轴向变形编号情况

解

建立整体坐标系,将结构划分为 6 个单元,用各杆轴线上的箭头表示各单元局部坐标系 $\bar{x}$ 轴的正方向。根据结构特征,编为 9 个结点号。其中单元②、③、④相交点编有两个结点号,原因是③、④两个单元在该处为刚性连接,具有相同的线位移和角位移,但单元②与它们的角位移不相同。连接⑤、⑥单元的铰接点处编有两个结点号,原因是两个单元在铰接点处虽然线位移相同,但角位移不同。

(1)当考虑各杆轴向变形时,按前面规定用自然序数为各结点位移分量编号,如图 10-16b)所示。

CE 杆为第④单元,其两端结点号用单元两端结点号数组表示为

$$JE(1,4) = 5, JE(2,4) = 4$$

C 结点处有 3、4 两个编号。它们的位移分量编号用结点号数组表示为

$$JN(1,3) = 6, JN(2,3) = 7, JN(3,3) = 8$$
$$JN(1,4) = 6, JN(2,4) = 7, JN(3,4) = 9$$

EF 杆为第⑤单元,其单元定位数组为

$$m^{\circled5} = \begin{bmatrix} 10 & 11 & 12 & 13 & 14 & 15 \end{bmatrix}$$

(2)当忽略各杆轴向变形时,各结点 y 方向的线位移均为零。在由水平链杆连接的结点,例如结点 2、3、4,因其沿 x 方向的位移相同,故两结点水平位移分量编号相同。该结构的结点位移编号如图 10-16c)所示。

CE 杆为第④单元,其两端结点号数组不变

$$JE(1,3) = 5, JE(2,3) = 4$$

C 结点处有 3、4 两个编号。它们的位移分量编号用结点号数组表示为

$$JN(1,3) = 3, JN(2,3) = 0, JN(3,3) = 5$$
$$JN(1,4) = 3, JN(2,4) = 0, JN(3,4) = 6$$

EF 杆为第⑤单元,其单元定位数组为

$$m^{⑤} = \begin{bmatrix} 7 & 0 & 8 & 7 & 0 & 9 \end{bmatrix}$$

2. 整体刚度矩阵的组集

整体分析就是将离散的单元,根据位移条件和平衡条件重新组合成原结构,从而建立整个结构的刚度矩阵及刚度方程。

图 10-17 所示的刚架只包含两个单元,结构的坐标系和编号已在图中标明。在结点荷载 $p = \begin{bmatrix} p_1 & p_2 & p_3 & p_4 & p_5 \end{bmatrix}^T$ 作用下,结构变形并产生了结点位移 $\Delta = \begin{bmatrix} \Delta_1 & \Delta_2 & \Delta_3 & \Delta_4 & \Delta_5 \end{bmatrix}^T$。

单元ⓔ单独变形时沿自由结点位移分量方向给予全部结点的作用力称为单元变形对结点平衡的贡献力,简称单元贡献力,并以 $P_G^{ⓔ}$ 表示。它和自由结点位移分量列阵 Δ 是同阶列阵。$P_G^{ⓔ}$ 中的第 i 号分量 $P_{Gi}^{ⓔ}$ 即是与 Δ 中位移分量 Δ_i 相应的贡献力。

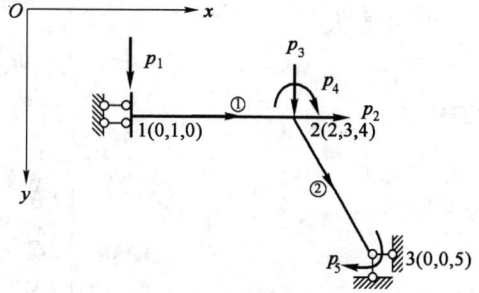

图 10-17 两单元刚架计算简图

按单元刚度方程(10-26),单元①的杆端力为

$$F^{①} = k^{①} \delta^{①}$$

即

$$\begin{bmatrix} F_1 \\ F_2 \\ \vdots \\ F_6 \end{bmatrix}^{①} = \begin{bmatrix} k_{11} & k_{12} & \cdots & k_{16} \\ k_{21} & k_{22} & \cdots & k_{26} \\ \vdots & \vdots & & \vdots \\ k_{61} & k_{62} & \cdots & k_{66} \end{bmatrix}^{①} \begin{bmatrix} \delta_1 \\ \delta_2 \\ \vdots \\ \delta_6 \end{bmatrix}^{①} \tag{10-65}$$

在整体分析中,结构的结点位移 Δ 为未知量,故首先利用单元定位数组 $m^{①}$,使位移协调条件得以满足。由 $m^{①} = \begin{bmatrix} 0 & 1 & 0 & 2 & 3 \end{bmatrix}$,得

$$\delta^{①} = \begin{bmatrix} \delta_1^{①} & \delta_2^{①} & \delta_3^{①} & \delta_4^{①} & \delta_5^{①} & \delta_6^{①} \end{bmatrix}^T = \begin{bmatrix} 0 & \Delta_1 & 0 & \Delta_2 & \Delta_3 & \Delta_4 \end{bmatrix}^T \tag{10-66}$$

另一方面,为了求解 Δ,应建立沿 $\Delta_1 \sim \Delta_5$ 方向的平衡式,以确定单元①在这方面的贡献力。由于杆端力 $F^{①}$ 的反作用力就是单元①对结点平衡的贡献力,所以由单元①的定位数组 $m^{①}$ 或式(10-66)所示关系可知 $\delta_2^{①}$ 与 Δ_1 相对应,故 $F_2^{①}$ 的反作用力 $-F_2^{①}$ 即为单元①沿 Δ_1 方向的贡献力。以此类推,可以确定 Δ_2、Δ_3、Δ_4 方向的贡献力分别为 $-F_4^{①}$、$-F_5^{①}$、$-F_6^{①}$。于是有

$$P_{G1}^{①} = -F_2^{①}, P_{G2}^{①} = -F_4^{①}, P_{G3}^{①} = -F_5^{①}, P_{G3}^{①} = -F_6^{①} \tag{10-67}$$

受结点 1 处定向支承支座的约束,$\delta_1^{①}$、$\delta_3^{①}$ 为零,单元①对结点 1 的反作用力为 $-F_1^{①}$、$-F_3^{①}$ 与支座反力相平衡。在支座约束方向的平衡条件用以确定支座反力。在求解自由结点位移 Δ 时,不必考虑单元①在支座约束方面的贡献力。

单元①并没有与位移分量 Δ_5 所在的结点相连接,故单元①单独变形时沿 Δ_5 方向不会产生贡献力,即

$$P_{G5}^① = 0 \tag{10-68}$$

根据以上分析,并注意到 $\delta_1^① = \delta_3^② = 0$,可得到单元①的贡献力 $P_G^①$ 为

$$P_G^① = \begin{bmatrix} P_{G1}^① \\ P_{G2}^① \\ P_{G3}^① \\ P_{G4}^① \\ P_{G5}^① \end{bmatrix} = -\begin{bmatrix} F_2^① \\ F_4^① \\ F_5^① \\ F_6^① \\ 0 \end{bmatrix} = -\begin{bmatrix} k_{22}^① & k_{24}^① & k_{25}^① & k_{26}^① & 0 \\ k_{42}^① & k_{44}^① & k_{45}^① & k_{46}^① & 0 \\ k_{52}^① & k_{54}^① & k_{55}^① & k_{56}^① & 0 \\ k_{62}^① & k_{64}^① & k_{65}^① & k_{66}^① & 0 \\ 0 & 0 & 0 & 0 & 0 \end{bmatrix}\begin{bmatrix} \Delta_1 \\ \Delta_2 \\ \Delta_3 \\ \Delta_4 \\ \Delta_5 \end{bmatrix} \tag{10-69}$$

或缩写为

$$P_G^① = -K_G^① \Delta \tag{10-70}$$

式中:

$$K_G^① = \begin{array}{c} \begin{array}{ccccc} 1 & 2 & 3 & 4 & 5 \end{array} \\ \begin{bmatrix} k_{22}^① & k_{24}^① & k_{25}^① & k_{26}^① & 0 \\ k_{42}^① & k_{44}^① & k_{45}^① & k_{46}^① & 0 \\ k_{52}^① & k_{54}^① & k_{55}^① & k_{56}^① & 0 \\ k_{62}^① & k_{64}^① & k_{65}^① & k_{66}^① & 0 \\ 0 & 0 & 0 & 0 & 0 \end{bmatrix} \begin{array}{c} 1 \\ 2 \\ 3 \\ 4 \\ 5 \end{array} \end{array} \tag{10-71}$$

称为单元①的贡献矩阵,矩阵中刚度元素的下标为引入支承条件前单元两端结点位移分量沿整体坐标系方向的编号。单元贡献矩阵是与整个结构的刚度矩阵同阶的方阵。在该矩阵上面所增加的一行和右侧所增加的一列中分别标注的是整体刚度矩阵的列号和行号。

在由单元刚度矩阵形成单元贡献矩阵的过程中,单元定位数组起着决定性的作用。利用单元定位数组 $m^①$,可直接由单元刚度矩阵 $k^①$ 形成单元贡献矩阵 $k_G^①$。其步骤为:首先写出单元①的刚度矩阵,在矩阵的上边增加一行,在其右侧增加一列,并将 $m^①$ 中的各元素填入所增加的行和列的相应位置;而后划去单元刚度矩阵中与定位数组零元素对应的行和列,如式(10-72)所示。

$$K_G^① = \begin{array}{c} \begin{array}{cccccc} 0 & 1 & 0 & 2 & 3 & 4 \end{array} \\ \begin{bmatrix} k_{11}^① & k_{12}^① & k_{13}^① & k_{14}^① & k_{15}^① & k_{16}^① \\ k_{21}^① & k_{22}^① & k_{23}^① & k_{24}^① & k_{25}^① & k_{26}^① \\ k_{31}^① & k_{32}^① & k_{33}^① & k_{34}^① & k_{35}^① & k_{36}^① \\ k_{41}^① & k_{42}^① & k_{43}^① & k_{44}^① & k_{45}^① & k_{46}^① \\ k_{51}^① & k_{52}^① & k_{53}^① & k_{54}^① & k_{55}^① & k_{56}^① \\ k_{61}^① & k_{62}^① & k_{63}^① & k_{64}^① & k_{65}^① & k_{66}^① \end{bmatrix} \begin{array}{c} 0 \\ 1 \\ 0 \\ 2 \\ 3 \\ 4 \end{array} \end{array} \tag{10-72}$$

最后,将单元刚度矩阵中与定位数组非零元素对应的行和列上的元素,按定位数组编号"对号入座"写入贡献矩阵的相应位置处,并在空白位置处补入零元素,即可得单元①的贡献矩阵,如式(10-71)所示。

采用与确定单元①的贡献矩阵时同样的方法,可求出单元②的贡献矩阵

$$K_G^{\textcircled{2}} = \begin{bmatrix} & 1 & 2 & 3 & 4 & 5 & \\ 0 & 0 & 0 & 0 & 0 & & 1 \\ 0 & k_{11}^{\textcircled{2}} & k_{12}^{\textcircled{2}} & k_{13}^{\textcircled{2}} & k_{16}^{\textcircled{2}} & & 2 \\ 0 & k_{21}^{\textcircled{2}} & k_{22}^{\textcircled{2}} & k_{23}^{\textcircled{2}} & k_{26}^{\textcircled{2}} & & 3 \\ 0 & k_{31}^{\textcircled{2}} & k_{32}^{\textcircled{2}} & k_{33}^{\textcircled{2}} & k_{36}^{\textcircled{2}} & & 4 \\ 0 & k_{61}^{\textcircled{2}} & k_{62}^{\textcircled{2}} & k_{63}^{\textcircled{2}} & k_{66}^{\textcircled{2}} & & 5 \end{bmatrix} \tag{10-73}$$

而贡献力为

$$P_G^{\textcircled{2}} = - K_G^{\textcircled{2}} \Delta \tag{10-74}$$

在本例中,作用在结点上沿自由结点位移分量方向的力为 P、$P_G^{\textcircled{1}}$ 和 $P_G^{\textcircled{2}}$,图 10-18 所示为结点受力图。沿自由结点位移分量方向的平衡方程可综合写为

$$P + P_G^{\textcircled{1}} + P_G^{\textcircled{2}} = 0 \tag{10-75}$$

将式(10-70)、式(10-74)代入式(10-75),得

$$(K_G^{\textcircled{1}} + K_G^{\textcircled{1}})\Delta = P \tag{10-76}$$

上式可简写为

$$K\Delta = P \tag{10-77}$$

式中 K 即为结构的总刚度矩阵

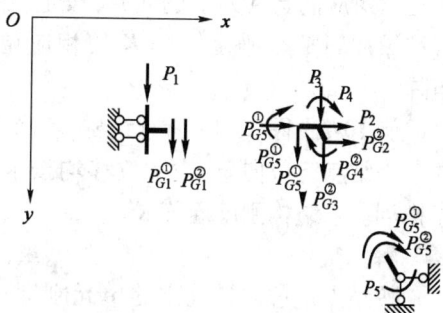

图 10-18　结点处的力平衡图

$$K = K_G^{\textcircled{1}} + K_G^{\textcircled{1}} \tag{10-78}$$

将式(10-71)、式(10-73)代入式(10-79),得

$$K = \begin{bmatrix} & 1 & & 2 & & 3 & & 4 & & 5 & \\ K_{22}^{\textcircled{1}} & & K_{24}^{\textcircled{1}} & & K_{25}^{\textcircled{1}} & & K_{26}^{\textcircled{1}} & & 0 & & 1 \\ K_{42}^{\textcircled{1}} & & K_{44}^{\textcircled{1}}+K_{11}^{\textcircled{2}} & & K_{45}^{\textcircled{1}}+K_{12}^{\textcircled{2}} & & K_{46}^{\textcircled{1}}+K_{13}^{\textcircled{2}} & & K_{16}^{\textcircled{2}} & & 2 \\ K_{52}^{\textcircled{1}} & & K_{54}^{\textcircled{1}}+K_{21}^{\textcircled{2}} & & K_{55}^{\textcircled{1}}+K_{22}^{\textcircled{2}} & & K_{56}^{\textcircled{1}}+K_{23}^{\textcircled{2}} & & K_{26}^{\textcircled{2}} & & 3 \\ K_{62}^{\textcircled{1}} & & K_{64}^{\textcircled{1}}+K_{31}^{\textcircled{2}} & & K_{65}^{\textcircled{1}}+K_{32}^{\textcircled{2}} & & K_{66}^{\textcircled{1}}+K_{33}^{\textcircled{2}} & & K_{36}^{\textcircled{2}} & & 4 \\ 0 & & K_{61}^{\textcircled{2}} & & K_{62}^{\textcircled{2}} & & K_{63}^{\textcircled{2}} & & K_{66}^{\textcircled{2}} & & 5 \end{bmatrix}$$

以上以两单元刚架为例,介绍了采用"先处理法"时,由单元贡献矩阵组集总刚度矩的方法。一般情况下,结构离散后有 n 个自由结点位移分量和 n^e 个单元,结点位移分量列阵和荷载列阵均为 n 阶列阵,于是

$$\Delta = \begin{bmatrix} \Delta_1 & \Delta_2 & \cdots & \Delta_n \end{bmatrix}^{\mathrm{T}} \tag{10-79}$$

$$P = \begin{bmatrix} P_1 & P_2 & \cdots & P_n \end{bmatrix}^{\mathrm{T}} \tag{10-80}$$

结构的总刚度方程为

$$K\Delta = P \tag{10-81}$$

其中总刚度矩阵

$$K = \sum_{e=1}^{ne} K_G^{\textcircled{e}} \tag{10-82}$$

总刚度矩阵 K 和各单元贡献矩阵 $K_G^{\textcircled{e}}$ 皆为 n 阶方阵,$K_G^{\textcircled{e}}$ 可由单元定位数组 m^e 及单元刚度矩阵 k^e 形成。

3. 电算中整体刚度矩阵的组集

电算中,建立整个刚度矩阵时,通常不是采用先由单元刚度矩阵求出单元贡献矩阵再叠加的方法,而是采用"边定位,边累加"的方法直接形成刚度矩阵。这样做,应用直接刚度法求整体刚度矩阵的基本原理并没有变,所得的整体刚度矩阵与叠加所有单元贡献矩阵的结果也完全相同。

电算中整体刚度矩阵的组集过程如下:

(1)将整体刚度矩阵 K 置零,这时 $K = 0_{n \times n}$。

(2)对各单元循环,将单元刚度矩阵 $k^{\textcircled{e}}$ 中与定位数组非零元素对应的行和列上的元素,按定位数组编号"对号入座"直接累加到整个刚度矩阵 K 的相应位置处,形成整体刚度矩阵。

例 10-7 图 10-19 所示结构,不考虑轴向变形,圆括号内数字为结点定位向量,力和位移均按水平、竖直、转动方向顺序排列。求结构刚度矩阵 K。

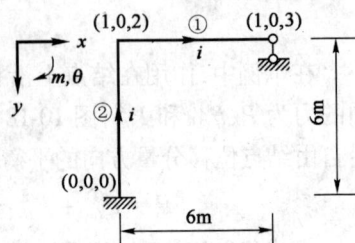

图 10-19 例 10-7 结构图

解

按结点定位向量确定的单元刚度矩阵,即单元贡献矩阵(矩阵中刚度元素的下标为未知结点位移的编号)

$$k_G^{\textcircled{1}} = \begin{bmatrix} k_{11}^{\textcircled{1}} & k_{12}^{\textcircled{1}} & k_{13}^{\textcircled{1}} \\ k_{21}^{\textcircled{1}} & k_{22}^{\textcircled{1}} & k_{23}^{\textcircled{1}} \\ k_{31}^{\textcircled{1}} & k_{32}^{\textcircled{1}} & k_{33}^{\textcircled{1}} \end{bmatrix} = \begin{bmatrix} 0 & 0 & 0 \\ 0 & 4i & 2i \\ 0 & 2i & 4i \end{bmatrix}$$

$$k_G^{\textcircled{2}} = \begin{bmatrix} k_{11}^{\textcircled{2}} & k_{12}^{\textcircled{2}} & k_{13}^{\textcircled{2}} \\ k_{21}^{\textcircled{2}} & k_{22}^{\textcircled{2}} & k_{23}^{\textcircled{2}} \\ k_{31}^{\textcircled{2}} & k_{32}^{\textcircled{2}} & k_{33}^{\textcircled{2}} \end{bmatrix} = \begin{bmatrix} i/3 & -i & 0 \\ -i & 4i & 0 \\ 0 & 0 & 0 \end{bmatrix}$$

结构刚度矩阵

$$K = \begin{bmatrix} k_{11}^{\textcircled{1}} + k_{11}^{\textcircled{2}} & k_{12}^{\textcircled{1}} + k_{12}^{\textcircled{2}} & k_{13}^{\textcircled{1}} + k_{13}^{\textcircled{2}} \\ k_{21}^{\textcircled{1}} + k_{21}^{\textcircled{2}} & k_{22}^{\textcircled{1}} + k_{22}^{\textcircled{2}} & k_{23}^{\textcircled{1}} + k_{23}^{\textcircled{2}} \\ k_{21}^{\textcircled{1}} + k_{31}^{\textcircled{2}} & k_{32}^{\textcircled{1}} + k_{32}^{\textcircled{2}} & k_{33}^{\textcircled{1}} + k_{33}^{\textcircled{2}} \end{bmatrix} = \begin{bmatrix} i/3 & -i & 0 \\ -i & 8i & 2i \\ 0 & 2i & 4i \end{bmatrix}$$

第五节　等效结点荷载

一、综合结点荷载的概念

为分析平面结构而建立的整体刚度方程,反映了结构的结点荷载与结点位移之间的关系。结点荷载向量由两步分组成:一类是直接作用在结点上的荷载,用 P_d 表示;另一类是作用在杆件上的非结点荷载,它包括分布荷载、集中荷载等,在进行结构分析时常将它们转换成等效结点荷载,并用 P_e 表示。将 P_d 与 P_e 叠加,可得综合结点荷载 P_c。综合结点荷载 P_c 亦称"总结点荷载"或"结点荷载",其下标 c 通常可略去不写,P_c 表达式如下:

$$P = P_d + P_e \tag{10-83}$$

直接作用在结点上的荷载,可按其作用方位直接加入 P 之中,而等效结点荷载由于杆件方位不尽相同,必须经坐标变换后方可加入 P 之中。

二、等效结点荷载的确定

确定等效结点荷载通常采用以下步骤:

1. 求单元 ⓔ 的固端力

在局部坐标系下,单元 ⓔ 的固端力 $\bar{F}_f$ 为

$$\bar{F}_f^{ⓔ} = \left[\dfrac{\bar{F}_{f1}}{\bar{F}_{f2}} \right]^{ⓔ} = \begin{bmatrix} \bar{F}_{f1} & \bar{F}_{f2} & \bar{F}_{f3} & \vdots & \bar{F}_{f4} & \bar{F}_{f5} & \bar{F}_{f6} \end{bmatrix}^{ⓔ\text{T}} \tag{10-84}$$

式中:$\bar{F}_{f1}$、$\bar{F}_{f4}$ 为始端 1、末端 2 的固端轴力;$\bar{F}_{f2}$、$\bar{F}_{f5}$ 为始、末端的固端剪力;$\bar{F}_{f3}$、$\bar{F}_{f6}$ 为始、末端的固端弯矩。

固端力的值可由位移法一章查载常数表或由力法计算得到。对于承受横向荷载的固端梁,由于不考虑弯曲变形和轴向变形的相互影响,故固端轴力均为零。另外,当应用载常数表时,还应该注意固端力的正负号必须符合本章规定,在始端的固端剪力前应加一负号。

2. 求单元 ⓔ 的等效结点荷载

参照第二节,局部坐标系与整体坐标系中单元杆端力的变换式为

$$\bar{F}^{ⓔ} = \lambda^{ⓔ} F^{ⓔ}$$

固端内力在两种坐标系下的变换式,可以写成

$$\bar{F}_f^{ⓔ} = \lambda^{ⓔ} F_f^{ⓔ}$$

以局部坐标系下的固端力表示整体坐标系下的固端力,有

$$F_f^{ⓔ} = \lambda^{ⓔ\text{T}} \bar{F}_f^{ⓔ} \tag{10-85}$$

因此,单元 ⓔ 的等效结点荷载列阵可 $F_e^{ⓔ}$ 由下式求出

$$F_e^{ⓔ} = - F_f^{ⓔ} = - \lambda^{ⓔ\text{T}} \bar{F}_f^{ⓔ} \tag{10-86}$$

将该式展开

$$\begin{bmatrix} F_{e1} \\ F_{e2} \\ F_{e3} \\ F_{e4} \\ F_{e5} \\ F_{e6} \end{bmatrix}^{ⓔ} = - \begin{bmatrix} \cos\alpha & -\sin\alpha & 0 & 0 & 0 & 0 \\ \sin\alpha & \cos\alpha & 0 & 0 & 0 & 0 \\ 0 & 0 & 1 & 0 & 0 & 0 \\ 0 & 0 & 0 & \cos\alpha & -\sin\alpha & 0 \\ 0 & 0 & 0 & \sin\alpha & \cos\alpha & 0 \\ 0 & 0 & 0 & 0 & 0 & 1 \end{bmatrix}^{ⓔ} \begin{bmatrix} \bar{F}_{f1} \\ \bar{F}_{f2} \\ \bar{F}_{f3} \\ \bar{F}_{f4} \\ \bar{F}_{f5} \\ \bar{F}_{f6} \end{bmatrix}^{ⓔ} = \begin{bmatrix} -\bar{F}_{f1}\cos\alpha + \bar{F}_{f2}\sin\alpha \\ -\bar{F}_{f1}\sin\alpha - \bar{F}_{f2}\cos\alpha \\ -\bar{F}_{f3} \\ -\bar{F}_{f4}\cos\alpha + \bar{F}_{f5}\sin\alpha \\ -\bar{F}_{f4}\sin\alpha - \bar{F}_{f5}\cos\alpha \\ -\bar{F}_{f6} \end{bmatrix}^{ⓔ}$$

$$\tag{10-87}$$

当 $\alpha = 0$ 时,$F_e^{ⓔ} = -\bar{F}_f^{ⓔ}$。

3. 求整体结构的等效结点荷载

求得单元等效结点荷载 $F_e^{ⓔ}$ 之后,根据单元定位数组,可以将 $F_e^{ⓔ}$ 中的各分量叠加到结构等效荷载列阵 P_e 中去。由于 P_e 中的各元素是按结点位移分量编号排列的,$F_e^{ⓔ}$ 中的 6 个元素通过单元定位数组与相应的整体结构的等效结点荷载分量一一对应,所以可按对号入座方法,

将单元等效结点荷载各分量逐一累加到 P_e 中相应的位置上去。

当直接作用在结点上的荷载等于零($P_d=0$)时,由式(10-83)可知 $P=P_e$。

4.综合结点荷载的确定

在"后处理法"中,P、P_d 和 P_e 均应与自由结点位移相对应,按自由结点和支座结点分块后,它们分别为 P_F、P_{dF} 和 P_{eF}。综合结点荷载仍按式(10-83)确定。

5.局部坐标系下杆端力的计算

当结构上既有结点荷载作用又有非结点荷载作用时,结构中单元的杆端力可由两部分叠加得到:一部分是单元的固端力,另一部分是综合结点荷载引起的杆端力。即

$$\bar{F}^{\circlede} = \bar{F}_f^{\circlede} + \bar{k}^{\circlede}\bar{\delta}^{\circlede} \tag{10-88}$$

利用坐标变换公式,上式可改写为

$$\bar{F}^{\circleden} = \bar{F}_f^{\circleden} + \lambda^{\circleden} k^{\circleden} \delta^{\circleden} \tag{10-89}$$

当各单元的杆端力确定后,支座反力可根据支座结点的平衡条件求得。

例10-8 试求图 10-20 所示结构的综合结点荷载。

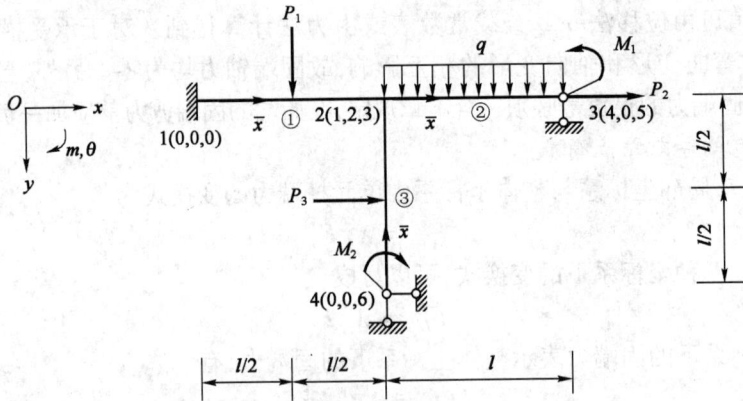

图 10-20 例 10-8 图

解

(1)确定结点、划分单元、建立坐标系如图 10-20 所示。

(2)求局部坐标系下的单元固端力:

$$\bar{F}_f^{\circled1} = \left[\begin{matrix} 0 & -\dfrac{P_1}{2} & -\dfrac{P_1 l}{8} & \vdots & 0 & -\dfrac{P_1}{2} & \dfrac{P_1 l}{8} \end{matrix}\right]^{\mathrm{T}}$$

$$\bar{F}_f^{\circled2} = \left[\begin{matrix} 0 & -\dfrac{ql}{2} & -\dfrac{ql^2}{12} & \vdots & 0 & -\dfrac{ql}{2} & \dfrac{ql^2}{12} \end{matrix}\right]^{\mathrm{T}}$$

$$\bar{F}_f^{\circled3} = \left[\begin{matrix} 0 & -\dfrac{P_3}{2} & -\dfrac{P_3 l}{8} & \vdots & 0 & -\dfrac{P_3}{2} & \dfrac{P_3 l}{8} \end{matrix}\right]^{\mathrm{T}}$$

(3)求单元等效结点荷载(单元①、单元②倾角均为零,单元③倾角 $\alpha=-90°$)

$$F_e^{\circled1} = -\lambda^{\circled1\mathrm{T}}\bar{F}_f^{\circled1} = -I\cdot\bar{F}_f^{\circled1} = \begin{matrix} \quad 0 \quad\; 0 \quad\;\; 0 \qquad\quad 1 \qquad 2 \qquad\;\; 3 \\ \left[\begin{matrix} 0 & \dfrac{P_1}{2} & \dfrac{P_1 l}{8} & \vdots & 0 & \dfrac{P_1}{2} & -\dfrac{P_1 l}{8} \end{matrix}\right] \end{matrix}$$

$$F_e^{\circled2} = -\lambda^{\circled2\mathrm{T}}\bar{F}_f^{\circled2} = -I\cdot\bar{F}_f^{\circled2} = \begin{matrix} \quad 1 \quad\;\; 2 \quad\;\; 3 \qquad\quad 4 \qquad 0 \qquad\;\; 5 \\ \left[\begin{matrix} 0 & \dfrac{ql}{2} & \dfrac{ql^2}{12} & \vdots & 0 & \dfrac{ql}{2} & -\dfrac{ql^2}{12} \end{matrix}\right] \end{matrix}$$

$$F_e^{\tiny\textcircled{3}} = -\lambda^{\tiny\textcircled{3}\text{T}}\bar{F}_f^{\tiny\textcircled{3}} = -\begin{bmatrix} \cos\alpha & -\sin\alpha & 0 & 0 & 0 & 0 \\ \sin\alpha & \cos\alpha & 0 & 0 & 0 & 0 \\ 0 & 0 & 1 & 0 & 0 & 0 \\ 0 & 0 & 0 & \cos\alpha & -\sin\alpha & 0 \\ 0 & 0 & 0 & \sin\alpha & \cos\alpha & 0 \\ 0 & 0 & 0 & 0 & 0 & 1 \end{bmatrix}\begin{bmatrix} 0 \\ -\dfrac{P_3}{2} \\ -\dfrac{P_3 l}{8} \\ 0 \\ -\dfrac{P_3}{2} \\ -\dfrac{P_3 l}{8} \end{bmatrix}$$

$$\begin{array}{cccccc} 0 & 0 & 6 & 1 & 2 & 3 \end{array}$$
$$= \begin{bmatrix} \dfrac{P_3}{2} & 0 & \dfrac{p_3 l}{8} & \vdots & \dfrac{P_3}{2} & 0 & -\dfrac{p_3 l}{8} \end{bmatrix}^{\text{T}}$$

（4）求整个结构的等效结点荷载：

利用单元定位数组，将单元等效结点荷载中与单元定位数组非零元素对应的元素，"对号入座，同号相加"累加到 P_e，即可得整个结构的等效结点荷载。

$$p_e = \begin{bmatrix} p_{e1} & p_{e2} & p_{e3} & p_{e4} & p_{e5} & p_{e6} \end{bmatrix}^{\text{T}}$$
$$\begin{array}{cccccc} 1 & 2 & 3 & 4 & 5 & 6 \end{array}$$
$$= \begin{bmatrix} \dfrac{p_3}{2} & \dfrac{p_1}{2} + \dfrac{ql}{2} & -\dfrac{p_1 l}{8} + \dfrac{ql^2}{12} - \dfrac{p_3 l}{8} & 0 & -\dfrac{ql^2}{12} & \dfrac{p_3 l}{8} \end{bmatrix}^{\text{T}}$$

（5）求直接作用在结点上的荷载

$$\begin{array}{cccccc} 1 & 2 & 3 & 4 & 5 & 6 \end{array}$$
$$P_d = \begin{bmatrix} 0 & 0 & 0 & p_2 & M_1 & M_2 \end{bmatrix}^{\text{T}}$$

（6）求综合结点荷载：

$$\begin{array}{cccccc} 1 & 2 & 3 & 4 & 5 & 6 \end{array}$$
$$p_C = p_d + p_e = \begin{bmatrix} \dfrac{p_3}{2} & \dfrac{p_1}{2} + \dfrac{ql}{2} & -\dfrac{p_1 l}{8} + \dfrac{ql^2}{12} - \dfrac{p_3 l}{8} & p_2 & -\dfrac{ql^2}{12} - M_1 & \dfrac{p_3 l}{8} + M_2 \end{bmatrix}^{\text{T}}$$

第六节　计算步骤及举例

一、解 题 步 骤

现将结构矩阵分析直接刚度法中先处理法解题步骤归纳如下：

（1）整理原始数据，确定结点、划分单元、建立整体坐标系、局部坐标系并对单元、结点及结点位移分量进行编号。

（2）计算局部坐标系中单元刚度矩阵 $\bar{k}$：依计算结构的不同，可按式（10-6）式（10-9）或其他形式的单元刚度矩阵完成计算。

（3）计算整体坐标系中单元刚度矩阵 $k^{\tiny\textcircled{e}}$：选择相应的局部坐标系中单元刚度矩阵，代入式（10-25）完成计算。对于刚架，计算结果如式（10-27）和式（10-28）所示；对于桁架，计算结果如式(10-30)所示。

（4）建立整个结构的刚度矩阵：首先，根据单元两端的结点位移号，形成单元定位数组 m^{e}；而后，根据单元定位数组 m^{e}，将整体坐标系下的单元刚度矩阵中的各元素"对号入座，同号相加"组集整个结构的刚度矩阵。

（5）求自由结点荷载 P_F：首先计算非结点荷载引起的单元固端力 $\overline{F}_f^{\text{e}}$，而后按式(10-86)计算整体坐标系下的单元等效结点荷载 F_e^{e}，然后根据单元定位数组 m^{e}"对号入座，同号相加"组集整个结构的等效结点荷载 P_e，再加上直接作用在结点上的荷载 P_d 形成综合结点荷载 P，分块后可得 P_F。

（6）建立整个结构的刚度方程 $K_F\Delta_F = P_F$，并由求解自由结点位移 Δ_F。

（7）根据问题要求，求支座反力及绘内力图等。

二、平面杆件结构分析举例

例 10-9 试用矩阵位移法计算图10-21a）所示桁架各杆之轴力。设各杆 $EA =$ 常数。

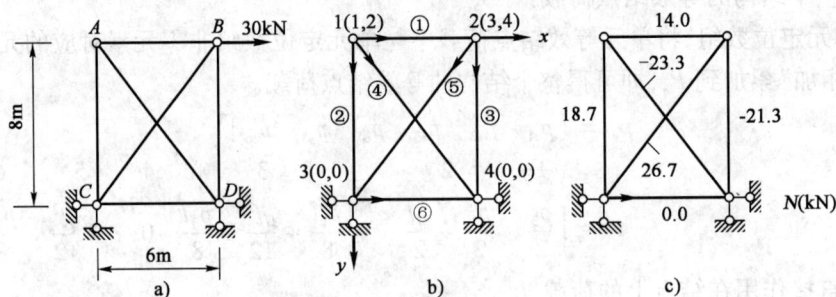

图10-21　例10-9图

a）桁架计算简图；b）桁架结点、单元编号情况；c）轴力值

解

（1）划分单元、建立坐标系，如图10-21b）所示。

（2）计算局部坐标系下的单元刚度矩阵 k^{e}。由式(10-9)可得

$$\overline{k}^{①} = \overline{k}^{⑥} = \frac{EA}{6}\begin{bmatrix} 1 & 0 & -1 & 0 \\ 0 & 0 & 0 & 0 \\ -1 & 0 & 1 & 0 \\ 0 & 0 & 0 & 0 \end{bmatrix}$$

$$\overline{k}^{②} = \overline{k}^{③} = \frac{EA}{8}\begin{bmatrix} 1 & 0 & -1 & 0 \\ 0 & 0 & 0 & 0 \\ -1 & 0 & 1 & 0 \\ 0 & 0 & 0 & 0 \end{bmatrix}$$

$$\overline{k}^{④} = \overline{k}^{⑤} = \frac{EA}{10}\begin{bmatrix} 1 & 0 & -1 & 0 \\ 0 & 0 & 0 & 0 \\ -1 & 0 & 1 & 0 \\ 0 & 0 & 0 & 0 \end{bmatrix}$$

（3）计算整体坐标系下的单元刚度矩阵 k^{e}。由式(10-30)可得

单元①和单元⑥：$\alpha = 0$，$k^{①} = \overline{k}^{①}$，$k^{⑥} = \overline{k}^{⑥}$

$$k^{①} = \frac{EA}{6}\begin{array}{cccc} 1 & 2 & 3 & 4 \end{array} \begin{bmatrix} 1 & 0 & -1 & 0 \\ 0 & 0 & 0 & 0 \\ -1 & 0 & 1 & 0 \\ 0 & 0 & 0 & 0 \end{bmatrix}\begin{array}{c} 1 \\ 2 \\ 3 \\ 4 \end{array} \qquad k^{⑥} = \frac{EA}{6}\begin{array}{cccc} 0 & 0 & 0 & 0 \end{array}\begin{bmatrix} 1 & 0 & -1 & 0 \\ 0 & 0 & 0 & 0 \\ -1 & 0 & 1 & 0 \\ 0 & 0 & 0 & 0 \end{bmatrix}\begin{array}{c} 0 \\ 0 \\ 0 \\ 0 \end{array}$$

单元②和单元③：$\alpha = \dfrac{\pi}{2}$，$\sin\alpha = 1$，$\cos\alpha = 0$

$$k^{②} = \frac{EA}{8}\begin{array}{cccc} 1 & 2 & 0 & 0 \end{array}\begin{bmatrix} 0 & 0 & 0 & 0 \\ 1 & 0 & -1 & 0 \\ 0 & 0 & 0 & 0 \\ -1 & 0 & 1 & 0 \end{bmatrix}\begin{array}{c} 1 \\ 2 \\ 0 \\ 0 \end{array} \qquad k^{③} = \frac{EA}{8}\begin{array}{cccc} 3 & 4 & 0 & 0 \end{array}\begin{bmatrix} 0 & 0 & 0 & 0 \\ 0 & 0 & -1 & 0 \\ 0 & 0 & 0 & 0 \\ -1 & 0 & 1 & 0 \end{bmatrix}\begin{array}{c} 3 \\ 4 \\ 0 \\ 0 \end{array}$$

单元④：$\alpha = 0.927$，$\sin\alpha = \dfrac{4}{5}$，$\cos\alpha = \dfrac{3}{5}$

$$k^{④} = \frac{EA}{10}\begin{array}{cccc} 1 & \quad 2 & \quad 0 & \quad 0 \end{array}\begin{bmatrix} \dfrac{9}{25} & \dfrac{12}{25} & -\dfrac{9}{25} & -\dfrac{12}{25} \\[2mm] \dfrac{12}{25} & \dfrac{16}{25} & -\dfrac{12}{25} & -\dfrac{16}{25} \\[2mm] -\dfrac{9}{25} & -\dfrac{12}{25} & \dfrac{9}{25} & \dfrac{12}{25} \\[2mm] -\dfrac{12}{25} & \dfrac{16}{25} & \dfrac{12}{25} & \dfrac{16}{25} \end{bmatrix}\begin{array}{c} 1 \\[2mm] 2 \\[2mm] 0 \\[2mm] 0 \end{array}$$

单元⑤：$\alpha = 2.214$，$\sin\alpha = \dfrac{4}{5}$，$\cos\alpha = -\dfrac{3}{5}$

$$k^{⑤} = \frac{EA}{10}\begin{array}{cccc} 3 & \quad 4 & \quad 0 & \quad 0 \end{array}\begin{bmatrix} \dfrac{9}{25} & -\dfrac{12}{25} & -\dfrac{9}{25} & \dfrac{12}{25} \\[2mm] -\dfrac{12}{25} & \dfrac{16}{25} & \dfrac{12}{25} & -\dfrac{16}{25} \\[2mm] -\dfrac{9}{25} & \dfrac{12}{25} & \dfrac{9}{25} & -\dfrac{12}{25} \\[2mm] \dfrac{12}{25} & -\dfrac{16}{25} & -\dfrac{12}{25} & \dfrac{16}{25} \end{bmatrix}\begin{array}{c} 3 \\[2mm] 4 \\[2mm] 0 \\[2mm] 0 \end{array}$$

（4）按直接刚度法组集结构刚度矩阵 K。

$$K = EA\begin{array}{cccc} 1 & \quad 2 & \quad 3 & \quad 4 \end{array}\begin{bmatrix} 0.202\,7 & 0.048 & -0.166\,7 & 0 \\ 0.048 & 0.189 & 0 & 0 \\ -0.166\,7 & 0 & 0.202\,7 & -0.048 \\ 0 & 0 & -0.048 & 0.189 \end{bmatrix}\begin{array}{c} 1 \\ 2 \\ 3 \\ 4 \end{array}$$

(5)形成整体结点荷载列阵 P。

$$P = \begin{bmatrix} P_1 \\ P_2 \\ P_3 \\ P_4 \end{bmatrix} = \begin{bmatrix} 0 \\ 0 \\ 30 \\ 0 \end{bmatrix} \begin{matrix} 1 \\ 2 \\ 3 \\ 4 \end{matrix}$$

(6)建立整个结构的刚度方程($K\Delta = 0$),并求解自由结点位移。

$$EA \begin{bmatrix} 0.202\ 7 & 0.048 & -0.166\ 7 & 0 \\ 0.048 & 0.189 & 0 & 0 \\ -0.166\ 7 & 0 & 0.202\ 7 & -0.048 \\ 0 & 0 & -0.048 & 0.189 \end{bmatrix} \begin{bmatrix} \Delta_1 \\ \Delta_2 \\ \Delta_3 \\ \Delta_4 \end{bmatrix} = \begin{bmatrix} 0 \\ 0 \\ 30 \\ 0 \end{bmatrix}$$

$$\begin{bmatrix} \Delta_1 \\ \Delta_2 \\ \Delta_3 \\ \Delta_4 \end{bmatrix} = \begin{bmatrix} \mu_1 \\ v_1 \\ \mu_2 \\ v_2 \end{bmatrix} = \frac{1}{EA} \begin{bmatrix} 588.00 \\ -149.33 \\ 672.00 \\ 170.67 \end{bmatrix}$$

(7)按式(10-89)求各杆轴力。因为桁架只承受结点荷载,故 $\overline{F}_f^e = 0$

单元①:$\alpha = 0, \sin\alpha = 0, \cos\alpha = 1$

$\overline{F}^① = \lambda^① k^① \delta^① = I k^① \delta^①$

$$= \frac{EA}{6} \begin{bmatrix} 1 & 0 & -1 & 0 \\ 0 & 0 & 0 & 0 \\ -1 & 0 & 1 & 0 \\ 0 & 0 & 0 & 0 \end{bmatrix} \times \frac{1}{EA} \begin{bmatrix} 588.00 \\ -149.33 \\ 672.00 \\ 170.67 \end{bmatrix} = \begin{bmatrix} -14.00 \\ 0 \\ 14.00 \\ 0 \end{bmatrix}$$

单元②:$\alpha = \dfrac{\pi}{2}, \sin\alpha = 1, \cos\alpha = 0$

$\overline{F}^② = \lambda^② k^② \delta^②$

$$= \begin{bmatrix} 0 & 1 & 0 & 0 \\ -1 & 0 & 0 & 0 \\ 0 & 0 & 0 & 1 \\ 0 & 0 & -1 & 0 \end{bmatrix} \times \frac{EA}{8} \begin{bmatrix} 0 & 0 & 0 & 0 \\ 0 & 1 & 0 & -1 \\ 0 & 0 & 0 & 0 \\ 0 & -1 & 0 & 1 \end{bmatrix} \times \frac{1}{EA} \begin{bmatrix} 588.00 \\ -149.33 \\ 0 \\ 0 \end{bmatrix} = \begin{bmatrix} -18.67 \\ 0 \\ 18.67 \\ 0 \end{bmatrix}$$

单元③:$\alpha = \dfrac{\pi}{2}, \sin\alpha = 1, \cos\alpha = 0$

$\overline{F}^③ = \lambda^③ k^③ \delta^③$

$$= \begin{bmatrix} 0 & 1 & 0 & 0 \\ -1 & 0 & 0 & 0 \\ 0 & 0 & 0 & 1 \\ 0 & 0 & -1 & 0 \end{bmatrix} \times \frac{EA}{8} \begin{bmatrix} 0 & 0 & 0 & 0 \\ 0 & 1 & 0 & -1 \\ 0 & 0 & 0 & 0 \\ 0 & -1 & 0 & 1 \end{bmatrix} \times \frac{1}{EA} \begin{bmatrix} 672.00 \\ 170.67 \\ 0 \\ 0 \end{bmatrix} = \begin{bmatrix} 21.33 \\ 0 \\ -21.33 \\ 0 \end{bmatrix}$$

单元④:$\alpha = 0.927, \sin\alpha = \dfrac{4}{5}, \cos\alpha = \dfrac{3}{5}$

$\overline{F}^④ = \lambda^④ k^④ \delta^④$

$$
= \begin{bmatrix} \dfrac{3}{5} & \dfrac{4}{5} & 0 & 0 \\[2mm] -\dfrac{4}{5} & \dfrac{3}{5} & 0 & 0 \\[2mm] 0 & 0 & \dfrac{3}{5} & \dfrac{4}{5} \\[2mm] 0 & 0 & -\dfrac{4}{5} & \dfrac{3}{5} \end{bmatrix} \times \dfrac{EA}{10} \begin{bmatrix} \dfrac{9}{25} & \dfrac{12}{25} & -\dfrac{9}{25} & -\dfrac{12}{25} \\[2mm] \dfrac{12}{25} & \dfrac{16}{25} & -\dfrac{12}{25} & -\dfrac{16}{25} \\[2mm] -\dfrac{9}{25} & -\dfrac{12}{25} & \dfrac{9}{25} & \dfrac{12}{25} \\[2mm] -\dfrac{12}{25} & -\dfrac{16}{25} & \dfrac{12}{25} & \dfrac{16}{25} \end{bmatrix} \times \dfrac{1}{EA} \begin{bmatrix} 588.00 \\ -149.33 \\ 0 \\ 0 \end{bmatrix} = \begin{bmatrix} 23.3 \\ 0 \\ -23.3 \\ 0 \end{bmatrix}
$$

单元⑤:$\alpha = 2.214$,$\sin\alpha = \dfrac{4}{5}$,$\cos\alpha = -\dfrac{3}{5}$

$\overline{F}^{⑤} = \lambda^{⑤}k^{⑤}\delta^{⑤}$

$$
= \begin{bmatrix} -\dfrac{3}{5} & \dfrac{4}{5} & 0 & 0 \\[2mm] -\dfrac{4}{5} & -\dfrac{3}{5} & 0 & 0 \\[2mm] 0 & 0 & -\dfrac{3}{5} & \dfrac{4}{5} \\[2mm] 0 & 0 & -\dfrac{4}{5} & -\dfrac{3}{5} \end{bmatrix} \times \dfrac{EA}{10} \begin{bmatrix} \dfrac{9}{25} & -\dfrac{12}{25} & -\dfrac{9}{25} & \dfrac{12}{25} \\[2mm] -\dfrac{12}{25} & \dfrac{16}{25} & \dfrac{12}{25} & -\dfrac{16}{25} \\[2mm] -\dfrac{9}{25} & \dfrac{12}{25} & \dfrac{9}{25} & -\dfrac{12}{25} \\[2mm] \dfrac{12}{25} & -\dfrac{16}{25} & -\dfrac{12}{25} & \dfrac{16}{25} \end{bmatrix} \times \dfrac{1}{EA} \begin{bmatrix} 672.00 \\ 170.67 \\ 0 \\ 0 \end{bmatrix} = \begin{bmatrix} -26.67 \\ 0 \\ 26.67 \\ 0 \end{bmatrix}
$$

单元⑥:$\alpha = 0$

$\therefore \qquad \delta^{⑥} = \begin{bmatrix} 0 & 0 & 0 & 0 \end{bmatrix}^{\mathrm{T}}$

$\therefore \qquad \overline{F}^{⑥} = \lambda^{⑥}k^{⑥}\delta^{⑥} = Ik^{⑥}\delta^{⑥} = \begin{bmatrix} 0 & 0 & 0 & 0 \end{bmatrix}^{\mathrm{T}}$

各杆轴力如图 10-21c)所示。以各结点为研究对象,利用平衡条件进行校核,可知计算无误。

例 10-10 试用矩阵位移法计算图 10-22a)所示刚架。已知各杆 $E = 30\mathrm{MPa}$,$A = 0.18\mathrm{m}^2$,$I = 5.4 \times 10^{-3}\mathrm{m}^4$。

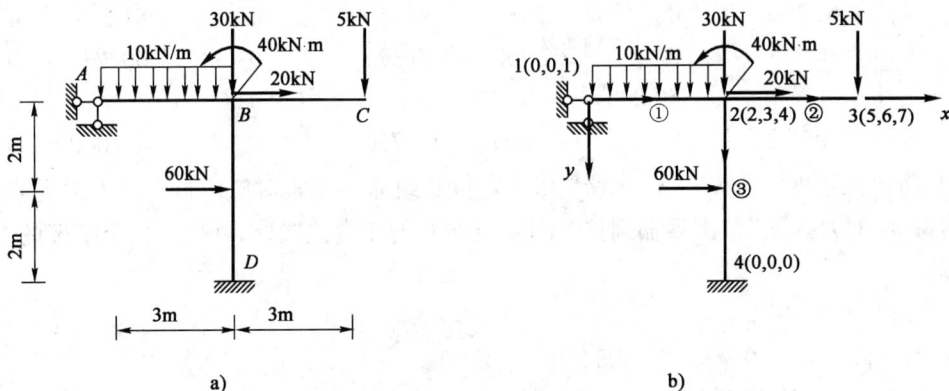

图 10-22　例 10-10 图

a)原结构;b)坐标系及单元、结点编号

解

(1)对单元、结点和位移分量编号,并建立坐标系如图 10-22b)所示。表 10-1 给出了单元的基本数据。

单元号	端点号	定位数组	杆长(m)	$C_x = \cos\alpha$	$C_y = \sin\alpha$
①	1→2	(001234)	3	1	0
②	2→3	(234567)	3	1	0
③	2→4	(234000)	4	0	1

（2）按式（10-27）和式（10-28）计算各单元的单元刚度矩阵，并把三个单元的定位数组中的各元素分别写在单刚的上边和右侧的相应位置处。

$$
k^{①} =
\begin{array}{cccccc}
0 & 0 & 1 & 2 & 3 & 4 \\
\end{array}
$$

$$
k^{①} =
\left[
\begin{array}{cccccc}
1\,800\,000 & 0 & 0 & -1\,800\,000 & 0 & 0 \\
0 & 72\,000 & 108\,000 & 0 & -72\,000 & 108\,000 \\
0 & 108\,000 & 216\,000 & 0 & -108\,000 & 108\,000 \\
-1\,800\,000 & 0 & 0 & 1\,800\,000 & 0 & 0 \\
0 & -72\,000 & -108\,000 & 0 & 72\,000 & -108\,000 \\
0 & 108\,000 & 108\,000 & 0 & -108\,000 & 216\,000 \\
\end{array}
\right]
\begin{array}{c}
0 \\ 0 \\ 1 \\ 2 \\ 3 \\ 4
\end{array}
$$

$$
\begin{array}{cccccc}
2 & 3 & 4 & 5 & 6 & 7 \\
\end{array}
$$

$$
k^{②} =
\left[
\begin{array}{cccccc}
1\,800\,000 & 0 & 0 & -1\,800\,000 & 0 & 0 \\
0 & 72\,000 & 108\,000 & 0 & -72\,000 & 108\,000 \\
0 & 108\,000 & 216\,000 & 0 & -108\,000 & 108\,000 \\
-1\,800\,000 & 0 & 0 & 1\,800\,000 & 0 & 0 \\
0 & -72\,000 & -108\,000 & 0 & 72\,000 & -108\,000 \\
0 & 108\,000 & 108\,000 & 0 & -108\,000 & 216\,000 \\
\end{array}
\right]
\begin{array}{c}
2 \\ 3 \\ 4 \\ 5 \\ 6 \\ 7
\end{array}
$$

$$
\begin{array}{cccccc}
2 & 3 & 4 & 0 & 0 & 0 \\
\end{array}
$$

$$
k^{③} =
\left[
\begin{array}{cccccc}
30\,375 & 0 & -60\,750 & -30\,375 & 0 & -60\,750 \\
0 & 1\,350\,000 & 0 & 0 & -1\,350\,000 & 0 \\
-60\,750 & 0 & 162\,000 & 60\,750 & 0 & 81\,000 \\
-30\,375 & 0 & 60\,750 & 30\,375 & 0 & 60\,750 \\
0 & -1\,350\,000 & 0 & 0 & 1\,350\,000 & 0 \\
-60\,750 & 0 & 81\,000 & 60\,750 & 0 & 162\,000 \\
\end{array}
\right]
\begin{array}{c}
2 \\ 3 \\ 4 \\ 0 \\ 0 \\ 0
\end{array}
$$

（3）将单元刚度矩阵 $k^{①}$、$k^{②}$ 和 $k^{③}$ 中与定位数组非零元素对应的行和列上的元素，按定位数组编号"对号入座"依次累加到整个刚度矩阵 K 的相应位置处，可得到整个刚架的整体刚度矩阵。

$$
\begin{array}{ccccccc}
1 & 2 & 3 & 4 & 5 & 6 & 7 \\
\end{array}
$$

$$
K =
\left[
\begin{array}{ccccccc}
216\,000 & 0 & -108\,000 & 108\,000 & 0 & 0 & 0 \\
0 & 3\,630\,375 & 0 & -607\,500 & -108\,000 & 0 & 0 \\
-108\,000 & 0 & 1\,494\,000 & 0 & 0 & -72\,000 & 108\,000 \\
108\,000 & -60\,750 & 0 & 594\,000 & 0 & -108\,000 & 108\,000 \\
0 & -1\,800\,000 & 0 & 0 & 10\,800\,000 & 0 & 0 \\
0 & 0 & -72\,000 & -108\,000 & 0 & 72\,000 & -108\,000 \\
0 & 0 & 108\,000 & 108\,000 & 0 & -108\,000 & 216\,000 \\
\end{array}
\right]
\begin{array}{c}
1 \\ 2 \\ 3 \\ 4 \\ 5 \\ 6 \\ 7
\end{array}
$$

(4)计算综合结点荷载 P。

①求局部坐标系下的单元固端力：

$$\bar{F}_f^① = \begin{bmatrix} 0 & -15 & -7.5 & \vdots & 0 & -15 & 7.5 \end{bmatrix}^\mathrm{T}$$

$$\bar{F}_f^② = \begin{bmatrix} 0 & 0 & 0 & \vdots & 0 & 0 & 0 \end{bmatrix}^\mathrm{T}$$

$$\bar{F}_f^③ = \begin{bmatrix} 0 & 30 & 30 & \vdots & 0 & 30 & -30 \end{bmatrix}^\mathrm{T}$$

②求单元等效结点荷载：

$$\begin{array}{ccccccc} 0 & 0 & 1 & & 2 & 3 & 4 \end{array}$$
$$F_e^① = -\lambda^{①\mathrm{T}}\bar{F}_f^① = \begin{bmatrix} 0 & 15 & 7.5 & \vdots & 0 & 15 & -7.5 \end{bmatrix}^\mathrm{T}$$

$$\begin{array}{ccccccc} 2 & 3 & 4 & & 5 & 6 & 7 \end{array}$$
$$F_e^② = -\lambda^{②\mathrm{T}}\bar{F}_f^② = \begin{bmatrix} 0 & 0 & 0 & \vdots & 0 & 0 & 0 \end{bmatrix}^\mathrm{T}$$

$$F_e^③ = -\lambda^{③\mathrm{T}}\bar{F}_f^③ = -\begin{bmatrix} 0 & -1 & 0 & 0 & 0 & 0 \\ 1 & 0 & 0 & 0 & 0 & 0 \\ 0 & 0 & 1 & 0 & 0 & 0 \\ 0 & 0 & 0 & 0 & -1 & 0 \\ 0 & 0 & 0 & 1 & 0 & 0 \\ 0 & 0 & 0 & 0 & 0 & 1 \end{bmatrix}\begin{bmatrix} 0 \\ 30 \\ 30 \\ 0 \\ 30 \\ -30 \end{bmatrix} = \begin{bmatrix} 30 \\ 0 \\ -30 \\ 30 \\ 0 \\ 30 \end{bmatrix}$$

$$\begin{array}{cccccc} 2 & 3 & 4 & 0 & 0 & 0 \end{array}$$

即 $$F_e^③ = \begin{bmatrix} 30 & 0 & -30 & \vdots & 30 & 0 & 30 \end{bmatrix}^\mathrm{T}$$

③求整个结构的等效结点荷载：

利用单元定位数组，将单元等效结点荷载中与单元定位数组非零元素对应的元素，"对号入座，同号相加"累加到 P_e，即可得整个结构的等效结点荷载。

$$\begin{array}{ccccccc} 1 & 2 & 3 & 4 & 5 & 6 & 7 \end{array}$$
$$P_e = \begin{bmatrix} 7.5 & 30 & 15 & -37.5 & 0 & 0 & 0 \end{bmatrix}^\mathrm{T}$$

④求直接作用在结点上的荷载：

$$\begin{array}{ccccccc} 1 & 2 & 3 & 4 & 5 & 6 & 7 \end{array}$$
$$P_d = \begin{bmatrix} 0 & 20 & 30 & -40 & 0 & 5 & 0 \end{bmatrix}^\mathrm{T}$$

⑤求综合结点荷载：

$$\begin{array}{ccccccc} 1 & 2 & 3 & 4 & 5 & 6 & 7 \end{array}$$
$$P = P_e + P_d = \begin{bmatrix} 7.5 & 50 & 45 & -77.5 & 0 & 5 & 0 \end{bmatrix}^\mathrm{T}$$

(5)建立整个结构的刚度方程，并由求解自由结点位移 Δ_F。

列出总刚度方程 $K_F\Delta_F = P_F$，即

$$\begin{bmatrix} 216\,000 & 0 & -108\,000 & 108\,000 & 0 & 0 & 0 \\ 0 & 3\,630\,375 & 0 & -607\,500 & -108\,000 & 0 & 0 \\ -108\,000 & 0 & 1\,494\,000 & 0 & 0 & -72\,000 & 108\,000 \\ 108\,000 & -60\,750 & 0 & 594\,000 & 0 & -108\,000 & 108\,000 \\ 0 & -1\,800\,000 & 0 & 0 & 10\,800\,000 & 0 & 0 \\ 0 & 0 & -72\,000 & -108\,000 & 0 & 72\,000 & -108\,000 \\ 0 & 0 & 108\,000 & 108\,000 & 0 & -108\,000 & 216\,000 \end{bmatrix}\begin{bmatrix} \Delta_1 \\ \Delta_1 \\ \Delta_1 \\ \Delta_1 \\ \Delta_1 \\ \Delta_1 \\ \Delta_1 \end{bmatrix}$$

$$
= \begin{bmatrix} 7.5 \\ 50 \\ 45 \\ -77.5 \\ 0 \\ 5 \\ 0 \end{bmatrix}
$$

解总刚度方程,求解自由结点位移 Δ_F

$$
\Delta = \begin{bmatrix} 1.481\,7 \times 10^{-4}\,(\text{rad}) \\ 2.083\,5 \times 10^{-5}\,(\text{m}) \\ 3.158\,3 \times 10^{-5}\,(\text{m}) \\ -1.953\,1 \times 10^{-4}\,(\text{rad}) \\ 2.083\,5 \times 10^{-5}\,(\text{m}) \\ -2.765\,6 \times 10^{-4}\,(\text{m}) \\ -5.641\,6 \times 10^{-5}\,(\text{rad}) \end{bmatrix}
$$

(6)计算各单元的杆端力:

根据单元定位数组 m^{e} 及自由结点位移 Δ ,计算单元杆端位移 δ^{e} ,再由式(10-83) $\overline{F}^{\text{e}} = \overline{F}_f^{\text{e}} + \lambda^{\text{e}} k^{\text{e}} \delta^{\text{e}}$ 计算单元杆端力。

$$
\overline{F}^{①} = \begin{bmatrix} 0 \\ -15 \\ -7.5 \\ 0 \\ -15 \\ 7.5 \end{bmatrix} + I \begin{bmatrix} 1\,800\,000 & 0 & 0 & -1\,800\,000 & 0 & 0 \\ 0 & 72\,000 & 108\,000 & 0 & -72\,000 & 108\,000 \\ 0 & 108\,000 & 216\,000 & 0 & -108\,000 & 108\,000 \\ -1\,800\,000 & 0 & 0 & 1\,800\,000 & 0 & 0 \\ 0 & -72\,000 & -108\,000 & 0 & 72\,000 & -108\,000 \\ 0 & 108\,000 & 108\,000 & 0 & -108\,000 & 216\,000 \end{bmatrix}
$$

$$
\begin{bmatrix} 0 \\ 0 \\ 1.481\,7 \times 10^{-4} \\ 2.083\,5 \times 10^{-5} \\ 3.158\,2 \times 10^{-5} \\ -1.953\,1 \times 10^{-4} \end{bmatrix} = \begin{bmatrix} -37.502\,(\text{kN}) \\ -22.365\,(\text{kN}) \\ 0.000\,(\text{kN}\cdot\text{m}) \\ 37.502\,(\text{kN}) \\ -7.635\,(\text{kN}) \\ -22.095\,(\text{kN}\cdot\text{m}) \end{bmatrix}
$$

$$
\overline{F}^{②} = \begin{bmatrix} 0 \\ 0 \\ 0 \\ 0 \\ 0 \\ 0 \end{bmatrix} + I \begin{bmatrix} 1\,800\,000 & 0 & 0 & -1\,800\,000 & 0 & 0 \\ 0 & 72\,000 & 108\,000 & 0 & -72\,000 & 108\,000 \\ 0 & 108\,000 & 216\,000 & 0 & -108\,000 & 108\,000 \\ -1\,800\,000 & 0 & 0 & 1\,800\,000 & 0 & 0 \\ 0 & -72\,000 & -108\,000 & 0 & 72\,000 & -108\,000 \\ 0 & 108\,000 & 108\,000 & 0 & -108\,000 & 216\,000 \end{bmatrix}
$$

$$\begin{bmatrix} 2.083\ 5 \times 10^{-5} \\ 3.158\ 2 \times 10^{-5} \\ -1.953\ 1 \times 10^{-4} \\ 2.083\ 5 \times 10^{-5} \\ -2.765\ 6 \times 10^{-4} \\ -5.641\ 6 \times 10^{-5} \end{bmatrix} = \begin{bmatrix} 0.000(\text{kN}) \\ -5.000(\text{kN}) \\ -15.00(\text{kN} \cdot \text{m}) \\ 0.000(\text{kN}) \\ 5.000(\text{kN}) \\ 0.000(\text{kN} \cdot \text{m}) \end{bmatrix}$$

$$\overline{F}^{③} = \begin{bmatrix} 0 \\ 30 \\ 30 \\ 0 \\ 30 \\ -30 \end{bmatrix} + \begin{bmatrix} 0 & 1 & 0 & 0 & 0 & 0 \\ -1 & 0 & 0 & 0 & 0 & 0 \\ 0 & 0 & 1 & 0 & 0 & 0 \\ 0 & 0 & 0 & 0 & 1 & 0 \\ 0 & 0 & 0 & -1 & 0 & 0 \\ 0 & 0 & 0 & 0 & 0 & 1 \end{bmatrix}$$

$$\begin{bmatrix} 30\ 375 & 0 & -60\ 750 & -30\ 375 & 0 & -60\ 750 \\ 0 & 1\ 350\ 000 & 0 & 0 & -1\ 350\ 000 & 0 \\ -60\ 750 & 0 & 162\ 000 & 60\ 750 & 0 & 81\ 000 \\ -30\ 375 & 0 & 60\ 750 & 30\ 375 & 0 & 60\ 750 \\ 0 & -1\ 350\ 000 & 0 & 0 & 1\ 350\ 000 & 0 \\ -60\ 750 & 0 & 81\ 000 & 60\ 750 & 0 & 162\ 000 \end{bmatrix} \begin{bmatrix} 2.083\ 5 \times 10^{-5} \\ 3.158\ 2 \times 10^{-5} \\ -1.953\ 1 \times 10^{-4} \\ 0 \\ 0 \\ 0 \end{bmatrix}$$

$$= \begin{bmatrix} 42.635(\text{kN}) \\ 17.502(\text{kN}) \\ -2.905(\text{kN} \cdot \text{m}) \\ -42.635(\text{kN}) \\ 42.498(\text{kN}) \\ -47.085(\text{kN} \cdot \text{m}) \end{bmatrix}$$

(7)计算支座反力：

根据结点 1、4 的平衡条件,可求出支座反力(在整体坐标系下)

$$R_1 = \begin{bmatrix} -37.502(\text{kN}) & -22.365(\text{kN}) & 0(\text{kN} \cdot \text{m}) \end{bmatrix}^{\text{T}}$$

$$R_4 = \begin{bmatrix} -42.498(\text{kN}) & -42.635(\text{kN}) & -47.085(\text{kN} \cdot \text{m}) \end{bmatrix}^{\text{T}}$$

(8)绘制内力图：

根据已求出的各单元的杆端力及各单元所承受的非结点荷载情况,绘出刚架的内力图如图 10-23 所示。

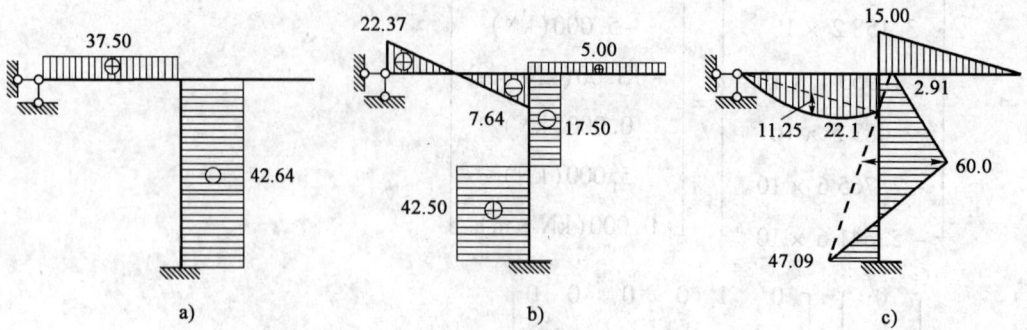

图 10-23 刚架内力图

a)轴力图(kN);b)剪力图(kN);c)弯矩图(kN·m)

第七节 连续梁程序的框图设计和源程序

一、程序编制说明

(1)本程序为初学程序设计者而编写,主要体现编制程序的基本方法,力求简单易懂。

(2)本程序用于计算多跨连续梁(各跨抗弯刚度 EI 为常数),在结点荷载和非结点荷载共同作用下支座截面(结点)处的转角及杆端弯矩值。

(3)由于只考虑结点弯矩与结点转角的关系,故梁单元刚度矩阵采用式(10-10)的形式。

(4)整个结构刚度矩阵的组集采用直接刚度法,即按式(10-46)形成的三对角矩阵。

(5)非结点荷载作用下的固端弯矩由手算完成。

(6)梁的两端可以是固定端支座或铰支座。

二、计算模型及计算方法

1. 计算模型

取连续梁的计算简图如图 10-23 所示,以梁支座处为结点,编号从左到右依次为 $1,2,\cdots,n$,共有 n 个结点,以每一跨梁为一个单元,共有 $n-1$ 个单元。各单元的线刚度为

$$i_j = \frac{(EI)_j}{l_j} \qquad (j = 1,2,\cdots,n-1) \tag{10-90}$$

式中:$(EI)_j$ 为单元 j 的抗弯刚度;l_j 为单元 j 的长度。

以连续梁的结点位移(支座结点处截面的转角)为基本未知量:$\Delta = \begin{bmatrix} \Delta_1 & \Delta_2 & \cdots & \Delta_n \end{bmatrix}^T$。与结点位移相应的结点力(结点弯矩 M_j)为:$P = \begin{bmatrix} P_1 & P_2 & \cdots & P_n \end{bmatrix}^T$。

2. 综合结点荷载的计算

综合结点荷载即结点力按式(10-83)确定:$P = P_d + P_e$。其中 P_d 为直接作用在结点上的荷载,程序中以一维数组 $PJ(n)$ 表示。P_e 为等效结点荷载。由于连续梁整体坐标系与局部坐标系是一致的,不必进行坐标变换,故等效结点荷载可由固端力反号得出:$p_e^{\textcircled{e}} = -F_f^{\textcircled{e}}$,即

$$\left. \begin{array}{ll} P_1 = -M_{f1}^{\textcircled{1}} & P_n = -M_{f2}^{\textcircled{e}} \\ P_j = -M_{f2}^{\textcircled{e}} - M_{f1}^{\textcircled{1}} & (j = 2,3,\cdots,n-1) \end{array} \right\} \tag{10-91}$$

式中，$M_{f1}^{(j)}$、$M_{f2}^{(j)}$ 分别为单元 ⓙ 左、右端的固端弯矩值。

3. 整体刚度矩阵的组集

按照直接刚度法组集整个结构的刚度矩阵。整体刚度矩阵为三对角矩阵，如式（10-46）所示。编程时，首先将整刚置零，而后按下式输入三条对角线上的元素。

$$\left.\begin{array}{l} K_{11} = 4i \quad \cdots \quad K_{nn} = 4i_{n-1} \\ K_{jj} = 4(i_{j-1} + i_j) \qquad\qquad (j = 2,3,\cdots,n-1) \\ K_{j,j-1} = K_{j-1,j} = 2i_{j-1} \qquad (j = 2,3,\cdots,n) \end{array}\right\} \tag{10-92}$$

4. 刚性支承条件的引入

连续梁左右两端刚性支承条件的引入，采用"主1副零"法。

5. 解刚度方程

一般情况下可采用高斯顺序消去法解线性方程组。高斯顺序消去法包括向前消元和向后回代两个过程。向前消元是对 n 阶线性方程组 $K\Delta = P$，经过 $n-1$ 轮消元，把方程组变为上三角矩阵的同解方程组。n 阶线性方程组顺序消元的过程为

$$\left.\begin{array}{l} \text{对于 } k = 1,2,\cdots,n-1; i = k+1, k+2,\cdots,n \text{ 做} \\ c \Leftarrow \dfrac{a_{ik}}{a_{kk}} \\ a_{i,j} \Leftarrow a_{ij} - c \times a_{kj}(j = k+1, k+2,\cdots,n) \\ p_i \Leftarrow p_i - c \times p_k \end{array}\right\} \tag{10-93}$$

向后回代是对已变为上三角系数矩阵的 n 阶线性方程组，从最后一个方程开始，逆序依次求出各未知位移。求出的位移直接存入荷载项 P 中。其计算过程为

$$\left.\begin{array}{l} p_n = \dfrac{p_n}{a_{nn}} \\ \text{对于 } i = n-1, n-2,\cdots,1 \text{ 做} \\ p_i \Leftarrow (p_i - \sum_{j=i+1}^{n} a_{ij}p_j)/a_{i,i} \end{array}\right\} \tag{10-94}$$

本程序由于只考虑连续梁结点弯矩与结点转角的关系，整个结构的刚度矩阵除三对角线上的元素不为零外，其余均为零元素，故以上消元、回代过程可简化如下。

消元过程为

$$\left.\begin{array}{l} \text{对于 } k = 1,2,\cdots,n-1; i = k+1, k+2,\cdots,n \text{ 做} \\ c \Leftarrow \dfrac{a_{ik}}{a_{kk}} \\ a_{ii} \Leftarrow a_{ii} - c \times a_{ki} \\ p_i \Leftarrow p_i - c \times p_k \end{array}\right\} \tag{10-95}$$

回代过程为

$$\left.\begin{array}{l} p_n = p_n/a_{nn} \\ \text{对于 } i = n-1, n-2,\cdots,1 \text{ 做} \\ p_i \Leftarrow (p_i - a_{i,i+1} \times p_{i+1})/a_{i,i} \end{array}\right\} \tag{10-96}$$

解刚度方程求得结点位移（转角）后，可按式（10-51）计算与 j、k 结点相连的任意单元 ⓔ 的杆端力（弯矩）

$$\begin{bmatrix} M_1 \\ M_2 \end{bmatrix}^{ⓔ} = \begin{bmatrix} M_{f1} \\ M_{f2} \end{bmatrix}^{ⓔ} + \begin{bmatrix} 4i & 2i \\ 2i & 4i \end{bmatrix}^{ⓔ} \begin{bmatrix} \theta_j \\ \theta_k \end{bmatrix} \tag{10-97}$$

三、连续梁内力位移计算程序(FORTRAN)

1. 程序标识符说明

TL——题目名称。字符型数组,输入参数。

NJ——结点总数。整型变量,输入参数。

IL、IR——左、右两端支承信息。值为 0 表示简支端,值为 1 表示固定端。整型变量,输入参数。

GC(20)——GC(I)为 I 单元的长度。实型数组,输入参数。

GX(20)——GX(I)为 I 单元的抗弯刚度。实型数组,输入参数。

AMF(20,2)——AMF(I,1)、AMF(I,2)分别为 I 单元左、右端的固端弯矩。实型数组,输入参数。

PJ(21)——直接作用在结点上的荷载。实型数组,输入参数。

NNE——单元总数。整型变量,值为(NJ-1)。

XG(20)——XG(I)为 I 单元的线刚度。实型数组。

AM(20,2)——AM(I,1)、AM(I,2)分别为 I 单元左、右端的杆端力(弯矩)。实型数组。

AK(21,21)——结构的整体刚度矩阵。实型数组。

P(21)——综合结点荷载,解方程后,存放结点位移(转角)。实型数组。

2. 框图

连续梁结构分析程序总框图如图 10-24 所示。总框图共包括 6 个子框图,详见图 10-25 ~ 图 10-30。为了便于读者对照源程序阅读,在主框图的右侧标出了子框图的序号及相应的语句序号;在子框图右侧做了简要的文字说明。

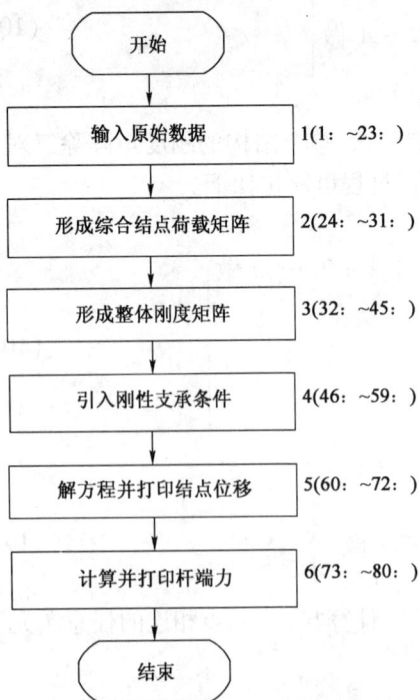

图 10-24 连续梁内力位移计算程序总框图

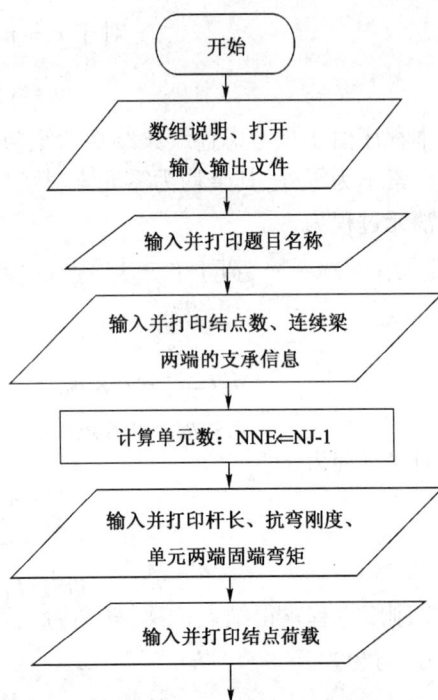

图 10-25 输入原始数据(子框图 1)

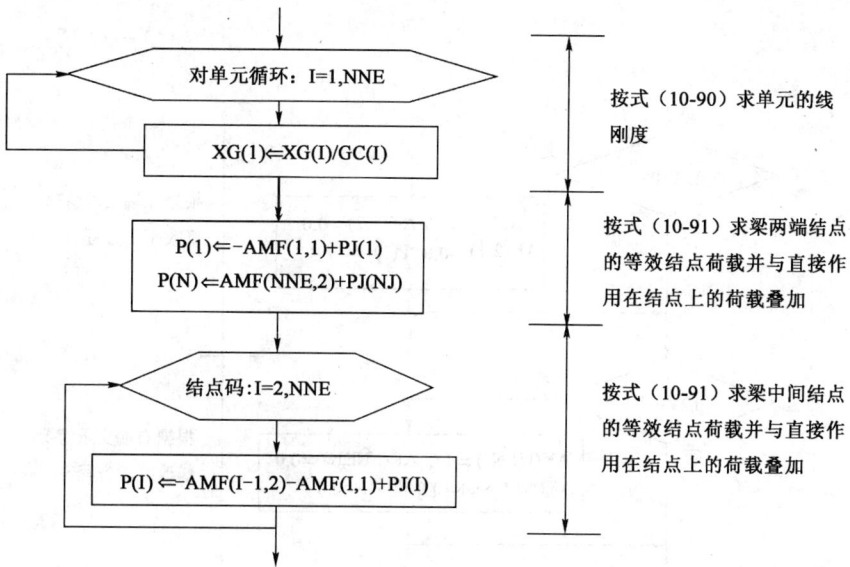

图 10-26 单元线刚度计算及形成综合结点荷载(子框图 2)

对单元循环：I=1,NNE

XG(1)⇐XG(I)/GC(I)

P(1)⇐−AMF(1,1)+PJ(1)
P(N)⇐AMF(NNE,2)+PJ(NJ)

结点码:I=2,NNE

P(I)⇐−AMF(I−1,2)−AMF(I,1)+PJ(I)

按式（10-90）求单元的线刚度

按式（10-91）求梁两端结点的等效结点荷载并与直接作用在结点上的荷载叠加

按式（10-91）求梁中间结点的等效结点荷载并与直接作用在结点上的荷载叠加

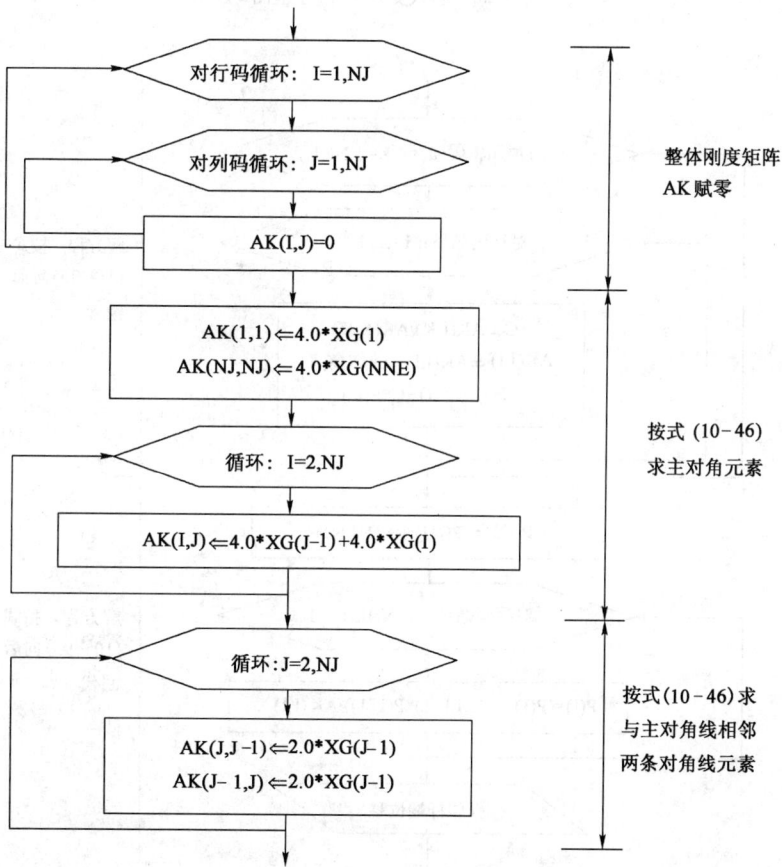

图 10-27 形成整体刚度矩阵(子框图 3)

对行码循环：I=1,NJ

对列码循环：J=1,NJ

AK(I,J)=0

AK(1,1)⇐4.0*XG(1)
AK(NJ,NJ)⇐4.0*XG(NNE)

循环：I=2,NJ

AK(I,J)⇐4.0*XG(J−1)+4.0*XG(I)

循环：J=2,NJ

AK(J,J−1)⇐2.0*XG(J−1)
AK(J−1,J)⇐2.0*XG(J−1)

整体刚度矩阵 AK 赋零

按式（10-46）求主对角元素

按式(10-46)求与主对角线相邻两条对角线元素

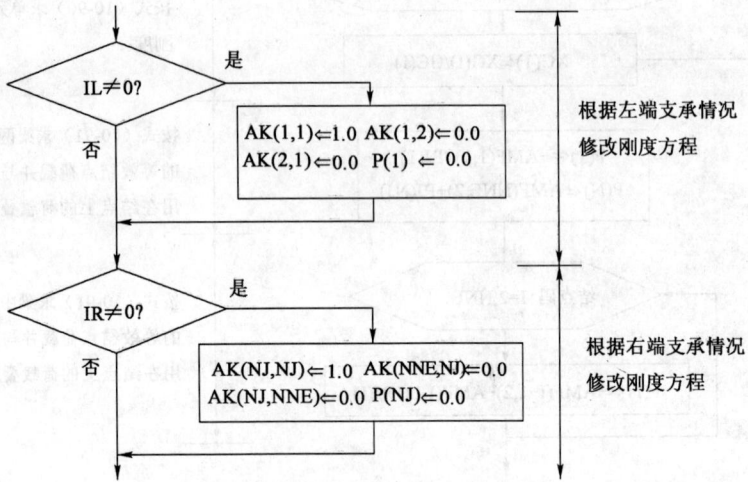

图 10-28 引入支承条件(子框图 4)

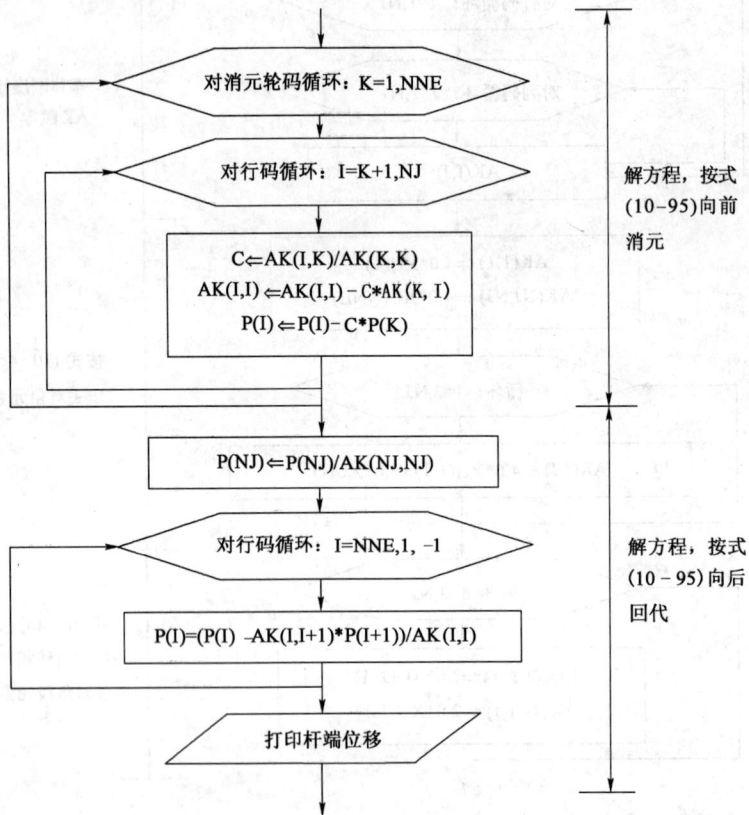

图 10-29 解方程并打印杆端位移(子框图 5)

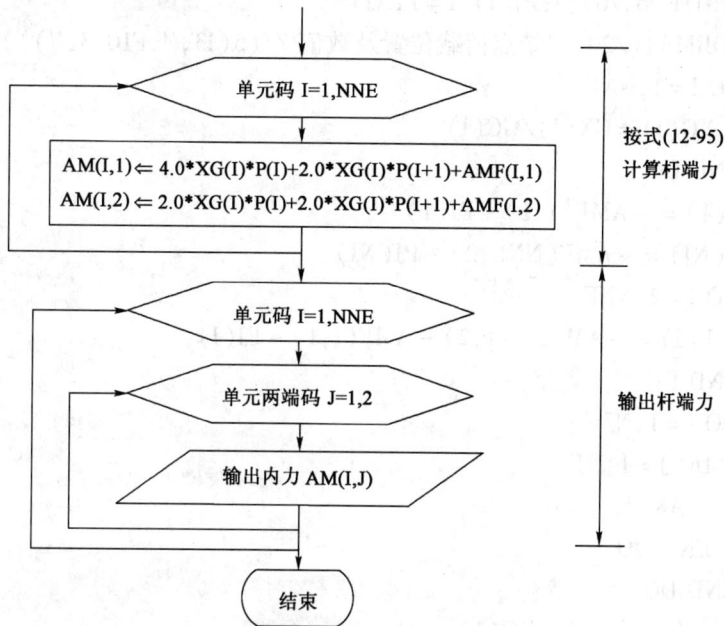

图 10-30　计算并打印杆端力(子框图6)

3. 连续梁内力位移计算源程序(FORTRAN 语言)

```
1:          PROGRAM CBSAP
2:          DIMENSION TL(20),GC(20),GX(20),AMF(20,2),AM(20,2)
3:          DIMENSION P(21),AK(21,21),XG(20),PJ(21)
4:          OPEN(2,FILE = 'CBSAP. IN')
5:          OPEN(6,FILE = 'CBSAP. OUT')
6:          READ(2,10)TL
7:10         FORMAT(20A4)
8:          WRITE(6,10)TL
9:          READ(2,20)NJ,IL,IR
10:20        FORMAT(3I5)
11:          WRITE(6,30) NJ,IL,IR
12:30        FORMAT(/2X,'结点总数 = 'I2,3X,'左端支承信息 = 'I1,2X,'右端支承信息 = '
13:     #    I1,2X,'(1 = 固定端   0 = 铰支座)')
14:          NNE = NJ - 1
15:          READ(2,40) (GC(I),GX(I),(AMF(I,J),J = 1,2),I = 1,NNE)
16:40        FORMAT(4F10. 3)
17:          WRITE(6,50) (I,GC(I),GX(I),(AMF(I,J),J = 1,2),I = 1,NNE)
18:50        FORMAT(/2X,'单元号',7X,'杆长',9X,'抗弯刚度',6X,'左端弯矩',
19:     #    7X,'右端弯矩'/(I5,4F15.4))
20:          READ(2,60)(PJ(I),I = 1,NJ)
21:60        FORMAT(8F10. 3)
```

43

```
22:          WRITE(6,70)(I,PJ(I),I=1,NJ)
23:70        FORMAT(/20X,'结点荷载位置及数值'//(5(I3,'',F10.3,'')))
24:          DO I=1,NNE
25:              XG(I)=GX(I)/GC(I)
26:          END DO
27:          P(1)=-AMF(1,1)+PJ(1)
28:          P(NJ)=-AMF(NNE,2)+PJ(NJ)
29:          DO I=2,NNE
30:              P(I)=-AMF(I-1,2)-AMF(I,1)+PJ(I)
31:          END DO
32:          DO I=1,NJ
33:            DO J=1,NJ
34:               AK(I,J)=0
35:            END DO
36:          END DO
37:          AK(1,1)=4.0*XG(1)
38:          AK(NJ,NJ)=4.0*XG(NNE)
39:          DO J=2,NNE
40:              AK(J,J)=4.0*(XG(J-1)+XG(J))
41:          END DO
42:          DO J=2,NJ
43:             AK(J,J-1)=2.0*XG(J-1)
44:             AK(J-1,J)=2.0*XG(J-1)
45:          END DO
46:          IF(IL.NE.0) THEN
47:              AK(1,1)=1.0
48:              AK(1,2)=0.0
49:              AK(2,1)=0.0
50:             P(1)=0.0
51:          ELSE
52:          END IF
53:        IF(IR.NE.0) THEN
54:              AK(NJ,NJ)=1.0
55:              AK(NNE,NJ)=0.0
56:              AK(NJ,NNE)=0.0
57:             P(NJ)=0.0
58:          ELSE
59:        END IF
60:        DO K=1,NNE
61:              DO I=K+1,NJ
```

```
62:              C = AK(I,K)/AK(K,K)
63:              P(I) = P(I) − C * P(K)
64:              AK(I,I) = AK(I,I) − C * AK(K,I)
65:          END DO
66:      END DO
67:      P(NJ) = P(NJ)/AK(NJ,NJ)
68:      DO I = NNE,1, − 1
69:          P(I) = (P(I) − AK(I,I+1) * P(I+1))/AK(I,I)
70:      END DO
71:      WRITE(6,80) (I,P(I),I=1,NJ)
72:80    FORMAT(/22X,'结点转角(rad)'//(5(I3,'',F10.3,' ')))
73:      DO I = 1,NNE
74:          AM(I,1) =4.0 * XG(I) * P(I) +2.0 * XG(I) * P(I+1) + AMF(I,1)
75:          AM(I,2) =2.0 * XG(I) * P(I) +4.0 * XG(I) * P(I+1) + AMF(I,2)
76:      END DO
77:      WRITE(6,90) (I,(AM(I,J),J=1,2),I=1,NNE)
78:90    FORMAT(/24X,'杆端弯矩'//3X,
79:    #  '单元号',7X,'左端弯矩',8X,'右端弯矩'/(I8,2F16.4))
80:      END PROGRAM CBSAP
```

例 10-11　四跨连续梁,右端为固定端,左端为铰支端,跨度、荷载及各截面的线刚度如图 10-31 所示,各杆线刚度如图所示。试绘制该连续梁的弯矩图。

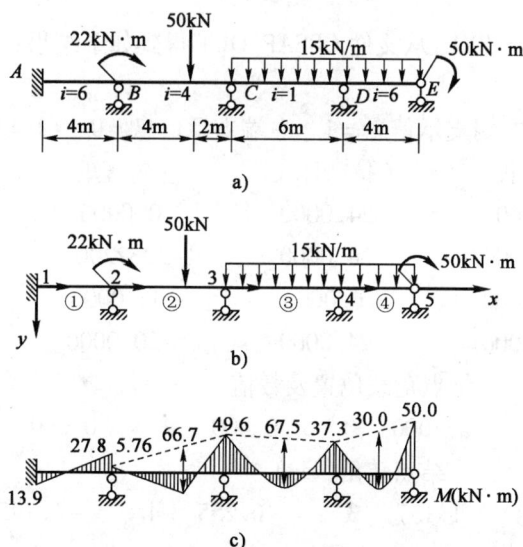

图 10-31　连续梁计算简图

a)计算简图;b)单元、结点及坐标系情况;c)最后弯矩图

解

(1)准备原始数据。

①确定结点,划分单元,建立坐标系如图 10-31b)所示。支座 A、B、C、D、E 记为 1、2、3、4、5,总计 5 个结点、4 个单元;左端为固定端,故支承信息填 1;右端为铰支,故支承信息填 0。

②根据图中的数据,算出各单元抗弯刚度的相对值。

③根据梁所受荷载,计算出各单元的固端弯矩。

④设本例题的名称为例 10-11。输入数据如表 10-2 所示。

连续梁的输入数据   表 10-2

题目名称			例 10-11			
结点数	5		左支承	1	右支承	0
单元号	长度		抗弯刚度	固端弯矩		
				左端		右端
①	6.		24	0.		0.
②	6.		24	−22.22		44.44
③	6.		6	−45.0		45.0
④	4.		24.	−20.		20.
结点荷载	结点 1	结点 2	结点 3	结点 4	结点 5	
	0.	22.	0.	0.	50.	

(2)建立数据文件 CBSAP. IN,并输入以下数据:

例题 10-11

5,1,0

4. ,24. ,0. ,0.

6. ,24. , −22.22,44.44

6. ,6. , −45. ,45.

4. ,24. , −20. ,20.

0. ,22. ,0. ,0. ,50.

(3)运行程序 CBSAP. EXE,从文件 CBSAP. OUT 得到如下结果:

例 10-11

结点总数 = 5　　左端支承信息 =1　　右端支承信息 =0　　(1 = 固定端　0 = 铰支座)

单元号	杆长	抗弯刚度	左端弯矩	右端弯矩
1	4.0000	24.0000	0.0000	0.0000
2	6.0000	24.0000	−22.2200	44.4400
3	6.0000	6.0000	−45.0000	45.0000
4	4.0000	24.0000	−20.0000	20.0000

结点荷载位置及数值

1	0.000	2	22.000	3	0.000	4	0.000	5	50.000

结点转角(rad)

1	0.000	2	1.157	3	−0.255	4	−1.795	5	2.147

杆端弯矩

单元号	左端弯矩	右端弯矩
1	13.8783	27.7565
2	−5.7565	49.6104
3	−49.6104	37.3098
4	−37.3098	50.0000

（4）根据输出结果绘弯矩图如图 10-17c)所示。

例 10-12 试用连续梁程序计算例题 10-5，并绘制该连续梁的弯矩图。

解

（1）分析步骤：

①分析图 10-12 所示连续梁，从左至右的结点号依次记为 1、2、3、4；由于左端为固定端，故支承信息填 1；右端为铰支，故支承信息填 0。

②根据图中的数据，算出各单元抗弯刚度的相对值。

③根据梁所受荷载，计算出各单元的固端弯矩。

（2）设本例题的名称为例(10-12)。按表 10-2 的格式，在数据文件 CBSAP. IN 中输入以下数据：

例 10-12

4,1,0,

6. ,6. ,0. ,0.

8. ,16. , −50. ,50.

6. ,6. , −60. ,60.

0. ,30. ,0. ,0.

（3）运行程序 CBSAP. EXE，输出结果：

例 10-12   结点总数 = 4   左端支承信息 = 1   右端支承信息 = 0   （1 = 固定端   0 = 铰支座）

单元号	杆长	抗弯刚度	左端弯矩	右端弯矩
1	6.0000	6.0000	0.0000	0.0000
2	8.0000	16.0000	−50.0000	50.0000
3	6.0000	6.0000	−60.0000	60.0000

结点荷载位置及数值

1	0.000	2	30.000	3	0.000	4	0.000

结点转角（rad）

1	0.000	2	6.207	3	1.379	4	−15.690

杆端弯矩

单元号	左端弯矩	右端弯矩
1	12.4138	24.8276
2	5.1724	85.8621
3	−85.8621	0.0000

（4）根据输出结果绘弯矩图，如图 10-13 所示。

第八节 平面刚架程序的框图设计和源程序

一、程序编制说明

（1）本程序用于计算平面刚架在荷载作用下的结点位移和杆端力。

（2）本程序局部坐标系下的单元刚度矩阵采用式(10-6)的形式，整体坐标系下的单元刚度矩阵按式(10-25)的运算形式形成，在组集建立整个结构刚度矩阵时，采用直接刚度法中的"先处理法"。

（3）各单元为等截面直杆。当两结点间的直杆抗弯刚度分段不等时,可将截面突变点作为结点处理。

（4）非结点荷载作用引起的固端梁的等效结点荷载由计算机完成。本程序能计算表10-5所示的6种非结点荷载。

（5）平面刚架整个计算过程由主程序和13个子程序组成。运算过程中,主程序多次调用子程序,主程序与子程序之间的数据均通过形式参数来实现。

（6）刚度方程的求解采用高斯顺序消去法,即按式（10-93）和式（10-94）完成运算。

（7）本程序除计算平面刚架外,还可以计算平面桁架及组合结构。

二、计算模型及计算方法

1. 计算模型

以杆件联结点、支座结点、截面突变点和外伸杆件端点作为计算结点,任意两结点间的杆件作为计算单元。在局部坐标系下,单元两端的杆端力、杆端位移列阵分别如式（10-1）、式（10-3）所示,单元刚度矩阵如式（10-6）所示。

2. 坐标变换

杆端力和杆端位移的坐标变换是通过式（10-21）所示的单元坐标变换矩阵 $\lambda^{\textcircled{e}}$ 完成的。

局部坐标下单元杆端力、杆端位移与整体坐标系下单元杆端力、杆端位移之间的关系分别为式（10-20）和式（10-23）。整体坐标系下的单元刚度矩阵由式（10-25）确定,式中 $\bar{k}^{\textcircled{e}}$ 为式（10-6）所示的6阶方阵。

3. 支承条件的引入及整体刚度矩阵的组集

整体刚度矩阵的组集采用直接刚度法中的先处理法,即将单元刚度矩阵中与单元定位数组相应的非零元素"对号入座、同号相加"组集整体刚度矩阵。

确定单元定位数组时应遵循以下两条规定。

1）支座结点的未知位移分量编号

若单元的某一端与支座相连,则该单元支座结点的未知位移分量信息应按表10-3输入。表格中未知位移分量编码 u、v、θ 分别对应该支座结点的水平位移、竖向位移和角位移。

支座结点未知位移分量信息　　　　　　　　　　　表10-3

支座名称		简　　图	未知位移分量编码 $(u、v、\theta)$	结点编码
固定端支座		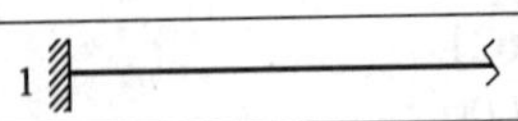 1	0,0,0	1
固定铰支座		 1	0,0,1	1
可动铰支座	1	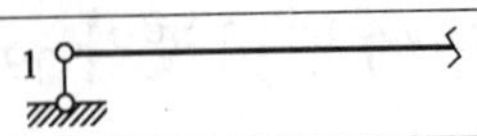 1	1,0,2	1
	2	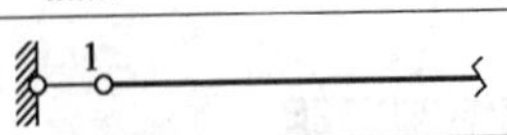 1	0,1,2	1
滑动支座	1	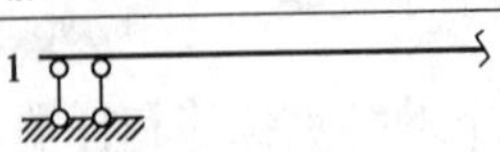 1	1,0,0	1
	2	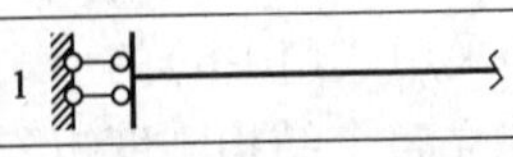 1	0,1,0	1
自由端		 1	1,2,3	1

2)杆件联结点未知位移分量编号

若单元的某一端与其他杆件相连,则应首先根据联结情况确定结点编码,而后再确定与结点相应的单元未知位移分量编码。现将常遇到的几种情况列于表10-4中。

杆件联结点未知位移分量信息　　　　　　　　　表10-4

结 点 名 称	简　　图	结 点 编 号	未知位移分量编码
组合结点		1	1,2,3
		2	1,2,4
铰结点		1	1,2,3
		2	1,2,4
		3	1,2,5
杆件连接结点		1	1,2,3
		2	1,4,5
		1	1,2,3
		2	4,2,5
滑动支座结点		1	1,2,3
		2	1,4,3
		1	1,2,3
		2	4,2,3
刚结点		1	1,2,3

4.非结点荷载所引起的单元等效结点荷载的计算

程序可根据题目给出的各种非结点荷载,自动计算出局部坐标系下单元的等效结点荷载 $\overline{F}_e^{\odot}$,即梁长为 l 的两端固定梁的等效结点荷载,如表10-5所示。表中 X_i、Y_i 和 M_i 分别表示梁始端的等效轴力、等效剪力和等效弯矩,X_j、Y_j 和 M_j 分别表示梁末端的等效轴力、等效剪力和等效弯矩;a、c 为荷载参数,分别与子程序 PE 中的变量 A、C 相对应。

固端梁的等效结点荷载　　　　　　　　　表10-5

a)线布荷载($IND=1$)

$X_i = 0$

$Y_i = \left(\dfrac{7a}{20}+\dfrac{3c}{20}\right)l$

$M_i = \left(\dfrac{a}{20}+\dfrac{c}{30}\right)l^2$

$X_j = 0$

$Y_j = \left(\dfrac{3a}{20}+\dfrac{7c}{20}\right)l$

$M_j = \left(\dfrac{a}{30}+\dfrac{c}{20}\right)l^2$

b)集中力偶($IND=2$)

$X_i = 0$

$Y_i = ac - Y_j$

$M_i = \dfrac{ac^2}{12l^2}(6l^2-8cl+3c^2)$

$X_j = 0$

$Y_j = \dfrac{ac^3}{2l^3}(2l-c)$

$M_j = \dfrac{ac^3}{12l^2}(4l-3c)$

c) 竖向集中荷载($IND = 3$)

$$X_i = 0 \qquad\qquad X_j = 0$$
$$Y_i = a - Y_j \qquad\qquad Y_j = ac^2(3l - 2c)/l^3$$
$$M_i = ac(l-c)^2/l^2 \qquad M_j = -ac^2(l-c)/l^2$$

d) 集中力偶($IND = 4$)

$$X_i = 0 \qquad\qquad X_j = 0$$
$$Y_i = -6ac(l-c)/l^3 \qquad Y_j = 6ac(l-c)/l^3$$
$$M_i = a(l-c)(l-3c)/l^2 \qquad M_j = ac(3c-2l)/l^2$$

e) 轴向集中荷载($IND = 5$)

$$X_i = a(l - c/l) \qquad\qquad X_j = ac/l$$
$$Y_i = 0 \qquad\qquad\qquad Y_j = 0$$
$$M_i = 0 \qquad\qquad\qquad M_j = 0$$

f) 轴向分布荷载($IND = 6$)

$$X_i = al/2 \qquad\qquad X_j = X_i$$
$$Y_i = 0 \qquad\qquad\quad Y_j = 0$$
$$M_i = 0 \qquad\qquad\quad M_j = 0$$

三、平面刚架内力和位移计算的框图与程序

1. 程序标识符说明

TL(20)——题目名称。字符型数组,输入参数。

NJ——结点总数。整型变量,输入参数。

N——结构的自由度,即整体刚度矩阵的阶数。整型变量,输入参数。

NE——单元总数。整型变量,输入参数。

NM——单元类型总数。同类型的单元 E、A、I 相同。整型变量,输入参数。

NPJ——结点荷载总数。整型变量,输入参数。

NPF——非结点荷载总数。整型变量,输入参数。

JN(3,100)——结点位移号数组。整型数组,输入参数。

X(100),Y(100)——结点坐标数组,X(I)、Y(I)分别为 I 号结点的 x 坐标、y 坐标。实型数组,输入参数。

JE(2,100)——单元两端结点号数组。整型数组,输入参数。

JEAI(100)——单元类型信息数组,JEAI(e)为 e 单元的类型号。同类型的单元弹性模量、横截面积及惯性矩均相同。整型数组,输入参数。

EAI(3,100)——各类型单元的物理、几何性质数组,EAI(1,e)、EAI(2,e)、EAI(3,e)分别为第 e 号类型单元的弹性模量、横截面积、惯性矩。实型数组,输入参数。

JPJ(100)——结点荷载的位移号数组,JPJ(I)为与第 I 个结点相应位移分量的位移号。

整型数组,输入参数。

PJ(100)——结点荷载数值数组。PJ(I)为第 I 个结点荷载的数值。实型数组,输入参数。

JPF(2,100)——非结点荷载作用的单元号及类型数组。JPF(1,e)为第 e 个非结点荷载作用的单元号。JPF(2,e)为第 e 个非结点荷载的类型,其取值 1~6,对应表 10-5 中 IND 的 6 种情况。整型数组,输入参数。

PF(2,100)——非结点荷载参数数组。PF(1,e)、PF(2,e)分别为第 e 个非结点荷载参数 a、c。实型数组,输入参数。

M(6)——单元定位数组,整型数组。

K(200,200)——结构刚度矩阵数组。实型数组。

KE(6,6)——局部坐标系下单元刚度矩阵数组。实型数组。

AKE(6,6)——整体坐标系下单元刚度矩阵数组。实型数组。

AL(100)——单元长度数组。实型数组。

R(6,6)——单元坐标转换矩阵。实型数组。

RT(6,6)——单元坐标转换矩阵的转置矩阵。实型数组。

P(100)——综合结点荷载数组。实型数组。

FF(6)——局部坐标系下单元杆端力数组。实型数组。

FE(6)——局部坐标系下单元等效荷载数组。实型数组。

AFE(6)——整体坐标系下单元等效荷载数组。实型数组。

D(50)——整体坐标系下自由结点位移数组。实型数组。

DE(6)——局部坐标系下单元杆端位移数组。实型数组。

ADE(6)——整体坐标系下单元杆端位移数组。实型数组。

F(3)——整体坐标系下结点位移数组。实型数组。

NO——计算题目的序号,整型变量,输入参数。

SQRT——标准函数,计算非负实数的平方根。

READ——子程序,输入原始数据。

MKE——子程序,计算局部坐标系下单元刚度矩阵。

MR——子程序,计算单元坐标转换矩阵。

MAKE——子程序,计算整体坐标系下的单元刚度矩阵。

CALM——子程序,计算单元定位数组。

MK——子程序,计算整个结构的刚度矩阵。

PE——子程序,计算局部坐标系下单元等效结点荷载。

MULV6——子程序,计算 6 阶矩阵与 6 元素列阵相乘。

MF——子程序,计算整体坐标系下荷载列阵。

SLOV——子程序,解方程求自由结点位移。

MADE——子程序,计算整体坐标系下单元杆端位移。

TRAN——子程序,计算单元坐标转换矩阵的转置矩阵。

MULV——子程序,计算 6 阶矩阵与 6 阶矩阵相乘。

2. 框图

平面刚架内力及位移计算总框图如图 10-32 所示。

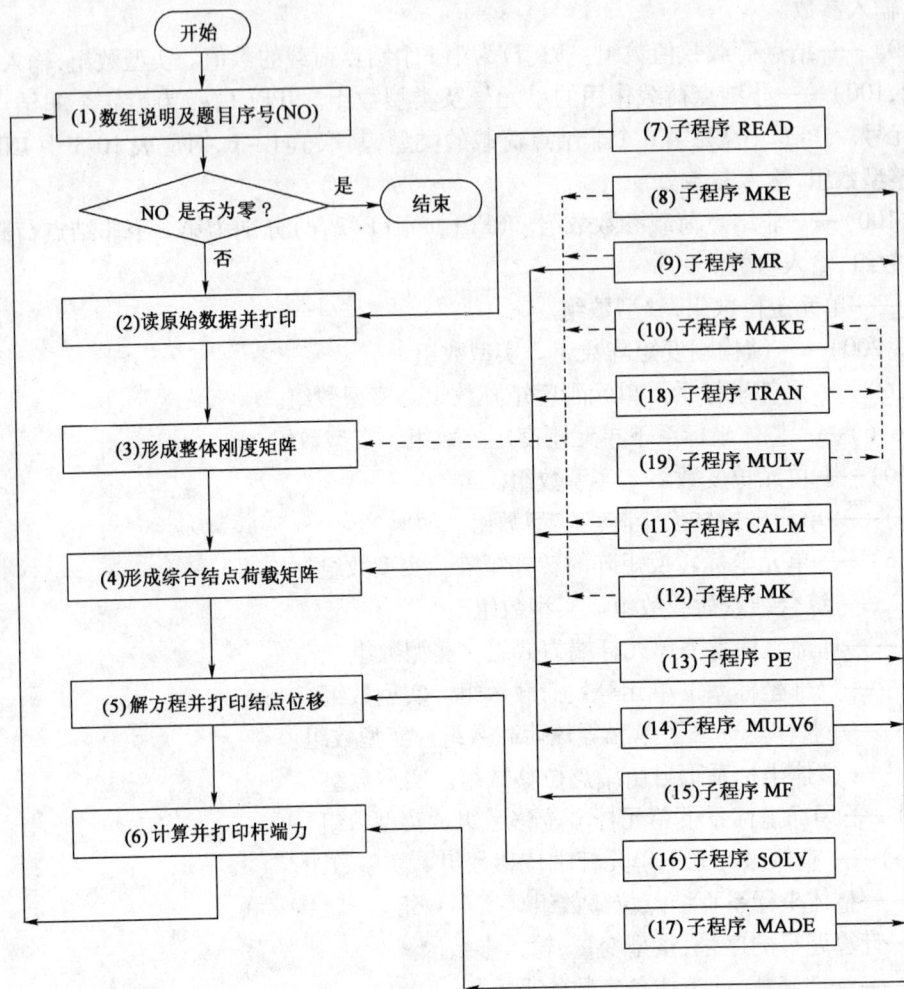

图 10-32 平面刚架内力位移计算总框图

3.平面刚架静力分析源程序(FORTRAN 语言)

```
1:c     * * * * * * * * * * * * * * * * * * * * * * * * * * * * * *
2:c              主程序:平面刚架内力位移计算
3:c     * * * * * * * * * * * * * * * * * * * * * * * * * * * * * *
4:      PROGRAM PFSAP
5:      REAL K(200,200),KE(6,6),AKE(6,6),X(100),Y(100),AL(100),
6:    & EAI(3,100),PJ(100),PF(2,100),R(6,6),P(100),FF(6),
7:    & FE(6),D(100),ADE(6),DE(6),RT(6,6),AFE(6),F(3)
8:      INTEGER JE(2,100),JN(3,100),JPJ(100),JPF(2,100),M(6),
9:    & JEAI(100),NO
10:     OPEN (6,FILE = 'PFSAP. IN')
11:     OPEN (8,FILE = 'PFSAP. OUT')
12:1    READ (6, * )NO
13:     IF(NO. EQ. 0)STOP
```

```
14:            WRITE (8,'(/A16,I3,A1)')'题目顺序号(NO. =',NO,')'
15:            CALL READ(NJ,N,NE,NM,NPJ,NPF,JN,X,Y,JE,JEAI,EAI,JPJ,PJ,JPF,PF)
16:            DO I = 1,N
17:               P(I) = 0.
18:               DO J = 1,N
19:                  K(I,J) = 0
20:               END DO
21:            END DO
22:            DO IE = 1,NE
23:               CALL MKE(KE,IE,JE,JEAI,EAI,X,Y,AL)
24:               CALL MR(R,IE,JE,X,Y)
25:               CALL MAKE(KE,R,AKE)
26:               CALL CALM(M,IE,JN,JE)
27:               CALL MK(K,AKE,M)
28:            END DO
29:            DO IP = 1,NPF
30:               CALL MR(R,JPF(1,IP),JE,X,Y)
31:               CALL TRAN(R,RT)
32:               CALL PE(FE,IP,JPF,PF,AL)
33:               CALL MULV6 (RT,FE,AFE)
34:               CALL CALM(M,JPF(1,IP),JN,JE)
35:               CALL MF(P,AFE,M)
36:            END DO
37:            DO I = 1,NPJ
38:               P(JPJ(I)) = P(JPJ(I)) + PJ(I)
39:            END DO
40:            CALL SLOV(K,P,D,N)
41:            WRITE(8,'(/2(24(1H*),A))')'平面刚架计算结果'
42:            WRITE(8,40)
43:40          FORMAT(/5X,'结点号',5X,'X方向位移',5X,
44:     &        'Y-方向位移',6X,'结点角位移(弧度)')
45:               DO KK = 1,NJ
46:                  DO II = 1,3
47:                     F(II) = 0.
48:                     I1 = JN(II,KK)
49:                     IF(I1. GT. 0)F(II) = D(I1)
50:                  END DO
51:                  WRITE(8,70)KK,F(1),F(2),F(3)
52:70                FORMAT(I8,2X,3G16.5)
53:               END DO
```

```
54:            WRITE(8,80)
55:80          FORMAT(/'单元号',2X,'始端轴力',4X,'始端剪力',4X,'始端弯矩',
56:    &       4X,'末端轴力',4X,'末端剪力',4X,'末端剪力')
57:            DO IE=1,NE
58:               CALL MADE(IE,JN,JE,D,ADE)
59:               CALL MKE(KE,IE,JE,JEAI,EAI,X,Y,AL)
60:               CALL MR(R,IE,JE,X,Y)
61:               CALL MULV6(R,ADE,DE)
62:               CALL MULV6(KE,DE,FF)
63:               DO IP=1,NPF
64:                  IF (JPF(1,IP).EQ.IE) THEN
65:                     CALL PE(FE,IP,JPF,PF,AL)
66:                     DO I=1,6
67:                        FF(I)=FF(I)-FE(I)
68:                     END DO
69:                  ENDIF
70:               END DO
71:               WRITE(8,110) IE,(FF(I),I=1,6)
72:110            FORMAT(I4,2X,6G12.5)
73:            END DO
74:            GOTO 1
75:            END PROGRAM PFSAP
76:c      * * * * * * * * * * * * * * * * * * * * * * * * * * * * * * *
77:c                    子程序:输入原始数据
78:c      * * * * * * * * * * * * * * * * * * * * * * * * * * * * * * *
79:            SUBROUTINE READ(NJ,N,NE,NM,NPJ,NPF,JN,X,Y,JE,JEAI,EAI,
80:    &       JPJ,PJ,JPF,PF)
81:            REAL X(100),Y(100),EAI(3,100),PJ(100),PF(2,100)
82:            INTEGER JE(2,100),JN(3,100),JPJ(100),JPF(2,100),JEAI(100)
83:            CHARACTER*80 TL
84:            READ(6,*)TL
85:            WRITE(8,*)TL
86:            READ (6,*) NJ,N,NE,NM,NPJ,NPF
87:            WRITE(8,'(3(2X,A13,1H:,I2))')'结点总数=',NJ,
88:    &       '自由度数=',N,'单元总数=',NE,'单元类型数=',NM,'结点荷载数=',
89:    &       NPJ,'非结点荷载数=',NPF
90:            WRITE (8,5)
91:5           FORMAT(/3X,'结点号 位移号(u) (v) (θ)',6X,'坐标(X)',
92:    &       6X,'坐标(y)')
93:            READ (6,10)((JN(J,I),J=1,3),X(I),Y(I),I=1,NJ)
```

```fortran
94:10        FORMAT(2(3I5,2G16.4))
95:          DO I=1,NJ
96:              WRITE (8,'(4X,1H(,I2,1H)6x,3I6,3X,2F12.3)') I,JN(1,I),JN(2,I),
97:      &        JN(3,I),X(I),Y(I)
98:          END DO
99:          WRITE (8,30)
100:30       FORMAT(/5X,'单元号 始端结点号 末端结点号 单元类型号')
101:         READ (6,40)(JE(1,I),JE(2,I),JEAI(I),I=1,NE)
102:40       FORMAT(5(3I5))
103:         DO I=1,NE
104:             WRITE (8,'(6X,I2,3(10X,I3))') I,JE(1,I),JE(2,I),JEAI(I)
105:         END DO
106:         READ(6,*)((EAI(I,J),I=1,3),J=1,NM)
107:         WRITE(8,60)(J,(EAI(I,J),I=1,3),J=1,NM)
108:60       FORMAT(/3X,'单元类型号',5X,'弹性模量',7X,
109:      &    '横截面积',8X,'惯性矩'/(I6,6X,3G16.6))
110:         IF(NPJ.NE.0) THEN
111:             WRITE(8,'(/20X,16H 结点荷载数据            )')
112:             WRITE(8,'(14XA)')' 结点位移号      荷载数值'
113:             READ (6,70) (JPJ(I),PJ(I),I=1,NPJ)
114:70           FORMAT (5(I5,G16.4))
115:             DO I=1,NPJ
116:                 WRITE(8,'(14X,I7,4x,F16.3)') JPJ(I),PJ(I)
117:             END DO
118:         ELSE
119:         END IF
120:         IF(NPF.NE.0) THEN
121:             WRITE(8,'(/20X,20H 非结点荷载数据 )')
122:             WRITE(8,'(11X,A,8X,A,9X,A)')'单元号 荷载类型','荷载参数 A',
123:      &        '荷载参数 C'
124:         READ (6,100) (JPF(1,I),JPF(2,I),PF(1,I),PF(2,I),I=1,NPF)
125:100      FORMAT (2(2I5,2G16.4))
126:             DO I=1,NPF
127:                 WRITE(8,120) (JPF(J,I),J=1,2),PF(1,I),PF(2,I)
128:120              FORMAT(6X,2I8,10X,F10.3,8x,F10.3)
129:             END DO
130:         ELSE
131:         END IF
132:         RETURN
133:         END
```

```fortran
134:c      * * * * * * * * * * * * * * * * * * * * * * * * * * * * * *
135:c               子程序:计算局部坐标系下单元刚度矩阵
136:c      * * * * * * * * * * * * * * * * * * * * * * * * * * * * * *
137:        SUBROUTINE MKE(KE,IE,JE,JEAI,EAI,X,Y,AL)
138:        REAL KE(6,6),X(100),Y(100),EAI(3,100),AL(100),L
139:        INTEGER JE(2,100),JEAI(100)
140:        II=JE(1,IE)
141:        JJ=JE(2,IE)
142:        MT=JEAI(IE)
143:        L=SQRT((X(JJ)-X(II))**2+(Y(JJ)-Y(II))**2)
144:        AL(IE)=L
145:        A1=EAI(1,MT)*EAI(2,MT)/L
146:        A2=EAI(1,MT)*EAI(3,MT)/L**3
147:        A3=EAI(1,MT)*EAI(3,MT)/L**2
148:        A4=EAI(1,MT)*EAI(3,MT)/L
149:        KE(1,1)=A1
150:        KE(1,4)=-A1
151:        KE(2,2)=12*A2
152:        KE(2,3)=6*A3
153:        KE(2,5)=-12*A2
154:        KE(2,6)=6*A3
155:        KE(3,3)=4*A4
156:        KE(3,5)=-6*A3
157:        KE(3,6)=2*A4
158:        KE(4,4)=A1
159:        KE(5,5)=12*A2
160:        KE(5,6)=-6*A3
161:        KE(6,6)=4*A4
162:        DO I=1,6
163:          DO K=I,6
164:            KE(K,I)=KE(I,K)
165:          END DO
166:        END DO
167:        RETURN
168:        END
169:c      * * * * * * * * * * * * * * * * * * * * * * * * * * * * * *
170:c               子程序:计算单元坐标变换矩阵
171:c      * * * * * * * * * * * * * * * * * * * * * * * * * * * * * *
172:        SUBROUTINE MR(R,IE,JE,X,Y)
173:        REAL R(6,6),X(100),Y(100),L,CX,CY
```

```fortran
174:        INTEGER JE(2,100)
175:        I = JE(1,IE)
176:        J = JE(2,IE)
177:        L = SQRT((X(J) - X(I))**2 + (Y(J) - Y(I))**2)
178:        CX = (X(J) - X(I))/L
179:        CY = (Y(J) - Y(I))/L
180:        DO J = 1,6
181:          DO I = 1,6
182:            R(I,J) = 0.
183:          END DO
184:        END DO
185:        DO I = 1,4,3
186:          R(I,I) = CX
187:          R(I,I+1) = CY
188:          R(I+1,I) = -CY
189:          R(I+1,I+1) = CX
190:          R(I+2,I+2) = 1.
191:        END DO
192:        RETURN
193:        END
194:c   * * * * * * * * * * * * * * * * * * * * * * * * * * * * * * * *
195:c            子程序:计算整体坐标系下单元刚度矩阵
196:c   * * * * * * * * * * * * * * * * * * * * * * * * * * * * * * * *
197:       SUBROUTINE MAKE(KE,R,AKE)
198:       REAL KE(6,6),R(6,6),RT(6,6),TMP(6,6),AKE(6,6)
199:       CALL TRAN(R,RT)
200:       CALL MULV(RT,KE,TMP)
201:       CALL MULV(TMP,R,AKE)
202:       RETURN
203:       END
204:c   * * * * * * * * * * * * * * * * * * * * * * * * * * * * * * * *
205:c                子程序:计算单元定位数组
206:c   * * * * * * * * * * * * * * * * * * * * * * * * * * * * * * * *
207:       SUBROUTINE CALM(M,IE,JN,JE)
208:       INTEGER M(6),JN(3,100),JE(2,100),IE
209:       DO I = 1,3
210:         M(I) = JN(I,JE(1,IE))
211:         M(I+3) = JN(I,JE(2,IE))
212:       END DO
213:       RETURN
```

```
214:        END
215:c    * * * * * * * * * * * * * * * * * * * * * * * * * * * * * * *
216:c              子程序:计算整个结构的刚度矩阵
217:c    * * * * * * * * * * * * * * * * * * * * * * * * * * * * * * *
218:        SUBROUTINE MK(K,AKE,M)
219:        REAL K(200,200),AKE(6,6)
220:        INTEGER M(6)
221:        DO I = 1,6
222:          DO J = 1,6
223:            IF(M(I).NE.0.AND.M(J).NE.0)
224:   &          K(M(I),M(J)) = K(M(I),M(J)) + AKE(I,J)
225:          END DO
226:        END DO
227:        RETURN
228:        END
229:c    * * * * * * * * * * * * * * * * * * * * * * * * * * * * * * *
230:c          子程序:计算局部坐标系下的单元等效结点荷载
231:c    * * * * * * * * * * * * * * * * * * * * * * * * * * * * * * *
232:        SUBROUTINE PE(FE,IP,JPF,PF,AL)
233:        REAL FE(6),PF(2,100),AL(100),L
234:        INTEGER JPF(2,100)
235:        A = PF(1,IP)
236:        C = PF(2,IP)
237:        L = AL(JPF(1,IP))
238:        IND = JPF(2,IP)
239:        DO I = 1,6
240:          FE(I) = 0.
241:        END DO
242:        GOTO(10,20,30,40,50,60),IND
243:10      FE(2) = (7*A/20+3*C/20)*L
244:        FE(3) = (A/20+C/30)*L**2
245:        FE(5) = (3*A/20+7*C/20)*L
246:        FE(6) = -(A/30+C/20)*L**2
247:        RETURN
248:20      FE(5) = A*C**3*(2*L-C)/2/L**3
249:        FE(2) = A*C-FE(5)
250:        FE(3) = A*C**2*(6*L*L-8*C*L+3*C*C)/12/L/L
251:        FE(6) = -A*C**3*(4*L-3*C)/12/L/L
252:        RETURN
253:30      FE(2) = A*(L-C)**2*(L+2*C)/L**3
```

```fortran
254:        FE(3) = A * C * (L - C) * *2/L * *2
255:        FE(5) = A - FE(2)
256:        FE(6) = - A * C * *2 * (L - C)/L * *2
257:        RETURN
258:40      FE(2) = -6 * A * C * (L - C)/L * *3
259:        FE(3) = A * (L - C) * (L - 3 * C)/L * *2
260:        FE(5) = - FE(2)
261:        FE(6) = A * C * (3 * C - 2 * L)/L * *2
262:        RETURN
263:50      FE(1) = A * (1 - C/L)
264:        FE(4) = A * C/L
265:        RETURN
266:60      FE(1) = C * L/2.
267:        FE(4) = FE(1)
268:        RETURN
269:        END
270:c   * * * * * * * * * * * * * * * * * * * * * * * * * * * * * * * * * *
271:c           子程序:计算6阶矩阵与6元素列阵相乘
272:c   * * * * * * * * * * * * * * * * * * * * * * * * * * * * * * * * * *
273:        SUBROUTINE MULV6(A,B,C)
274:        REAL C(6),A(6,6),B(6)
275:        DO I = 1,6
276:          C(I) = 0.
277:          DO J = 1,6
278:            C(I) = C(I) + A(I,J) * B(J)
279:          END DO
280:        END DO
281:        RETURN
282:        END
283:c   * * * * * * * * * * * * * * * * * * * * * * * * * * * * * * * * * *
284:c           子程序:计算各非结点荷载对综合结点荷载的贡献
285:c   * * * * * * * * * * * * * * * * * * * * * * * * * * * * * * * * * *
286:        SUBROUTINE MF(P,AFE,M)
287:        REAL P(100),AFE(6)
288:        INTEGER M(6)
289:        DO I = 1,6
290:          IF(M(I).NE.0)P(M(I)) = AFE(I) + P(M(I))
291:        END DO
292:        RETURN
293:        END
```

```
294:c   * * * * * * * * * * * * * * * * * * * * * * * * * * * * *
295:c                   子程序:解方程求结点位移
296:c   * * * * * * * * * * * * * * * * * * * * * * * * * * * * *
297:        SUBROUTINE SLOV(AK,P,D,N)
298:        REAL AK(200,200),P(100),D(100)
299:        DO I = 1,100
300:            D(I) = P(I)
301:        END DO
302:        DO K = 1,N－1
303:            DO I = K＋1,N
304:                C = － AK(K,I)/AK(K,K)
305:                DO J = K＋1,N
306:                    AK(I,J) = AK(I,J)＋C ∗ AK(K,J)
307:                END DO
308:                D(I) = D(I)＋C ∗ D(K)
309:            END DO
310:        END DO
311:        D(N) = D(N)/AK(N,N)
312:        DO I = N－1,1,－1
313:            DO J = I＋1,N
314:                D(I) = D(I)－AK(I,J)∗D(J)
315:            END DO
316:            D(I) = D(I)/AK(I,I)
317:        END DO
318:        RETURN
319:        END
320:c   * * * * * * * * * * * * * * * * * * * * * * * * * * * * *
321:c             子程序:计算整体坐标系下单元杆端位移
322:c   * * * * * * * * * * * * * * * * * * * * * * * * * * * * *
323:        SUBROUTINE MADE(IE,JN,JE,D,ADE)
324:        REAL ADE(6),D(100)
325:        INTEGER IE,JN(3,100),JE(2,100)
326:        DO I = 1,6
327:            ADE(I) = 0
328:        END DO
329:        DO I = 1,3
330:            IF (JN(I,JE(1,IE)).NE.0) ADE(I) = D(JN(I,JE(1,IE)))
331:            IF (JN(I,JE(2,IE)).NE.0) ADE(I＋3) = D(JN(I,JE(2,IE)))
332:        END DO
333:        RETURN
```

```
334:        END
335:c   * * * * * * * * * * * * * * * * * * * * * * * * * * * * * *
336:c           子程序:计算单元坐标变换矩阵的转置矩阵
337:c   * * * * * * * * * * * * * * * * * * * * * * * * * * * * * *
338:        SUBROUTINE TRAN(R,RT)
339:        REAL R(6,6),RT(6,6)
340:        DO I=1,6
341:          DO J=1,6
342:              RT(I,J)=R(J,I)
343:          END DO
344:        END DO
345:        RETURN
346:        END
347:c   * * * * * * * * * * * * * * * * * * * * * * * * * * * * * *
348:c           子程序:计算六阶矩阵与六阶矩阵相乘
349:c   * * * * * * * * * * * * * * * * * * * * * * * * * * * * * *
350:        SUBROUTINE MULV(A,B,C)
351:        REAL A(6,6),B(6,6),C(6,6)
352:        DO I=1,6
353:          DO J=1,6
354:            C(I,J)=0.
355:            DO K=1,6
356:10            C(I,J)=C(I,J)+A(I,K)*B(K,J)
357:            END DO
358:          END DO
359:        END DO
360:        RETURN
361:        END
```

4.平面刚架内力位移计算源程序解释

1)程序标题及数组说明

1~3:注释行,说明主程序功能。

4:程序名,PFSAP 为 Plane Frame Structural Analysis Program 的简称。

5~9:数组说明。

10、11:定义输入、输出文件。

12~14:读题目顺序号。若顺序号为零,停止运算,程序结束,否则,将顺序号打印出来。

2)读入数据并打印

15:调用 READ 子程序,完成原始数据的输入及打印工作。

3)形成整体刚度矩阵

16~21:综合结点荷载及整体刚度矩阵置零。

22：对单元循环。

23：调用 MKE 子程序，形成局部坐标系下的单元刚度矩阵 $\bar{k}^{e}$。

24：调用 MR 子程序，形成单元坐标转换矩阵 λ^{e}。

25：调用 MAKE 子程序，形成整体坐标系下的单元刚度矩阵 k^{e}。在该子程序中又调用了 TRAN 和 MULV 子程序，按式（10-25）完成 $k^{e} = \lambda^{eT}\bar{k}^{e}\lambda^{e}$ 运算。

26：调用 CALM 子程序，形成单元定位数组 m^{e}。

27：调用 MK 子程序，按单元定位数组给出的编号，"对号入座"组集整体坐标系下的整个结构的刚度矩阵 K。

28：循环结束

4）形成综合结点荷载

29：对非结点荷载循环。

30：调用 MR 子程序，形成单元坐标转换矩阵 λ^{e}。

31：调用 TRAN 子程序，求单元坐标转换矩阵的转置矩阵 λ^{eT}。

32：调用 PE 子程序，求局部坐标系下的非结点荷载的单元等效结点荷载 $\bar{F}_{e}^{e} = -\bar{F}_{f}^{e}$。

33：调用 MULV6 子程序，求整体坐标系下单元等效结点荷载，按式（10-54）完成 $F_{e}^{e} = -\lambda^{eT}\bar{F}_{f}^{e}$ 运算。

34：调用 CALM 子程序，形成单元定位数组 m^{e}。

35：调用 MF 子程序，按单元定位数组给出的编号，"对号入座"将非结点荷载对综合结点荷载的贡献累加入 P。

36：对非结点荷载循环结束。

37～39：对直接作用在结点上的荷载循环，将直接作用在结点上的荷载按位移编号累加入综合结点荷载 P。

5）解方程并打印杆端位移

40：调用 SLOV 子程序，计算结点位移。

41～44：打印平面刚架计算结果表名和结点位移表名。

45～53：打印各结点的位移值。

6）计算并打印杆端力

54～56：打印杆端力表名。

57：对各单元循环。

58：调用 MADE 子程序，求整体坐标系下的单元杆端位移 δ^{e}。

59：调用 MKE 子程序，求局部坐标系下的单元刚度矩阵 $\bar{k}^{e}$。

60：调用 MR 子程序，计算单元坐标转换矩阵 λ。

61：调用 MULV6 子程序，计算局部坐标系下的单元杆端位移，按式（10-23）$\bar{\delta}^{e} = \lambda^{e}\delta^{e}$ 完成运算。

62：调用 MULV6 子程序，计算局部坐标系下的单元杆端力，按式（10-5）$\bar{F}^{e} = \bar{k}^{e}\bar{\delta}^{e}$ 完成运算。

63：对非结点荷载循环。

64～69：若非结点荷载不为零，则将由于非结点荷载引起的固端力取出并存入 FF 数组即按式（12-56）$\bar{F} = \bar{F}_{f}^{e} + \bar{k}^{e}\bar{\delta}^{e}$ 完成运算。

70：对非结点荷载循环结束。

71、72：打印单元号和单元杆端力。

73：对单元循环结束。

74：完成本问题的计算,返回程序开始部分,计算下一个问题。

75：主程序结束。

7）子程序 READ

76 ~ 133：输入原始数据。

8）子程序 MKE

134 ~ 168：计算局部坐标系下单元刚度矩阵 $\bar{k}^{e}$。

9）子程序 MR

169 ~ 193：计算单元坐标转换矩阵 λ^{e}。

10）子程序 MAKE

194 ~ 203：计算整体坐标系下单元刚度矩阵 k^{e}。

11）子程序 CALM

204 ~ 214：计算单元定位数组 m^{e}。

12）子程序 MK

215 ~ 228：组集整体刚度矩阵 K。

13）子程序 PE

229 ~ 269：计算局部坐标系下单元等效结点荷载 $\bar{F}_{e}^{e}$。

14）子程序 MULV6

270 ~ 282：完成 6 阶矩阵与 6 元素列阵相乘运算。

15）子程序 MF

283 ~ 293：计算各非结点荷载对综合结点荷载的贡献。

16）子程序 SLOV

294 ~ 319：解方程求结点位移。

17）子程序 MADE

320 ~ 334：计算整体坐标系下的单元杆端位移 δ^{e}。

18）子程序 TRAN

335 ~ 346：形成坐标转换矩阵的转置矩阵 λ^{eT}。

19）子程序 MULV

347 ~ 360：完成 6 阶矩阵乘 6 阶矩阵运算。

四、平面刚架内力位移计算程序应用举例

例 10-13 试计算图 10-33 所示刚架的内力,绘内力图。已知,$E = 210$ GPa,$I = 2 \times 10^{4}$ cm^{4},梁截面积 $A_1 = 75$ cm^2,柱截面积 $A_2 = 50$ cm^2。

解

(1)准备原始数据。

①确定结点,划分单元,建立整体坐标系与局部坐标系,如图 10-33b)所示。

②自由结点位移编号如图 10-33c)所示。

③设本例题名称为例 10-13,整理计算本题所需的数据如表 10-6 所示。

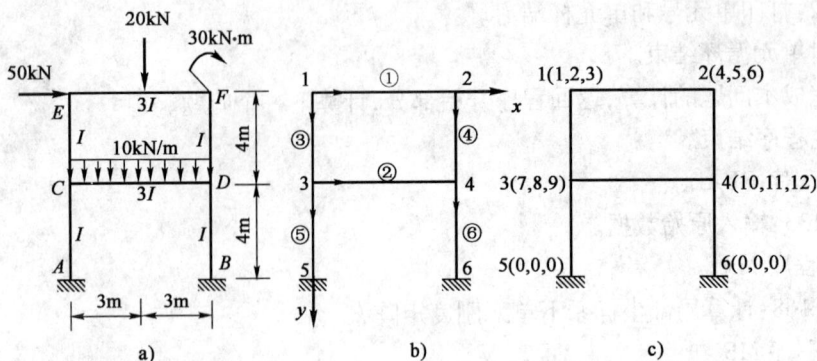

图 10-33 例 10-13 图

a)原体系;b)单元、结点、自由结点位移编码及坐标系;c)自由结点位移编码

平面刚架的输入数据　　　　　　　　　　　表 10-6

题目序号				1							
题目名称				例 10-13							
基本数据		结点总数		自由度		单元总数		单元类型数		结点荷载数	非结点荷载数
		6		12		6		2		2	2
结点数据	起止点	结点位移号			结点坐标		结点位移号			结点坐标	
		u	v	θ	x	y	u	v	θ	x	y
	1-2	1	2	3	0.	0.	4	5	6	6.	0.
	3-4	7	8	9	0.	4.	10	11	12	6.	4.
	5-6	0	0	0	0.	8.	0	0	0	4.	8.
单元数据	起止单元	1端结点号	2端结点号	单元类型号	1端结点号	2端结点号	单元类型号	1端结点号	2端结点号	单元类型号	1端结点号	2端结点号	单元类型号
	①-⑤	1	2	1	2	3	1	1	3	2	2	4	2	3	5	2
	⑤-⑩	4	6	2									
单元类型数据	类型号	弹性模量			横截面积			惯性矩				
	1	2. E8			7.5E-3			6. E-4				
	2	2. E8			5. E-3			2. E-4				
结点荷载数据	起止号	位移号	数值	位移号	数值	位移号	数值	位移号	数值	位移号	数值
	1-5	1	50.	6	30.						
非结点荷载	起止号	单元号	类型	参数 a	参数 c		单元号	类型	参数 a	参数 c
	1-2	1	3	20.	3.		2	1	10.	10.

（2）建立数据文件 PFSAP. IN,按表 10-6 输入有关数据。一个问题的数据结束后,可连续输入下一个问题的数据。当输入最后一个问题的数据后,可输入 0,则程序会正常结束。对于本题,输入数据如下:

例 10-13

6,12,6,2,2,2

1,2,3,0. ,0. ,4,5,6,6. ,0.

7,8,9,0. ,4. ,10,11,12,6. ,4.

0,0,0,0. ,8. ,0,0,0,6. ,8.

1,2,1,3,4,1,1,3,2,2,4,2,3,5,2

4,6,2

2.1E8,7.5E－3,6.E－4

2.1E8,5.E－3,2.E－4

1,50.,6,30.

1,3,20.,3.,2,1,10.,10.

0

(3)运行程序 PFSAP。从文件 PFSAP.OUT 中得到如下结果：

题目顺序号(NO. = 1)

例 10-13

结点总数 = : 6　　　　自由度数 = :12　　　　单元总数 = : 6

单元类型数 = : 2　　　结点荷载数 = : 2　　　非结点荷载数 = : 2

结点号	位移号(u)	(v)	(θ)	坐标(x)	坐标(y)
1	1	2	3	0.000	0.000
2	4	5	6	6.000	0.000
3	7	8	9	0.000	4.000
4	10	11	12	6.000	4.000
5	0	0	0	0.000	8.000
6	0	0	0	6.000	8.000

单元号	始端结点号	末端结点号	单元类型号
1	1	2	1
2	3	4	1
3	1	3	2
4	2	4	2
5	3	5	2
6	4	6	2

单元类型号	弹性模量	横截面积	惯性矩
1	0.210000E＋09	0.750000E－02	0.600000E－03
2	0.210000E＋09	0.500000E－02	0.200000E－03

结点荷载数据

结点位移号	荷载数值
1	50.000
6	30.000

非结点荷载数据

单元号	荷载类型	荷载参数 A	荷载参数 C
1	3	20.000	3.000
2	1	10.000	10.000

＊＊＊＊＊＊＊＊＊＊＊＊＊＊＊＊平面刚架计算结果＊＊＊＊＊＊＊＊＊＊＊＊＊＊＊＊

结点号	X-方向位移	Y-方向位移	结点角位移(rad)
1	$0.10776E-01$	$-0.93272E-04$	$0.56968E-03$
2	$0.10670E-01$	$0.47422E-03$	$0.67758E-03$
3	$0.47403E-02$	$-0.46720E-04$	$0.10354E-02$
4	$0.47357E-02$	$0.35148E-03$	$0.52801E-03$
5	0.0000	0.0000	0.0000
6	0.0000	0.0000	0.0000

单元号	始端轴力	始端剪力	始端弯矩	末端轴力	末端剪力	末端剪力
1	27.748	12.220	49.394	-27.748	-32.220	83.926
2	1.229	$0.44086E-01$	70.787	-1.229	-60.044	109.480
3	-12.220	-22.252	-49.394	12.220	22.252	-39.614
4	32.220	-27.748	-53.926	-32.220	27.748	-57.067
5	-12.264	-21.023	-31.174	12.264	21.023	-52.917
6	92.264	-28.977	-52.410	-92.264	28.977	-63.499

（4）根据输出结果绘制刚架内力图如图 10-34 所示。

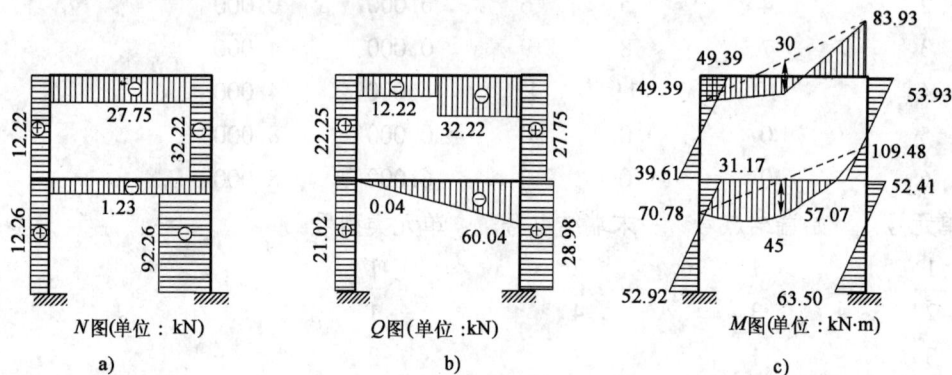

图 10-34　刚架内力图

例 10-14　试用计算如图 10-35 所示桁架各杆的轴力。已知各杆 EA 相同。$E = 210\text{GPa}, A = 90.7\text{cm}^2$。

解

平面桁架内力位移计算专用程序的编写与平面刚架计算程序类似，由于篇幅所限，这里就不介绍了。利用平面刚架内力位移计算程序 PFSAP 也可以计算平面桁架，现简单介绍如下。

首先，应假设所有杆件的惯性矩 $I=0$，其次假设所有结点处转角 θ 方向为刚性支承，这样平面刚架的单元刚度矩阵式（10-6）就与平面桁架的单元刚度矩阵［式（10-9）］相当了。

（1）准备原始数据。

①确定结点、划分单元，建立整体坐标系与局部坐标系如图 10-35b）所示；

②自由结点位移编码如图 10-35c）所示；

③设本例题名称为例 10-14，建立数据文件 PFSAP. IN 并输入以下数据：

2

例 10-14

8,12,15,1,2,0

1,2,0,2. ,0. ,3,4,0,4. ,0.

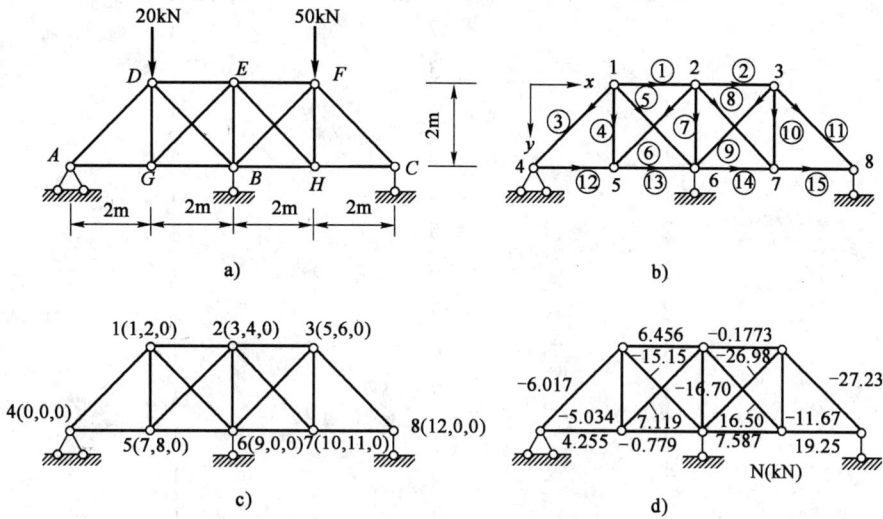

图 10-35　例 10-14 图

a)原体系;b)单元、结点编码及坐标系;c)自由结点位移编码;d)轴力值

5,6,0,6. ,0. ,0,0,0,0. ,2.
7,8,0,2. ,2. ,9,0,0,4. ,2.
10,11,0,6. ,2. ,12,0,0,8. ,2.
1,2,1,2,3,1,1,4,1,1,5,1,1,6,1
2,5,1,2,6,1,2,7,1,3,6,1,3,7,1
3,8,1,4,5,1,5,6,1,6,7,1,7,8,1
2.1E8,9.07E－3,0.
2,20. ,6,50.
0

(2)运行程序 PFSAP,可得如下结果:

题目顺序号(NO. = 2)

交通结构力学例 10-14

结点总数 = :8　　　自由度数 = :12　　　单元总数 = :15

单元类型数 = :1　　结点荷载数 = :2　　非结点荷载数 = :0

结点号	位移号(u)	(v)	(θ)	坐标(x)	坐标(y)
1	1	2	0	2.000	0.000
2	3	4	0	4.000	0.000
3	5	6	0	6.000	0.000
4	0	0	0	0.000	2.000
5	7	8	0	2.000	2.000
6	9	0	0	4.000	2.000
7	10	11	0	6.000	2.000
8	12	0	0	8.000	2.000

67

单元号	始端结点号	末端结点号	单元类型号
1	1	2	1
2	2	3	1
3	1	4	1
4	1	5	1
5	1	6	1
6	2	5	1
7	2	6	1
8	2	7	1
9	3	6	1
10	3	7	1
11	3	8	1
12	4	5	1
13	5	6	1
14	6	7	1
15	7	8	1

单元类型号	弹性模量	横截面积	惯性矩
1	$0.210000E+09$	$0.907000E-02$	0.00000

结点荷载数据

结点位移号	荷载数值
2	20.000
6	50.000

＊＊＊＊＊＊＊＊＊＊＊＊＊＊＊＊＊计算结果＊＊＊＊＊＊＊＊＊＊＊＊＊＊＊＊

结点号	X方向位移	Y方向位移	结点角位移
1	$0.11412E-04$	$0.24049E-04$	0.0000
2	$0.18192E-04$	$0.17537E-04$	0.0000
3	$0.18006E-04$	$0.71015E-04$	0.0000
4	0.0000	0.0000	0.0000
5	$0.44678E-05$	$0.18763E-04$	0.0000
6	$0.36498E-05$	0.0000	0.0000
7	$0.11617E-04$	$0.58764E-04$	0.0000
8	$0.31835E-04$	0.0000	0.0000

单元号	始端轴力	始端剪力	始端弯矩	末端轴力	末端剪力	末端弯矩
1	-6.4564	0.0000	0.0000	6.4564	0.0000	0.0000
2	0.17727	0.0000	0.0000	-0.17727	0.0000	0.0000
3	6.0173	0.0000	0.0000	-6.0173	0.0000	0.0000
4	5.0339	0.0000	0.0000	-5.0339	0.0000	0.0000
5	15.148	0.0000	0.0000	-15.148	0.0000	0.0000
6	-7.1190	0.0000	0.0000	7.1190	0.0000	0.0000
7	16.701	0.0000	0.0000	-16.701	0.0000	0.0000
8	-16.500	0.0000	0.0000	16.500	0.0000	0.0000

单元号	始端轴力	始端剪力	始端弯矩	末端轴力	末端剪力	末端弯矩
9	26.980	0.0000	0.0000	−26.980	0.0000	0.0000
10	11.668	0.0000	0.0000	−11.668	0.0000	0.0000
11	27.231	0.0000	0.0000	−27.231	0.0000	0.0000
12	−4.2549	0.0000	0.0000	4.2549	0.0000	0.0000
13	0.77901	0.0000	0.0000	−0.77901	0.0000	0.0000
14	−7.5874	0.0000	0.0000	7.5874	0.0000	0.0000
15	−19.255	0.0000	0.0000	19.255	0.0000	0.0000

（3）根据输出结果标出桁架各杆轴力值如图 10-35d) 所示。

例 10-15 试计算图 10-36 所示的组合结构。已知 $E = 210\text{GPa}$，$A_1 = 94.1\text{cm}^2$，$I_1 = 2.28 \times 10^4\text{cm}^4$，$A_2 = 135\text{cm}^2$，$I_2 = 6.56 \times 10^4\text{cm}^4$。

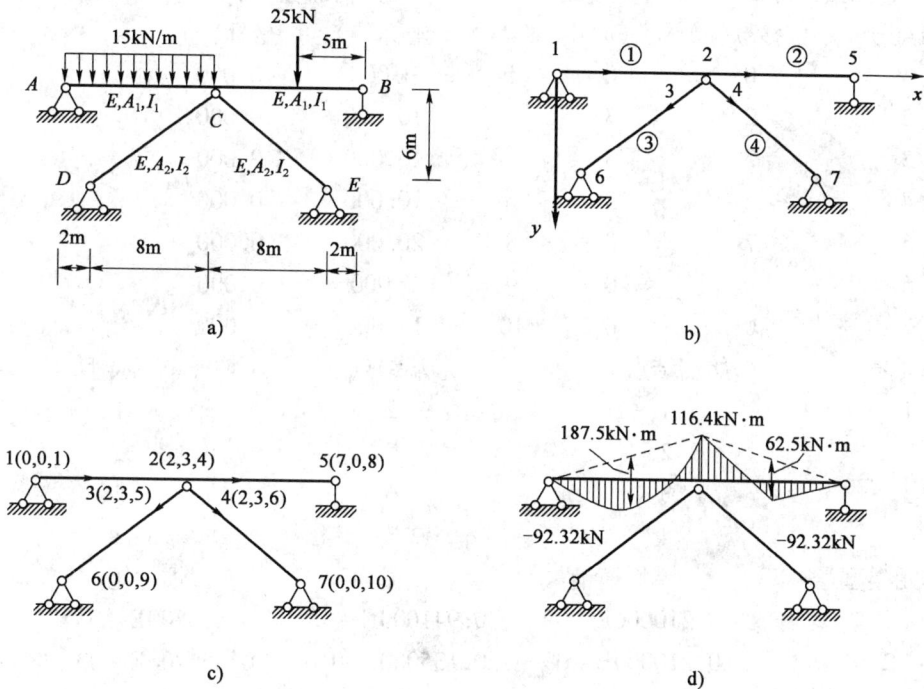

图 10-36 例 10-15 图

a)原体系；b)单元、结点编码及坐标系；c)自由结点位移编码；d)梁弯矩图及斜杆轴力值

解

（1）确定结点，划分单元，建立整体坐标系与局部坐标系如图 10-36b) 所示。在对组合结点 C 进行编号时，由于各杆转角不同，必须采用 2、3、4 三个编号。各结点位移编号如图 10-36c) 所示。

（2）在 PFSAP. IN 文件中输入以下数据：

```
3
例 10-15
7,10,4,2,0,2
0,0,1,0. ,0. ,2,3,4,10. ,0.
2,3,5,10. ,0. ,2,3,6,10. ,0.
7,0,8,20. ,0. ,0,0,9,2. ,6.
```

0,0,10,18. ,6.
1,2,1,2,5,1,3,6,2,4,7,2
2.1E8,9.41E−3,2.287E−4
2.1E8,1.35E−2,6.567E−4
1,1,15. ,15. ,2,2,25. ,5.
0

（3）运行程序 PFSAP，可得如下结果：

题目顺序号（NO. = 3）

交通结构力学例 10-15

结点总数 = ：7　　　自由度数 = ：10　　　单元总数 = ：4

单元类型数 = ：2　　结点荷载数 = ：0　　非结点荷载数 = ：2

结点号	位移号（u）	（v）	（θ）	坐标（x）	坐标（y）
1	0	0	1	0.000	0.000
2	2	3	4	10.000	0.000
3	2	3	5	10.000	0.000
4	2	3	6	10.000	0.000
5	7	0	8	20.000	0.000
6	0	0	9	2.000	6.000
7	0	0	10	18.000	6.000

单元号	始端结点号	末端结点号	单元类型号
1	1	2	1
2	2	5	1
3	3	6	2
4	4	7	2

单元类型号	弹性模量	横截面积	惯性矩
1	0.210000E+09	0.941000E−02	0.228700E−03
2	0.210000E+09	0.135000E−01	0.656700E−03

非结点荷载数据

单元号	荷载类型	荷载参数 A	荷载参数 C
1	1	15.000	15.000
2	3	25.000	5.000

* * * * * * * * * * * * * * 计算结果 * * * * * * * * * * * * * *

结点号	X 方向位移	Y 方向位移	结点角位移
1	0.0000	0.0000	0.90282E−02
2	−0.31754E−13	0.54273E−03	−0.48801E−02
3	−0.31754E−13	0.54273E−03	0.43418E−04
4	−0.31754E−13	0.54273E−03	−0.43418E−04
5	−0.40225E−13	0.0000	0.73194E−03
6	0.0000	0.0000	0.43418E−04
7	0.0000	0.0000	−0.43418E−04

单元号	始端轴力	始端剪力	始端弯矩	末端轴力	末端剪力	末端弯矩
1	0.62750E − 08	− 63.359	0.0000	− 0.62750E − 08	− 86.641	116.41
2	0.16739E − 08	− 24.141	− 116.41	− 0.16739E − 08	− 0.85945	0.0000
3	92.318	− 0.29833E − 08	0.11766E − 06	− 92.318	0.29833E − 08	− 0.30910E − 08
4	92.318	− 0.26819E − 07	− 0.35608E − 06	− 92.318	0.26819E − 07	− 0.23533E − 06

（4）根据输出结果标出组合结构梁式杆弯矩图和轴力杆轴力值如图 10-36d)所示。

思 考 题

1. 什么是矩阵位移法？矩阵位移法的解题思路是怎样的？

2. 怎样确定结点、划分单元？单元的内力和变形在矩阵位移法中是如何体现的？

3. 如何引入支座的刚性支承条件？当支座位移为有限的已知值时，刚度方程应作怎样的修改？

4. 如何确定综合结点荷载？综合结点荷载作用下的杆端力是否等于原结构在外荷载作用下的杆端力，为什么？

5. 为什么要进行单元分析？单元刚度方程和单元刚度矩阵的物理意义是什么？

6. 当杆端力 $\overline{F}^{e}$ 已知时，能否依据刚度方程，即式(10-5)求出杆端位移，为什么？

7. 一般单元刚度矩阵、轴力单元刚度矩阵和只考虑结点弯矩与结点转角的梁单元刚度矩阵之间有什么关系？对于连续梁，当略去轴向变形，但需要考虑杆端竖向位移及相应剪力时，单元刚度矩阵的表达式是怎样的？

8. 什么是先处理法？什么是后处理法？二者有什么不同？

9. 单元两端结点号数组 $JE(i,e)$ 是怎样定义的？当结构的整体坐标系改变时，该数组是否改变？当单元的局部坐标系改变时，$JE(i,e)$ 会变化吗？

10. 单元定位数组 m^{e} 是怎样定义的？它在结构矩阵分析中有什么作用？

11. 如何计算单元等效结点荷载？如何计算整个结构的等效结点荷载？二者之间存在怎样的关系？

12. 由整个结构的刚度方程 $K_{F}\Delta_{F} = P_{F}$ 求得自由结点位移 Δ_{F} 后，如何求解杆端力？对桁架和刚架而言，其计算式有什么不同？

13. 用连续梁内力位移计算程序 CBSAP 能否计算带有悬臂端的连续梁？如果能够，应作怎样的处理？

14. 用连续梁内力位移计算程序 CBSAP 计算出梁的杆端弯矩后，如何求梁的杆端剪力和支座约束力？

15. 用平面刚架内力位移计算程序 PFSAP 计算刚架时，如果刚架承受的非结点荷载不在表 10-5 所列范围之内，应对源程序的那一部分进行修改？怎样修改？

习 题

10-1 对于习图 10-1 所示的连续梁，不考虑轴向变形。求引入支承条件前的结构刚度矩阵 K。

10-2 用先处理法写出习图 10-2 所示连续梁的整体刚度矩阵 K。

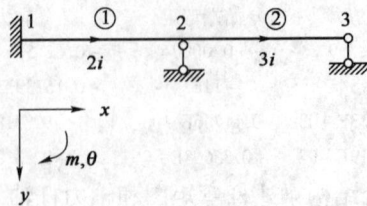

习图 10-1

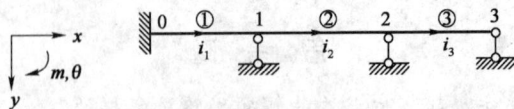

习图 10-2

10-3　对于习图 10-3 所示的刚架,不考虑轴向变形,仅以转角为未知量,求引入支承条件前的结构刚度矩阵 K 中的各主元素。

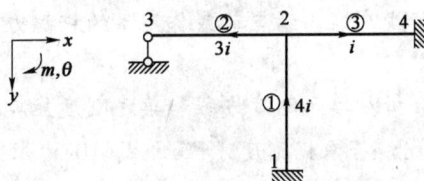

习图 10-3

10-4　对于习图 10-4 所示的结构,不考虑轴向变形,圆括号内数字为结点定位向量,力和位移均按水平、竖直、转动方向顺序排列。求结构刚度矩阵 K。

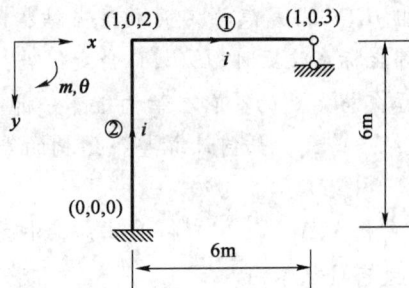

习图 10-4

10-5　对于习图 10-5a) 所示结构,其坐标系、结点、单元、位移分量编号情况如习图 10-5b) 所示。试写出 CE 单元结点号数组、C 结点位移编码、EF 单元定位数组。

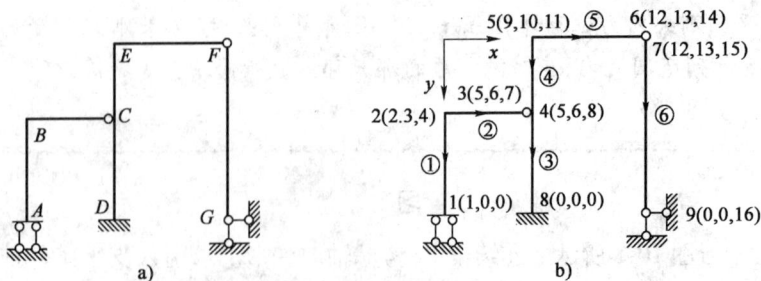

习图 10-5

10-6 试求习图 10-6 所示结构等效结点荷载列阵 P_e。图中圆括号内数码为结点位移编号(力和位移均按水平、竖直、转动方向顺序排列)。不考虑各杆轴向变形。

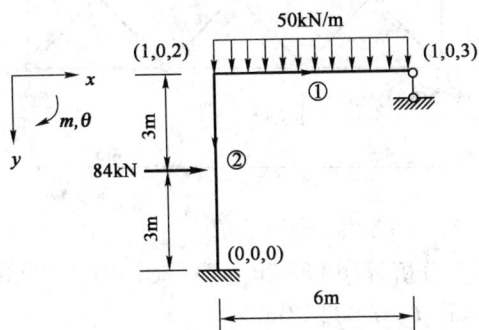

习图 10-6

10-7 试计算习图 10-7 所示刚架的综合结点荷载。

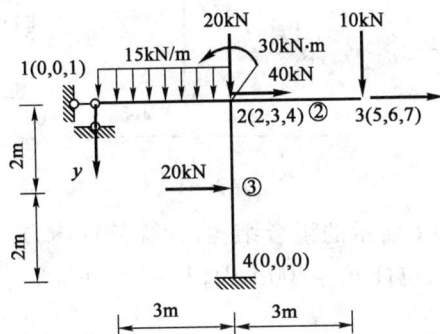

习图 10-7

10-8 试用连续梁静力分析程序 CBSAP 计算习图 10-8 所示的连续梁,并绘制弯矩图。

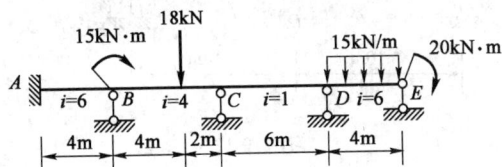

习图 10-8

10-9 试用连续梁静力分析程序 CBSAP 计算习图 10-9 所示带有悬臂端的连续梁,并绘制弯矩图。

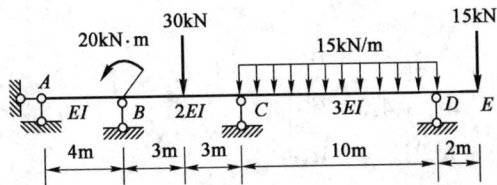

习图 10-9

10-10 试计算习图 10-10 所示桁架各杆的轴力。各杆材料相同,截面积亦相同,$A = 150\text{cm}^2$,$E = 25\text{GPa}$。

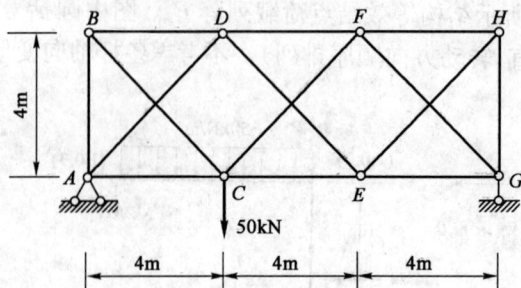

习图 10-10

10-11 试用平面刚架静力分析程序 PFSAP 计算习图 10-11 所示刚架,并绘制内力图。已知各杆 $E = 31.5 \text{GP}_a$、$A = 0.16 \text{m}^2$、$I = 0.002\,13 \text{m}^4$。

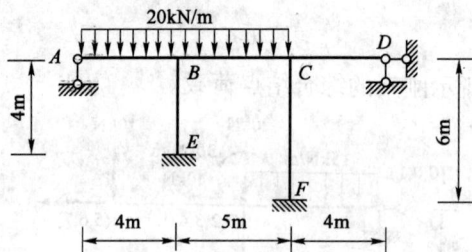

习图 10-11

10-12 试分析习图 10-12 所示的组合结构,计算各杆内力。已知横梁 $E = 20$ GPa,$A = 0.5 \times 10^3 \text{ cm}^2$,$I = 5 \times 10^6 \text{ cm}^4$,拉杆 $E_1 = 200$ GPa,$A_1 = 40 \text{ cm}^2$。

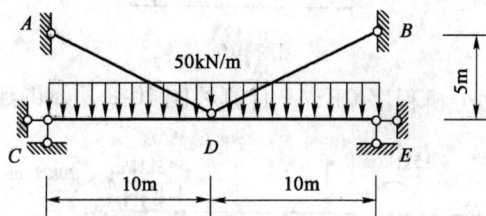

习图 10-12

习 题 答 案

10-1 $\quad K = \begin{bmatrix} 8i & 4i & 0 \\ 4i & 20i & 6i \\ 0 & 6i & 12i \end{bmatrix}$

10-2 $\quad K = \begin{bmatrix} 4i_1 + 4i_2 & 2i_2 & 0 \\ 2i_2 & 4i_2 + 4i_3 & 2i_3 \\ 0 & 2i_3 & 4i_3 \end{bmatrix}$

10-3 $\quad K_{11} = 16i, K_{22} = 32i, K_{33} = 12i, K_{44} = 4i$

10-4 $\quad K = \begin{bmatrix} i/3 & -i & 0 \\ -i & 8i & 2i \\ 0 & 2i & 4i \end{bmatrix}$

10-5 (1)CE 单元号为 4：$JE(1,4)=5,JE(2,4)=4$；

(2)C 结点有 3、4 两个编号：

$JN(1,3)=5,\ JN(2,3)=6,\ JN(3,3)=7$

$JN(1,4)=5,\ JN(2,4)=6,\ JN(3,4)=8$

(3)EF 单元号为 5：$m^{⑤}=(9\ 10\ 11\ 12\ 13\ 14)$

10-6 $P_e=\begin{bmatrix}42 & 87 & -150\end{bmatrix}^{\mathrm{T}}$

10-7 $P_c=\begin{bmatrix}11.25 & 50 & 42.5 & -51.25 & 0 & 10 & 0\end{bmatrix}^{\mathrm{T}}$

10-8 $M_{AB}=9.8533\mathrm{kN\cdot m},M_{BA}=19.7066\mathrm{kN\cdot m}$

10-9 $M_{BA}=-16.8267\mathrm{kN\cdot m},M_{CB}=106.0248\mathrm{kN\cdot m}$

10-10 $N_{BD}=-31.998\mathrm{kN},N_{DF}=-34.668\mathrm{kN}$

10-11 $F_{BC}=\begin{bmatrix}1.5213\mathrm{kN}\\-53.868\mathrm{kN}\\-46.061\mathrm{kN\cdot m}\\-1.5213\mathrm{kN}\\-46.314\mathrm{kN}\\27.631\mathrm{kN\cdot m}\end{bmatrix}$

10-12 $F_{DE}=\begin{bmatrix}0.16221E-0.5\mathrm{kN}\\-258.34\mathrm{kN}\\-83.432\mathrm{kN\cdot m}\\-0.16221E-0.5\mathrm{kN}\\-241.66\mathrm{kN}\\0.0000\mathrm{kN\cdot m}\end{bmatrix}$

第十一章 结构的动力计算
DISHIYIZHANG

第一节 动力计算概述

一、结构动力计算的特点

前面各章讨论了静荷载作用下的结构计算问题,本章研究动荷载作用下结构的内力和位移的计算原理及方法。

与静荷载相比,动荷载的特征是荷载(大小、方向、作用位置)随时间而变化。如果单纯从荷载本身性质来看,严格说来,绝大多数实际荷载都应属于动荷载。但是,如果从荷载对结构所产生的影响这个角度来看,则可分为两种情况。一种情况是:荷载虽然随时间变化,但是变得很慢。荷载对结构所产生的影响与静荷载相比相差甚微。因此在这种荷载作用下的结构计算问题实际上仍属于静荷载作用下的结构计算问题,即这种荷载实际上可看作静荷载。另一种情况是:荷载不仅随时间变化,而且变得较快,荷载对结构所产生的影响与静荷载相比相差甚大。因此在这种荷载作用下的结构计算问题属于动力计算问题,这种荷载实际上应看作动荷载。

需要说明的是,如何衡量荷载随时间变化的快与慢并没有绝对的时间单位,时间都是以结构的自振周期来度量的。例如,设荷载在 1s 内由零增至其最大值,对于自振周期为 0.1s 的结构来说,这种加载速度是缓慢的,这种荷载实际上可看作静荷载。但是,对于自振周期为 10s 的结构来说,这种加载速度是较快的,这种荷载是一种典型的动荷载。

与静力计算相区别,动力计算要取时间为自变量,还需要考虑质点的惯性力。在动力问题中内力与荷载不能构成静力平衡,但根据达朗伯原理可将动力问题转化为静力平衡问题来处理。只要于某一时刻引进质点的惯性力作为外力,结构即在形式上处于瞬时平衡状态。这样,即可用静力学的原理和方法计算结构在该时刻的内力和位移。引入惯性力后的平衡称为动力平衡,分析一个处于动力平衡状态的结构,其分析方法虽然形式上与静力学问题相似,但问题的实质仍是动力学问题,结构实际上处于运动状态,所计算的惯性力、位移、内力等都是随时间变化的量值。

结构在动力荷载作用下将发生振动,若起振之后就再无外力的激振作用,这种振动称为自由振动。反之,若结构在振动时经常受外部动力荷载(干扰力)的作用,则称为强迫振动。例如,爆炸产生的冲击压力作用于结构的时间很短,当作用时间结束后,结构仍在振动,即属于自由振动;安装在楼板上的电动机在转动期间所引起的楼板振动即属于强迫振动。

由于动力荷载作用使结构产生的内力和位移称为动内力和动位移,统称为动力反应(响应)。它们不仅是位置的函数,也是时间的函数。我们学习结构的动力计算,就是要掌握强迫振动时动力反应的计算原理和方法,确定它们随时间改变的规律,从而求出它们的最大值以作为设计的依据。但是,结构的动力反应与结构本身的动力特性有密切关系,而在分析自由振动时所得到的结构自振频率、振型和阻尼参数等正是反映结构动力特性的指标,称为结构的动力特性。因此,分析自由振动即成为计算动力反应的前提和准备。在以后的讨论中,对各种结构体系,都先分析它的自由振动,再进一步研究其强迫振动的动力反应。

二、动荷载的分类

工程中常见的动荷载,根据其随时间的变化规律可分为两大类。如果荷载的变化是时间的确定性函数,这一类荷载称为确定性荷载。反之,如果荷载随时间的变化不确定或不确知,则称为非确定性荷载。

确定性荷载包括周期性荷载和非周期性荷载两部分。周期性荷载中的简谐荷载是指按正弦或余弦规律随时间周期性变化的荷载,其随时间变化规律如图 11-1a)所示。具有偏心质量的旋转机器就会产生这样的荷载。这种荷载是本章讨论的主要荷载。非周期性荷载的时程曲线不具有周期性,形状也可以是任意的,但仍可用确定的时间函数来描述。其中最常见的形式包括冲击荷载和突加荷载。冲击荷载即在很短的时间内,荷载量值以很大的集度施加在结构上,如图 11-1b)所示。其最典型的例子是由于爆炸引起的冲击波荷载。如果荷载以某一恒值突然施加于结构上并保持不变,如图 11-1c)所示,则称为突加荷载。其较典型的实例为锻锤和打桩机所产生的荷载。

工程中还有一类荷载,事先不可预知,以后也难再现,在任一时刻的荷载大小为随机量,如图 11-d)所示,但可以通过概率论和数理统计方法来进行评估,这类荷载称为随机荷载,它是不确定性荷载。溢流对溢洪坝体的脉动作用,不规则巨浪对海洋船只的作用等属于这一类。由于脉动风和地震作用等对建筑物产生的荷载也是典型的随机荷载。

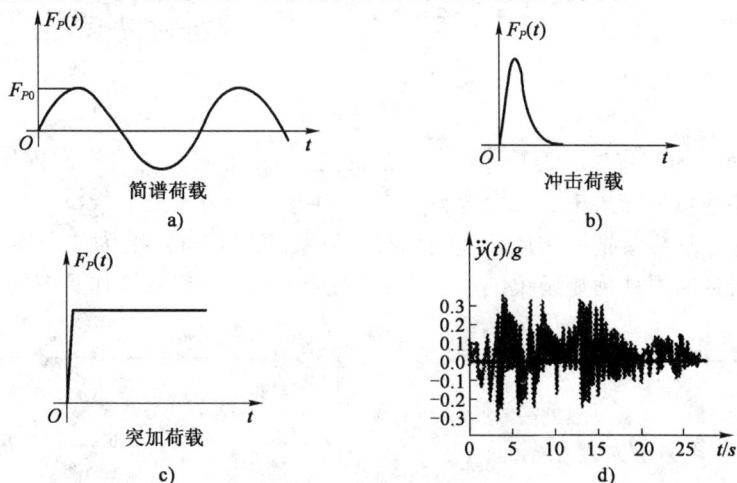

图 11-1 动荷载的分类

三、动力计算的自由度

在动力计算中，与静力计算一样，也要选取一个合理的计算简图。所不同的是在动力计算中要考虑惯性力的影响，因此需要研究体系中质量的分布情况以及质量在运动过程中的自由度问题。

在结构运动时，确定全部质点于某一时刻的位置所需要的独立几何参变量的数目，称为体系的动力自由度或简称自由度。而这些独立的几何参变量则称为体系的几何坐标，它们代表结构变形过程中全体质量的位移或转角。这个定义与"平面结构的几何组成分析"一章中提及的自由度在数学意义上是一致的，都是强调确定体系空间位置所需的独立的几何参数的个数。但两者在物理概念上有所不同：前章中的自由度只涉及刚体体系的机构运动，排除了各个组成部件的变形运动；后者则要考虑体系变形过程中质量的运动自由度。

在进行结构动力计算时，首先要确定体系的自由度和适当的几何坐标。实际上所有结构的质量分布都是连续的，因此都具有无限个自由度。如果任何结构都按无限自由度计算，一般都很复杂，而且无必要。因此在实践中，对于较复杂的结构动力学问题，使用离散的数学模型，把原来具有无限个自由度的连续体系，转化为只有有限个自由度的离散体系，可以使问题的解决获得某种程度的简化。

减少体系自由度的方法有很多，其中集中质量法最简单、最直观，它把体系的连续分布质量离散成有限个集中质量（实际上是质点），集中质量体系的自由度是有限的，从而使计算得以简化。下面举几个例子加以说明。

图 11-2a）所示为一简支梁，跨中放有重物 W。当梁本身质量远小于重物的质量时，可取图 11-2b）所示的计算简图。由于一个集中质量在平面内具有 3 个自由度（两个线位移和一个角位移），相应的，在动力问题中，除去质量的惯性力外，还应考虑惯性力矩。但是在建筑结构的振动中，通常惯性力对结构的动内力和动位移的影响是主要的，因此，为了简化计算，可以略去惯性力矩的作用。因而也就不必以集中质量的角位移作为基本未知量，这样就相当于把集中质量看成质点，由于梁的轴向变形影响很小，可以略去不计，梁上的质点便没有了水平位移而只剩下一个独立的竖向位移，这时体系由无限自由度简化为一个自由度。

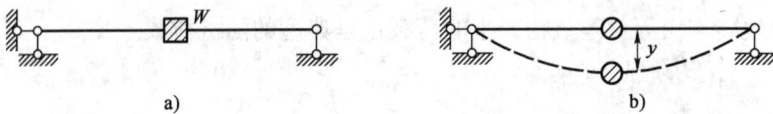

图 11-2

图 11-3a）所示为一质量沿跨长连续分布的简支梁，考虑它在竖直平面内作横向振动。离散化时可把梁的质量分散集中在几个等分点上，而梁的各个分段则假设没有质量，但仍保持它的抗弯弹性性能。这样就把一个质量连续分布的体系［图 11-3a）］变为一个集中质量体系［图 11-3b）］。同样，忽略惯性力矩及梁的轴向变形，因此该体系一般只看作具有两个自由度。

图 11-3

图 11-4a）是一两层平面刚架，在水平力作用下计算刚架
的侧向振动时，一种常用的简化计算方法是将柱的分布质量
化为作用于上下横梁处的集中质量，因此刚架的全部质量都
作用在横梁上；此外每个横梁上各点的水平位移可认为彼此
相等，因而横梁上的分布质量可用一个集中质量来替代。最
后，可取图 11-4b）所示的计算简图，只有两个自由度。

图 11-5a）所示门式刚架，其上只有一个质点。但在刚架
振动时，质点既有水平位移，又有竖向位移。这两个位移之
间彼此独立。因此，体系有两个几何坐标，自由度为 2。

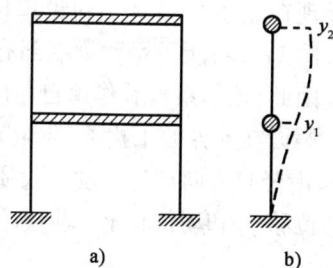

图　11-4

图 11-5b）所示为一尖顶刚架，根据前面的分析方法，该体系有两个自由度。

图 11-5c）所示为 $EI = \infty$ 的刚性杆，虽然在杆上有两个质点，但独立的几何坐标只有一个，
该体系有一个自由度。

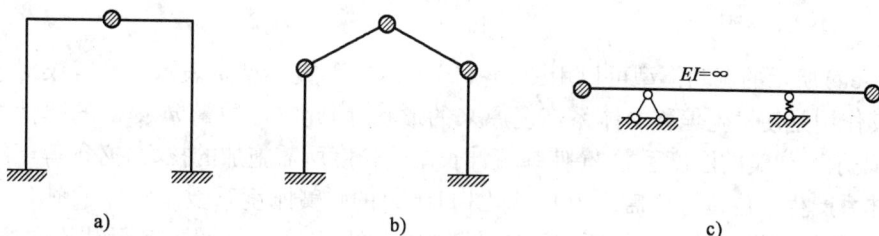

图　11-5

对于桁架结构作离散化处理时，一般都将杆件的分布质量集中于所属的结点上，由于桁
架杆件的轴向变形不能忽略不计，因此每个结点都有两个独立的线位移分量。

由以上的几个例子可以看出，体系的振动自由度与确定质量位置所需的独立几何参数的
数目有关，与质量的数目并无直接关系，与体系是否为静定或超静定也无关系。

减少体系自由度的其他方法还包括广义坐标法、有限单元法等。

第二节　单自由度体系的自由振动

实际上任何体系都具有无限多个自由度，但在工程中，有很多情况结构可以足够精确地当
作单自由度体系进行计算，而且单自由度体系研究起来最为简单，所以我们先从一个自由度讲
起。自由振动就是在振动过程中没有动荷载作用的振动。产生这种振动的原因是初始时刻的
干扰。干扰有两种，一种是初始时刻质点的位移，另一种是初始时刻质点的速度。简称初位移
与初速度。体系的自由振动规律反映了体系所固有的动力特性，这些动力特性与体系在动荷
载下的反应密切相关。因而研究自由振动具有重要意义。

一、自由振动微分方程的建立

动力计算所依据的基本原理是达朗伯原理。该原理指出：在质体运动的每一瞬时，作用于
质体上的全部外力（包括荷载与约束反力等）与假想地加在质体上的惯性力相平衡。本章只
限于讨论微小振幅的振动，此时体系的动力特性保持不变。按这种小振幅振动建立的振动方
程是线性的，故称为线性振动。对于线性振动，叠加原理有效。

现在以图 11-6 为例讨论单自由度体系的自由振动问题。

图 11-6a)所示悬臂梁端部有重物,质量为 m,设梁本身的质量相对 m 很小,可以忽略不计。因此,该体系可看作单自由度体系。

假设在外界的干扰下,质量 m 离开了静止平衡位置,干扰消失后,由于弹性力的影响,质量 m 沿竖直方向产生振动。设质量在某一时刻 t 的总位移为 y,其中包括质量 m 的重力所引起的位移 y_s 和动位移 y_d,即 $y(t) = y_s + y_d$。设 $y(t)$ 以向下为正。

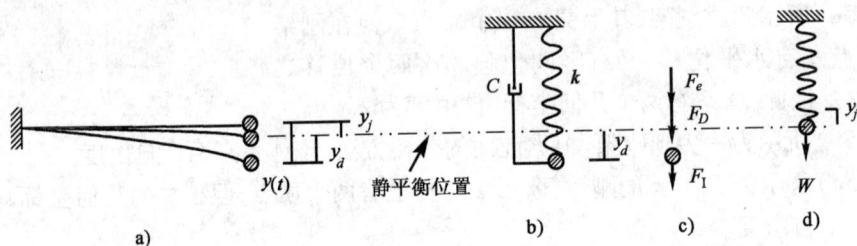

图 11-6

图 11-6a)所示的振动模型可以用图 11-6b)所示的弹簧模型来表示。悬臂梁对于整个体系而言,其作用是使发生偏移的体系恢复原来的形状,因此它对质量 m 提供的弹性力可以用一弹簧来表示。弹簧的刚度系数 k(使弹簧伸长单位长度所需施加的拉力)必须等于结构的刚度系数(体系产生单位位移所需之力)。即图 11-6b)的弹簧刚度系数 k 应等于图 11-6a)中梁在端部有单位竖向位移时在该处所需施加的竖向力[图 11-7a)所示]。实际结构的振动,如果没有从外界不断补充能量,振动系统将逐渐衰减并最终趋于静止。这是因为振动系统周围介质(空气、液体)的阻力、支承部分的摩擦、材料内部的摩擦等在振动过程中会不断吸收振动体系的机械能,并使之耗散,我们称之为阻尼作用。图 11-6a)中体系受到的阻尼作用可以用阻尼减振器 C 表示[图 11-6b)]。

图 11-7

建立自由振动的微分方程,有以下两种基本方法:

(一)按动力平衡条件建立振动微分方程——刚度法

在体系自由振动的任一瞬时,取质量 m 为隔离体,如图 11-6c)所示,隔离体上受到的力有:

(1)弹性力 F_e,它的方向恒与位移 $y(t)$ 的方向相反,指向体系的静力平衡位置,大小与之成正比。

$$F_e(t) = -ky(t) = -k(y_s + y_d) \qquad (11\text{-}1a)$$

(2)惯性力 F_I,它的方向恒与加速度 $\ddot{y}(t)$ 的方向相反,背离体系的静力平衡位置,它的大小等于质量 m 与其位移加速度的乘积。

$$F_I(t) = -m\ddot{y}(t) = -m(\ddot{y}_s + \ddot{y}_d) \qquad (11\text{-}1b)$$

(3)阻尼力 F_D，阻尼的理论有好几种，本章只介绍黏滞阻尼理论。按照这种理论，阻尼力 F_D 的大小和质量运动 m 的速度成正比，方向总是与质量速度的方向相反。

$$F_D(t) = -c\dot{y}(t) = -c(\dot{y_s} + \dot{y_d})$$ (11-1c)

这里 c 称为阻尼常数。

(4)重力 W

根据达朗伯原理建立隔离体的动力平衡方程

$$W + F_I + F_D + F_e = 0$$ (11-2)

将以上各力的计算式代入，有

$$m(\ddot{y_s} + \ddot{y_d}) + c(\dot{y_s} + \dot{y_d}) + k(y_s + y_d) = W$$

由于重力引起的静位移 y_s 与重力 W 的关系为

$$ky_s = W$$

此外，由于 y_s 不随时间改变，因而有 $\dot{y_s} = \ddot{y_s} = 0$。因此在图 11-6c)中不必将重力 W 画出。而上式即可改为

$$m\ddot{y_d} + c\dot{y_d} + ky_d = 0$$

如果取图 11-6 所示静平衡位置作为计算位移的起点，则 $y(t) = y_d$，上式即可改为

$$m\ddot{y} + c\dot{y} + ky = 0$$ (11-3)

式(11-3)即是单自由度体系自由振动的振动微分方程，它是一个二阶线性常系数齐次微分方程。它是根据动力平衡条件建立的，在推导过程中使用了体系的刚度系数，所以称为刚度法。

(二)按位移协调条件建立振动微分方程——柔度法

振动方程也可以根据位移协调条件来推导。考察图 11-6a)所示体系，以静平衡位置为位移的起点，事实上，对于自由振动而言，质量 m 在振动过程中任一瞬时，其竖向位移 $y(t)$ 只是由于惯性力 F_I 和阻力 F_D 共同作用而产生的，根据叠加原理，位移 $y(t)$ 可以表示为

$$y(t) = F_I \delta + F_D \delta$$

即

$$y(t) = -m\ddot{y}\delta - c\dot{y}\delta$$

整理后可得

$$m\ddot{y} + c\dot{y} + \frac{1}{\delta}y = 0$$ (11-4)

式中 δ 称为柔度系数，如图 11-7b)所示，它表示在质量的运动方向上施加单位力所产生的体系在该运动方向的位移。它与刚度系数 k 互为倒数，即

$$\delta = \frac{1}{k}$$ (11-5)

将上式代入式(11-4)，整理后即得出与刚度法相同的结果。这种推导方法涉及体系的柔度系数，所以又称柔度法。

二、自由振动微分方程的解

(一)无阻尼自由振动微分方程的解

首先研究无阻尼时的自由振动，它是单自由度体系受迫振动和多自由度体系自由振动分

析的基础。

根据式(11-3)，令 $F_D(t) = 0$，即得体系无阻尼自由振动的微分方程为

$$m\ddot{y} + ky \qquad (11\text{-}6)$$

将该式两端除以 m，并引入下列记号

$$\omega = \sqrt{\frac{k}{m}} \qquad (11\text{-}7)$$

则自由振动方程也可写为

$$\ddot{y} + \omega^2 y = 0 \qquad (11\text{-}8)$$

上式是一个二阶常系数线性齐次微分方程，其通解为

$$y(t) = C_1 \sin\omega t + C_2 \cos\omega t \qquad (\text{a})$$

其中系数 C_1 和 C_2 是积分常数，可由初始条件确定。设在初始时刻 $t = 0$，质点的初始位移为 $y(0) = y_0$，初始速度为 $\dot{y}(0) = \dot{y}_0$，代入式(a)及 y 的导数式后可以解出

$$C_1 = \frac{\dot{y}_0}{\omega}, \quad C_2 = y_0$$

由此可得

$$y(t) = y_0\cos\omega t + \frac{\dot{y}_0}{\omega}\sin\omega t \qquad (11\text{-}9)$$

显然，由上式可以看出，振动是由两部分叠加而成的，当仅有初始位移 y_0，没有初始速度 $\dot{y}_0$ 时，质点按 $y_0\cos\omega t$ 的余弦规律振动；当仅有初始速度 $\dot{y}_0$，没有初始位移时，质点按 $\frac{\dot{y}_0}{\omega}\sin\omega t$ 的正弦规律振动(如图 11-8 所示)。

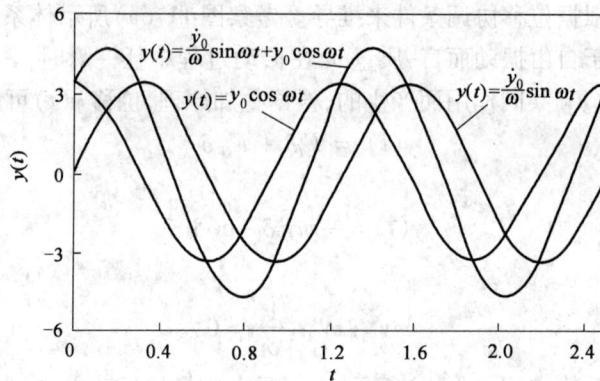

图 11-8

自由振动微分方程式(11-8)的通解也可以表示成下列形式

$$y(t) = a\sin(\omega t + \alpha) \qquad (11\text{-}10)$$

其中的积分常数 a、α 同样也可以由初始条件求出。

$$a = \sqrt{y_0^2 + \frac{\dot{y}_0^2}{\omega^2}} \qquad \alpha = \tan^{-1}\frac{y_0\omega}{\dot{y}_0} \qquad (\text{b})$$

a——振动的振幅，即质点振动时产生的最大位移；

α——初始相位角。

(3)阻尼力 F_D，阻尼的理论有好几种，本章只介绍黏滞阻尼理论。按照这种理论，阻尼力 F_D 的大小和质量运动 m 的速度成正比，方向总是与质量速度的方向相反。

$$F_D(t) = -c\dot{y}(t) = -c(\dot{y}_s + \dot{y}_d) \tag{11-1c}$$

这里 c 称为阻尼常数。

(4)重力 W

根据达朗伯原理建立隔离体的动力平衡方程

$$W + F_I + F_D + F_e = 0 \tag{11-2}$$

将以上各力的计算式代入，有

$$m(\ddot{y}_s + \ddot{y}_d) + c(\dot{y}_s + \dot{y}_d) + k(y_s + y_d) = W$$

由于重力引起的静位移 y_s 与重力 W 的关系为

$$ky_s = W$$

此外，由于 y_s 不随时间改变，因而有 $\dot{y}_s = \ddot{y} = 0$。因此在图 11-6c)中不必将重力 W 画出。而上式即可改为

$$m\ddot{y}_d + c\dot{y}_d + ky_d = 0$$

如果取图 11-6 所示静平衡位置作为计算位移的起点，则 $y(t) = y_d$，上式即可改为

$$m\ddot{y} + c\dot{y} + ky = 0 \tag{11-3}$$

式(11-3)即是单自由度体系自由振动的振动微分方程，它是一个二阶线性常系数齐次微分方程。它是根据动力平衡条件建立的，在推导过程中使用了体系的刚度系数，所以称为刚度法。

(二)按位移协调条件建立振动微分方程——柔度法

振动方程也可以根据位移协调条件来推导。考察图 11-6a)所示体系，以静平衡位置为位移的起点，事实上，对于自由振动而言，质量 m 在振动过程中任一瞬时，其竖向位移 $y(t)$ 只是由于惯性力 F_I 和阻力 F_D 共同作用而产生的，根据叠加原理，位移 $y(t)$ 可以表示为

$$y(t) = F_I \delta + F_D \delta$$

即

$$y(t) = -m\ddot{y}\delta - c\dot{y}\delta$$

整理后可得

$$m\ddot{y} + c\dot{y} + \frac{1}{\delta}y = 0 \tag{11-4}$$

式中 δ 称为柔度系数，如图 11-7b)所示，它表示在质量的运动方向上施加单位力所产生的体系在该运动方向的位移。它与刚度系数 k 互为倒数，即

$$\delta = \frac{1}{k} \tag{11-5}$$

将上式代入式(11-4)，整理后即得出与刚度法相同的结果。这种推导方法涉及体系的柔度系数，所以又称柔度法。

二、自由振动微分方程的解

(一)无阻尼自由振动微分方程的解

首先研究无阻尼时的自由振动，它是单自由度体系受迫振动和多自由度体系自由振动分

析的基础。

根据式(11-3)，令 $F_D(t) = 0$，即得体系无阻尼自由振动的微分方程为

$$m\ddot{y} + ky \tag{11-6}$$

将该式两端除以 m，并引入下列记号

$$\omega = \sqrt{\frac{k}{m}} \tag{11-7}$$

则自由振动方程也可写为

$$\ddot{y} + \omega^2 y = 0 \tag{11-8}$$

上式是一个二阶常系数线性齐次微分方程，其通解为

$$y(t) = C_1 \sin\omega t + C_2 \cos\omega t \tag{a}$$

其中系数 C_1 和 C_2 是积分常数，可由初始条件确定。设在初始时刻 $t = 0$，质点的初始位移为 $y(0) = y_0$，初始速度为 $\dot{y}(0) = \dot{y}_0$，代入式(a)及 y 的导数式后可以解出

$$C_1 = \frac{\dot{y}_0}{\omega}, C_2 = y_0$$

由此可得

$$y(t) = y_0 \cos\omega t + \frac{\dot{y}_0}{\omega} \sin\omega t \tag{11-9}$$

显然，由上式可以看出，振动是由两部分叠加而成的，当仅有初始位移 y_0，没有初始速度 $\dot{y}_0$ 时，质点按 $y_0 \cos\omega t$ 的余弦规律振动；当仅有初始速度 $\dot{y}_0$，没有初始位移时，质点按 $\frac{\dot{y}_0}{\omega} \sin\omega t$ 的正弦规律振动(如图 11-8 所示)。

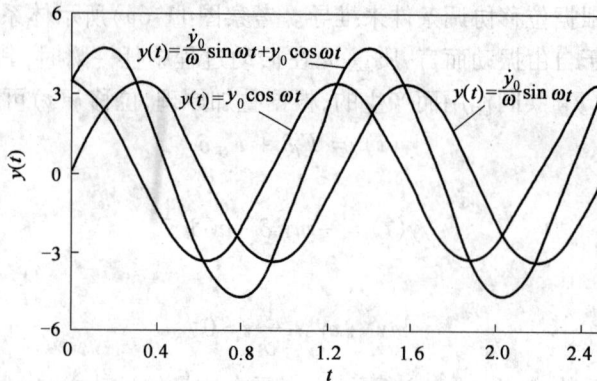

图 11-8

自由振动微分方程式(11-8)的通解也可以表示成下列形式

$$y(t) = a\sin(\omega t + \alpha) \tag{11-10}$$

其中的积分常数 a、α 同样也可以由初始条件求出。

$$a = \sqrt{y_0^2 + \frac{\dot{y}_0}{\omega^2}} \qquad \alpha = \tan^{-1}\frac{y_0\omega}{\dot{y}_0} \tag{b}$$

a——振动的振幅，即质点振动时产生的最大位移；

α——初始相位角。

而且有

$$a = \sqrt{C_1^2 + C_2^2} \qquad \tan\alpha = C_2/C_1 \qquad\qquad (c)$$

式(11-9)与式(11-10)形式虽然不同,但结果是一样的,即代表的是单自由度体系做无阻尼自由振动时的位移响应曲线。

(二)结构的自振周期和自振频率

由式(11-9)或式(11-10)可以看出,自由振动中的位移、速度和加速度等物理量都是按正弦或余弦规律变化的,而正弦和余弦函数都是周期函数,每隔一段时间,这些物理量就回到原来的状态,整个振动体系也完成一个振动的周期。

振动体系完成一个全周期振动所需的时间称为体系的自振周期,记作 T,单位为秒(s)。单自由度体系自由振动的自振周期为

$$T = \frac{2\pi}{\omega} \qquad\qquad (11\text{-}11)$$

自振周期的倒数称为频率 f。频率 f 表示振动体系单位时间内完成的全周期振动次数,单位为 1/秒(1/s),通称赫兹(Hz)。

$$f = \frac{1}{T} = \frac{\omega}{2\pi} \qquad\qquad (11\text{-}12)$$

由式(11-11)可得

$$\omega = \frac{2\pi}{T} = 2\pi f \qquad\qquad (11\text{-}13)$$

式中,ω 称为圆频率或角频率(习惯上有时也称为自振频率),表示在 2π 秒内体系的振动次数。

一般的,单自由度体系自振周期和频率的通用计算公式有以下几种形式:

(1) $$T = 2\pi \sqrt{\frac{m}{k}} \qquad \omega = \sqrt{\frac{k}{m}} \qquad\qquad (11\text{-}14a)$$

(2)将 $\frac{1}{k} = \delta$ 代入上式得

$$T = 2\pi \sqrt{m\delta} \qquad \omega = \sqrt{\frac{1}{m\delta}} \qquad\qquad (11\text{-}14b)$$

(3)将 $m = \frac{W}{g}$ 代入上式得

$$T = 2\pi \sqrt{\frac{W\delta}{g}} \qquad \omega = \sqrt{\frac{g}{W\delta}} \qquad\qquad (11\text{-}14c)$$

(4)令 $\Delta_{st} = W\delta$,代入上式得

$$T = 2\pi \sqrt{\frac{\Delta_{st}}{g}} \qquad \omega = \sqrt{\frac{g}{\Delta_{st}}} \qquad\qquad (11\text{-}14d)$$

这里 δ 是体系沿质点振动方向的柔度系数,表示在质点上沿振动方向施加单位荷载时质点沿振动方向所产生的静位移;Δ_{st} 表示沿振动方向质点自重 W 引起的静位移。

综上所述,对单自由度体系的无阻尼自由振动可以得出以下几点结论:

(1)运动的初始条件唯一地决定体系的振幅 a 和相位 α;初始条件不同,位移响应曲线可以是单一的余弦形式,正弦形式或两者的叠加。

(2)自振周期或频率只取决于体系的质量和刚度,是不受初始条件和外界干扰影响的不变量,它是振动体系的固有属性,有时也称自振频率为体系的固有频率。

(3)由式(11-4)可以直接看出,体系的质量越大,自振频率越低,自振周期越长;体系的刚度越大,自振频率越高,自振周期越短。因此,如果需要改变体系的自振周期或频率,宜从调整体系的质量或刚度入手。

例11-1　图 11-9a)所示为一等截面简支梁,截面 EI = 常数,跨度为 l。在梁的跨度中点有一个集中质量 m,忽略梁本身的质量,试求梁的自振周期 T 和圆频率 ω。

解

(1)质量 m 沿梁竖向振动,为计算柔度系数 δ,在简支梁跨中质量 m 处加一竖向单位力 $P=1$,作 $\overline{M}$ 图[见图 11-9b)],由图乘法可得

$$\delta = \frac{l^3}{48EI}$$

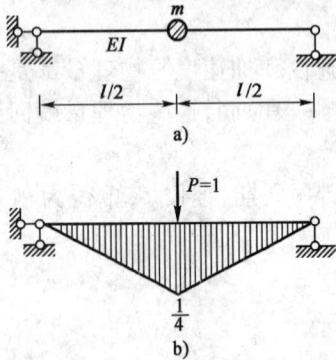

图　11-9

(2)由式(11-14b),得

$$T = 2\pi\sqrt{m\delta} = 2\pi\sqrt{\frac{ml^3}{48EI}} \qquad \omega = \frac{1}{\sqrt{m\delta}} = \sqrt{\frac{48EI}{ml^3}}$$

例11-2　图 11-10a)所示为一等截面竖直悬臂杆,长度为 l,截面面积为 A,惯性矩为 I,弹性模量为 E。杆顶有重物,重量为 W。设杆件本身质量可忽略不计,试分别求水平振动和竖向振动时的自振周期。

解

(1)水平振动

在柱顶 W 处,加一水平单位力[图 11-10b)],由图乘法可求得

$$\delta = \frac{l^3}{3EI}$$

当柱顶作用水平力 W 时,柱顶的水平位移为

$$\Delta_{st} = \frac{Wl^3}{3EI}$$

所以,由式(11-14d)

$$T = 2\pi\sqrt{\frac{\Delta_{st}}{g}} = 2\pi\sqrt{\frac{Wl^3}{3EIg}}$$

(2)竖向振动

在柱顶 W 处,加一竖向单位力[图 11-10c)],求得

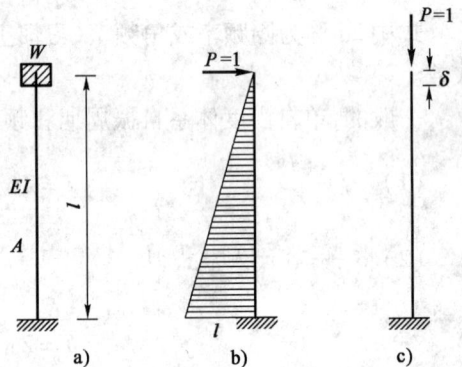

图　11-10

$$\delta = \frac{l}{EA}$$

当柱顶作用竖向力 W 时,柱顶的竖向位移为

$$\Delta st = \frac{Wl}{EA}$$

所以

$$T = 2\pi \sqrt{\frac{\Delta st}{g}} = 2\pi \sqrt{\frac{Wl}{EAg}}$$

例 11-3　图 11-11a)所示为一单层刚架,横梁抗弯刚度 $EI_b = \infty$,柱的截面抗弯刚度为 EI。横梁上总质量为 m,柱的质量可以忽略不计。求刚架的水平自振频率。

解

(1)求刚架水平侧移刚度系数 k(柱顶产生单位水平位移所需的力),如图 11-11b)所示。

由第七章中等截面直杆的转角位移方程可得柱顶剪力为 $12\dfrac{EI}{h^3}$,以横梁为隔离体[图11-11c)],由平衡条件可得

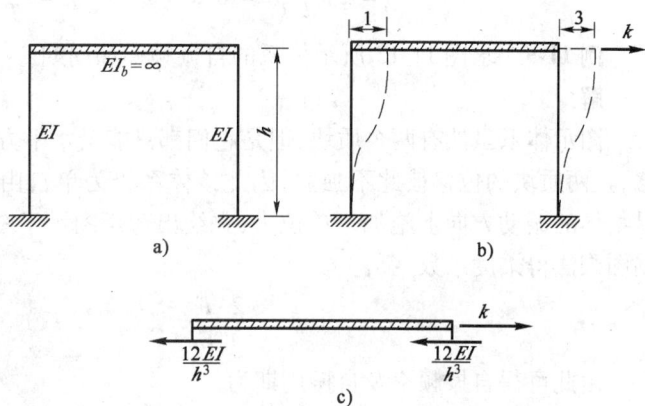

图　11-11

$$k = 2 \times \frac{12EI}{h^3} = 24\frac{EI}{h^3}$$

(2)由式(11-14a),刚架的自振频率为

$$\omega = \sqrt{\frac{k}{m}} = \sqrt{\frac{24EI}{mh^3}}$$

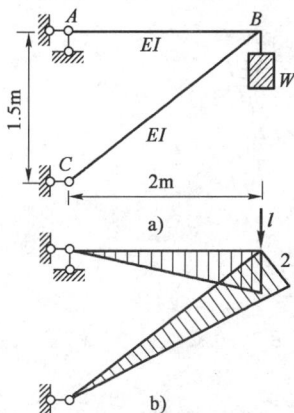

图　11-12

例 11-4　图 11-12a)所示刚架,结点 B 处有一重物 $W = 5\,000\mathrm{N}$ 作用,刚架各杆的惯性矩 $I = 2\,500\mathrm{cm}^4$;弹性模量 $E = 2.1 \times 10^7 \mathrm{N/cm}^2$。略去刚架本身质量不计,并知振动时的初始条件为:初始位移 $y_0 = \Delta st$(静位移);初始速度 $v_0 = 20\mathrm{cm/s}$,试求该刚架的自振频率 ω 和振幅 a。

解

该体系具有一个自由度,是单自由度体系。今在沿物体的振动方向上施加一竖向单位力,并绘出弯矩图示于图 11-12b)中,根据图乘法得柔度系数

$$\delta = \frac{1}{2} \times 200 \times 200 \times \frac{2}{3} \times 200 \times \frac{1}{EI} + \frac{1}{2} \times 200 \times 250$$

$$\times \frac{2}{3} \times 200 \times \frac{1}{EI} = \frac{6 \times 10^6}{EI}(\mathrm{cm}^3)$$

于是静位移为

$$\Delta st = \delta W = \frac{6 \times 10^6}{2.1 \times 10^7 \times 2\,500} \times 5\,000 = 0.571(\mathrm{cm})$$

由此可得自振频率

$$\omega = \sqrt{\frac{g}{\Delta_{st}}} = \sqrt{\frac{980}{0.571}} = 41.43(1/\text{s})$$

及振幅

$$a = \sqrt{y_0^2 + \frac{v_0^2}{\omega^2}} = \sqrt{0.571^2 + \left(\frac{20}{41.43}\right)^2} = 0.748(\text{cm})$$

$$T = 2\pi\sqrt{\frac{m}{k}} = 0.35(\text{s}) \qquad f = \frac{1}{T} = 2.865(\text{Hz})$$

例 11-5 求图 11-13 所示体系的自振频率和周期。

解

图示体系虽然有两个质块,但是它们都只能沿水平方向具有振动位移,且两质块的位移彼此不独立,因此该体系仍为单自由度体系。今在沿物体的振动方向上施加一单位力,并绘出弯矩图示于图 11-13b 中,根据图乘法得柔度系数

$$\delta = \frac{2}{3}\frac{l^3}{EI}$$

由此可得自振频率及自振周期为

$$\omega = \sqrt{\frac{1}{m\delta}} = \sqrt{\frac{1}{\frac{3}{2}m_1 \cdot \frac{2l^3}{3EI}}} = \sqrt{\frac{EI}{m_1 l^3}}, T = 2\pi\sqrt{\frac{m_1 l^3}{EI}}$$

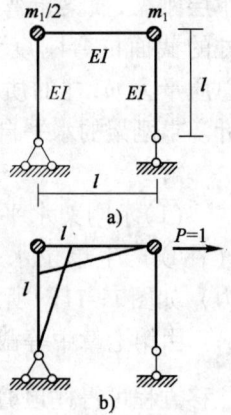

图 11-13

例 11-6 如图 11-14 所示,质点重 W,弹簧的弹性常数为 k_e,杆长为 l,求体系的自振频率和周期。

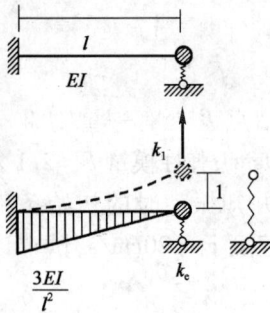

解

该体系是单自由度体系,体系的刚度系数 k 应为在沿质点振动方向上产生单位位移时弹性杆的刚度 k_1 与弹簧的弹性常数 k_e 之和。

$$k = k_e + k_1 = k_e + \frac{3EI}{l^3}$$

质点的质量为

$$m = W/g$$

体系的自振频率为

$$\omega = \sqrt{\frac{k_e + \dfrac{3EI}{l^3}}{W}g}$$

图 11-14

(三)有阻尼自由振动

无阻尼自由振动由于不消耗体系的振动能量,从而使振动无休止地延续下去。这是一种理想情况。事实上任何结构体系的振动,由于阻尼的存在,在振动过程中不断消耗能量,使体系的自由振动经过一段时间之后,最终衰减为零。根据公式(11-3)有阻尼自由振动微分方程为

$$m\ddot{y} + c\dot{y} + ky = 0 \tag{d}$$

令

$$\xi = \frac{c}{2m\omega} \tag{11-15}$$

于是式(d)可改写成

$$\ddot{y} + 2\xi\omega\dot{y} + \omega^2 y = 0 \tag{11-16}$$

上式中的 ξ 称为体系的阻尼比，ω 仍是圆频率，其计算式同前。方程式(11-16)是一个常系数齐次二阶线性微分方程，其特征方程

$$\lambda^2 + 2\xi\omega\lambda + \omega^2 = 0$$

有两个根

$$\lambda_1 = -\xi\omega + \omega\sqrt{\xi^2 - 1}$$

$$\lambda_2 = -\xi\omega - \omega\sqrt{\xi^2 - 1}$$

对于不同的结构，阻尼比 ξ 是不同的，而上式根号中的值有可能等于、小于或大于零。以下的讨论分三种不同的阻尼比来进行。

1. $\xi < 1$，称为低阻尼情况

此时，特征根为两个复数，令

$$\omega_l = \omega\sqrt{1 - \xi^2} \tag{11-17}$$

微分方程(11-16)的解可写为

$$y = e^{-\xi\omega t}(C_1\cos\omega_l t + C_2\sin\omega_l t) \tag{e}$$

再引入初始条件确定积分常数后，可得

$$y = e^{-\xi\omega t}\left(y_0\cos\omega_l t + \frac{\dot{y}_0 + \xi\omega y_0}{\omega_l}\sin\omega_l t\right) \tag{11-18a}$$

这里，ω_l 称为低阻尼体系的自振圆频率。

式(11-16)的解也可以写成

$$y = e^{-\xi\omega t}\alpha\sin(\omega_l t + \alpha) \tag{11-18b}$$

其中

$$a = \sqrt{y_0^2 + \frac{(\dot{y}_0 + \xi\omega y_0)^2}{\omega_l^2}} \qquad \alpha = \tan^{-1}\frac{y_0\omega_l}{\dot{y}_0 + \xi\omega y_0} \tag{11-19}$$

式(11-18a)和式(11-18b)展示出了一幅值按指数规律随时间衰减的简谐振动图像，它描述了单自由度低阻尼体系自由振动的位移响应。

若体系作无阻尼自由振动，则 $\xi = 0$，代入上述各式即可得到与前面相同的结果。

关于低阻尼自由振动，有几点需要说明：

(1)低阻尼的振动是一衰减振动

由式(11-18)可画出低阻尼体系自由振动的 y-t 曲线，如图11-15所示，这是一条衰减曲线。它虽不是周期运动，但可看出，质块相邻两次通过静平衡位置的时间间隔是相同的，此时间间隔 $T_D = \frac{2\pi}{\omega_l}$ 习惯上也称为周期。

(2)低阻尼对自振频率的影响

由低阻尼自振频率 ω_l 的定义式可以看出，因为 $\xi < 1$，故 $\omega_l < \omega$。一般建筑物 ξ 在 $0.01 \sim$

0.1 之间。当 $\xi < 0.2$ 时，$\dfrac{\omega_l}{\omega}$ 的值在 $0.96 \sim 1.0$ 之间，ω_l 与 ω 很接近，因此，在 $\xi < 0.2$ 时，阻尼对自振频率的影响不大，可以忽略。

（3）低阻尼对振幅的影响

在式（11-18）中，振幅为 $ae^{-\xi\omega t}$。可以看出，由于阻尼的影响，振幅随时间的增加而减小；阻尼比 ξ 越大，衰减越快。图 11-15 中虚线为随时间衰减的振幅包络线。设 t_k 时刻的振幅为 $y_k = ae^{-\xi\omega t_k}$，经过一个周期 $T_D = \dfrac{2\pi}{\omega_l}$ 后，相邻两个振幅之比为

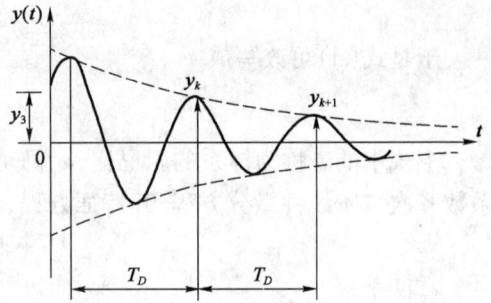

图 11-15

$$\frac{y_k}{y_{k+1}} = \frac{ae^{-\xi\omega t_k}}{ae^{-\xi\omega(t_k+T_D)}} = e^{\xi\omega T_D}$$

可见振幅是按公比为 $e^{\xi\omega T_D}$ 的几何级数递减的。

（4）阻尼比的测定

对上式取对数

$$\ln\frac{y_k}{y_{k+1}} = \xi\omega T_D = \xi\omega\frac{2\pi}{\omega_l}$$

当 $\xi < 0.2$ 时，则有 $\dfrac{\omega_l}{\omega} \approx 1$，于是

$$\xi \approx \frac{1}{2\pi}\ln\frac{y_k}{y_{k+1}} = \frac{1}{2\pi}\eta \tag{f}$$

式中 $\eta = \ln\dfrac{y_k}{y_{k+1}}$ 称为振幅的对数递减率。上式表明：只要从实验中测得振幅 y_k 和 y_{k+1}，即可按该式确定阻尼比 ξ。

一般的，在测得了两个相隔了 n 个周期的振幅 y_k 和 y_{k+n} 后，可按下式推算阻尼比 ξ

$$\xi \approx \frac{1}{2\pi n}\ln\frac{y_k}{y_{k+n}} \tag{11-20}$$

2. $\xi = 1$，称为临界阻尼情况

此时，特征根为重根，方程（11-16）的通解具有如下形式

$$y = (C_1 + C_2 t)e^{-\omega t} \tag{g}$$

上式不是一个周期函数，表明体系不发生振动，而是随着 t 的增加，以初位移 y_0 开始，逐渐回到静平衡位置。此时的阻尼常数称为临界阻尼常数，用 c_r 表示

$$c_r = 2m\omega \tag{11-21}$$

这样阻尼比 ξ 又可以定义为实际的阻尼系数 c 与临界阻尼系数 c_r 的比值

$$\xi = \frac{c}{2m\omega} = \frac{c}{c_r} \tag{11-22}$$

3. $\xi > 1$，称为强阻尼情况

此时方程的特征根是两个不等的实根，令 $\omega_h = \omega\sqrt{\xi^2-1}$，式（11-16）的通解可以写为 $y = e^{-\xi\omega t}(A\mathrm{sh}\omega_h t + B\mathrm{ch}\omega_h t)$。

上式不含有简谐振动的因子，它表明此时运动已经失去了在静平衡位置附近往复振荡的性质，所积蓄起来的初始能量在恢复平衡位置的过程中全部消耗于克服阻尼，运动常以较为缓

慢的速度渐趋终止。强阻尼情况在实际问题中很少遇到。

例 11-7　图 11-16 所示为一自由振动的实验模型,由一根重 W,抗弯刚度为无限大的横梁和两根重量可忽略不计,总刚度系数为 k 的支柱组成。结构为单自由度体系。为进行振动实验,在横梁处加一水平力 F_P,当水平力 F_P 为 5kN 时,柱顶产生的水平侧移恰为 5mm,此时突然卸除载荷 F_P,模型作自由振动。振动一周后,柱顶侧移的幅值为 4mm,周期 $T = 1.4s$。试求横梁的有效重量、体系的自振特征及振动五周后柱顶的振幅。

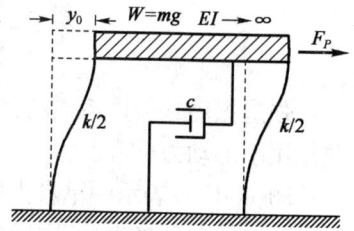

图　11-16

解

(1)横梁的有效重量:

根据自振周期及刚度系数的定义,有

$$T = 2\pi\sqrt{\frac{m}{k}} = 2\pi\sqrt{\frac{W}{kg}} = 1.4(\text{s}) \qquad k = \frac{5.0 \times 10^3}{5 \times 10^{-3}} = 10^6(\text{N/m})$$

故

$$W = \left(\frac{T}{2\pi}\right)^2 \cdot k \cdot g = \left(\frac{1.4}{2\pi}\right)^2 \times 10^6 \times 9.8 = 4.86 \times 10^5(\text{N})$$

因此

$$m = \frac{W}{g} = 4.96 \times 10^4(\text{kg})$$

(2)体系的自振特性:

频率

$$f = \frac{1}{T} = 0.714(\text{Hz})$$

圆频率

$$\omega = \frac{2\pi}{T} = 4.486(\text{rad/s})$$

阻尼比按式(11-20)计算,其中 $n = 1$

$$\xi = \frac{1}{2\pi n}\ln\frac{y_k}{y_{k+n}} = \frac{1}{2\pi} \times \ln\left(\frac{5}{4}\right) = 0.035\,5$$

阻尼常数也可以确定

$$c = 2m\xi\omega = 2 \times 0.035\,5 \times 4.486 \times 49\,600 = 1.58 \times 10^4(\text{N} \cdot \text{s/m})$$

(3)求振动五周后的振幅:

在式(11-20)中,取 $k = 5$,有

$$\xi = \frac{1}{2\pi k}\ln\frac{y_0}{y_5} = \frac{1}{10\pi}\ln\frac{y_0}{y_5}$$

即

$$\frac{y_0}{y_5} = e^{10\pi\xi}$$

所以

$$y_5 = y_0 e^{-10\pi\xi} = 1.64(\text{mm})$$

第三节　单自由度体系的强迫振动

强迫振动是指体系在动力荷载(也称干扰力)的作用下所产生的振动,它研究结构在动荷载作用下的动力反应。

图 11-17a)表示一单自由度体系在荷载 $F_P(t)$ 作用下的强迫振动模型,可以用图 11-17b)所示的弹簧模型来表示,质量为 m,弹簧刚度系数为 k,阻尼系数为 c,并作用有外载 $F_P(t)$。

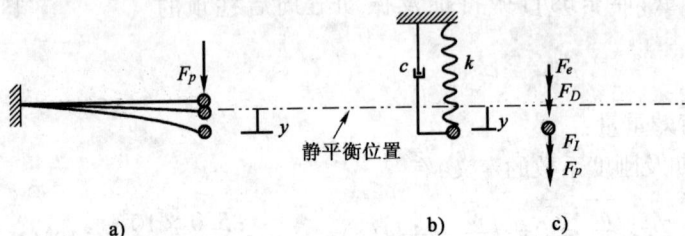

图　11-17

取质量 m 为隔离体,受力图如图 11-17c)所示。作用在质量 m 上的力有:弹性力 F_e、惯性力 F_I、阻力 F_D 以及动荷载 $F_P(t)$。列出隔离体的平衡方程为

$$F_I + F_D + F_e + F_P(t) = 0$$

即

$$m\ddot{y} + c\dot{y} + ky = F_P(t) \tag{11-23}$$

或者写成

$$\ddot{y} + 2\xi\omega\dot{y} + \omega^2 y = \frac{F_P(t)}{m} \tag{11-24}$$

这是单自由度体系作强迫振动的振动微分方程,它是一个二阶线性常系数微分方程。当动荷载 $F_P(t) = 0$ 时,它退化为自由振动方程。上式中 $\xi = \dfrac{c}{2m\omega}$,$\omega = \sqrt{\dfrac{k}{m}}$。

一、简谐荷载作用下结构的动力反应

在建筑结构中经常遇到简谐荷载,如具有转动部件的机械所产生的离心力就是一种简谐荷载。它的荷载形式如下:

$$F_P(t) = P\sin\theta t$$

其中,θ 是简谐荷载的圆频率,即离心力旋转的角速度,P 为荷载的最大值,也称为荷载的幅值。将上式代入方程(11-24),强迫振动方程变为

$$\ddot{y} + 2\xi\omega\dot{y} + \omega^2 y = \frac{P}{m}\sin\theta t \tag{11-25}$$

这是一个二阶常系数非齐次微分方程,它的通解应包含两个组成部分

$$y(t) = \bar{y}(t) + y^*(t)$$

其中齐次解为

$$\bar{y}(t) = e^{-\xi\omega t}(C_1\cos\omega_1 t + C_2\sin\omega_1 t)$$

取特解为

$$y^*(t) = D_1\cos\theta t + D_2\sin\theta t$$

相应的一阶、二阶导数分别为

$$\dot{y}^*(t) = -D_1\theta\sin\theta t + D_2\theta\cos\theta t$$

$$\ddot{y}^*(t) = -D_1\theta^2\cos\theta t - D_2\theta^2\sin\theta t$$

将它们代入方程(11-25),分别令等号两侧 $\cos\theta t$ 和 $\sin\theta t$ 的相应系数相等,整理后可得

$$(\omega^2 - \theta^2)D_1 + 2\xi\omega\theta D_2 = 0$$

$$-2\xi\omega\theta D_1 + (\omega^2 - \theta^2)D_2 = \frac{P}{m}$$

由以上二式可以解出

$$D_1 = -\frac{P}{m}\frac{2\xi\omega\theta}{(\omega^2 - \theta^2)^2 + 4\xi^2\omega^2\theta^2}$$

$$D_2 = \frac{P}{m}\frac{\omega^2 - \theta^2}{(\omega^2 - \theta^2)^2 + 4\xi^2\omega^2\theta^2}$$

若将特解改写为

$$y^*(t) = A\sin(\theta t - \varphi)$$

则

$$A = \sqrt{D_1^2 + D_2^2} = \frac{P}{m}\frac{1}{\sqrt{(\omega^2 - \theta^2)^2 + 4(\xi\omega)^2\theta^2}} \tag{11-26a}$$

$$\tan\varphi = \frac{2\xi\omega\theta}{\omega^2 - \theta^2} \tag{11-26b}$$

将以上特解与齐次解相加,即得式(11-25)的通解

$$y(t) = e^{-\xi\omega t}(C_1\cos\omega_l t + C_2\sin\omega_l t) + A\sin(\theta t - \varphi)$$

代入两个初始条件:$y(0) = y_0$,$\dot{y}(0) = \dot{y}_0$,确定积分常数后,通解可以改写为

$$y(t) = A_1 e^{-\xi\omega t}\sin(\omega_l t + \varphi_1) + A_2 e^{-\xi\omega t}\sin(\omega_l t + \varphi_2) + A\sin(\theta t - \varphi) \tag{h}$$

其中

$$A_1 = \sqrt{y_0^2 + \left(\frac{\dot{y}_0 + \xi\omega y_0}{\omega_l}\right)^2}$$

$$A_2 = \frac{-P\theta}{m\omega_l}\sqrt{\frac{(2\xi\omega\omega_l)^2 + [2\xi^2\omega^2 - (\omega^2 - \theta^2)]^2}{(\omega^2 - \theta^2)^2 + (2\xi\omega\theta)^2}}$$

$$\tan\varphi_1 = \frac{\omega_l y_0}{\dot{y}_0 + \xi\omega y_0}$$

$$\tan\varphi_2 = \frac{2\xi\omega_l\omega}{2\xi^2\omega^2\omega - (\omega^2 - \theta^2)}$$

在式(h)中:第一项是仅由初位移、初速度引起的自由振动分量,当 y_0、$\dot{y}_0$ 全为零时,该项不存在;第二项是仅由动荷载激起的按结构自振频率 ω_l 振动的力量,称为伴生自由振动;第三项是不随时间衰减而按动荷载的频率 θ 进行的振动,称为纯强迫振动。通常情况下,前两项都含有因子 $e^{-\xi\omega t}$,所以随着时间的增长,都将很快衰减,通常称为瞬态响应。我们把自由振动部分消失后的阶段称为稳态振动阶段。在实际工程问题中,人们大多数比较重视体系的稳态振动。

在这一阶段

$$y(t) = \frac{P}{m\sqrt{(\omega^2 - \theta^2)^2 + 4(\xi\omega)^2\theta^2}}\sin(\theta t - \varphi)$$

如果用 A_s 表示由于简谐荷载的幅值 P 所引起的静位移(将 P 当作静荷载作用时结构所产生的位移),注意到 $A_s = P\delta = \dfrac{P}{m\omega^2}$,上式可以写为

$$y(t) = \frac{A_s}{\sqrt{\left(1 - \dfrac{\theta^2}{\omega^2}\right)^2 + \dfrac{4\xi^2\theta^2}{\omega^2}}}\sin(\theta t - \varphi) \qquad (11\text{-}27a)$$

这是在简谐荷载作用下,考虑阻尼时单自由度体系于稳态振动阶段的动位移响应。如果不考虑阻尼的影响,在上式中取 $\xi = 0$,得稳态阶段无阻尼强迫振动的解

$$y(t) = A\sin\theta t = \frac{A_s}{1 - \dfrac{\theta^2}{\omega^2}}\sin\theta t \qquad (11\text{-}27b)$$

1. 动力系数

由式(11-27)可知,在稳态振动阶段,考虑阻尼时振幅为

$$A = \frac{A_s}{\sqrt{\left(1 - \dfrac{\theta^2}{\omega^2}\right)^2 + \dfrac{4\xi^2\theta^2}{\omega^2}}} = \beta A_s \qquad (11\text{-}28a)$$

不考虑阻尼时振幅为

$$A = \frac{A_s}{1 - \dfrac{\theta^2}{\omega^2}} = \beta A_s \qquad (11\text{-}28b)$$

如果 β 表示振幅与静位移之比

$$\beta = \begin{cases} \dfrac{1}{\sqrt{\left(1 - \dfrac{\theta^2}{\omega^2}\right)^2 + \dfrac{4\xi^2\theta^2}{\omega^2}}} & \text{考虑阻尼时} \\[4mm] \dfrac{1}{1 - \dfrac{\theta^2}{\omega^2}} & \text{不考虑阻尼时} \end{cases} \qquad (11\text{-}29)$$

β 称为动力系数,它反映了惯性力的影响。

由式(11-28)可以看出,振幅大小除与激振力的幅值有关外,与动力系数 β 也有密切关系。而由式(11-29)可知,动力系数则由激振力频率、结构的自振频率及阻尼等决定。

图 11-18 表明了对应不同阻尼比 ξ、β 与频率比值 θ/ω 的关系曲线。

(1) $\theta \ll \omega$

此时 $(\theta/\omega)^2$ 接近于零,β 值则略大于1,相当于结构刚度极大,或者荷载随时间变化极为缓慢,这种情况相当于静力作用。通常当 $\theta/\omega \leqslant 0.5$ 时,可以按静力计算振幅。此时阻尼比 ξ 对 β 的影响不大,可以不考虑它的影响。

(2) $\theta \gg \omega$

此时 $(\theta/\omega)^2$ 远大于1,由于式(11-29)中根号内的第二项远小于第一项,所以 $\beta \to 0$,并可认为与阻尼无关。这表明在高频简谐荷载作用下,振幅趋近于零,体系处于静止状态。

（3）$\theta \to \omega$

此时$(\theta/\omega)^2$接近于1，即当荷载频率θ接近于结构自振频率ω时，动力系数β迅速增大。当$\omega = \theta$时，即$\theta/\omega = 1$，这时，如果不考虑阻尼，$\beta = \infty$，振幅会趋于无限大，这种现象称为"共振"。实际上由于阻尼的存在，会使β的峰值下降。可是动力系数虽然不能成为无限大，但仍有很大的值。

$$\beta = \frac{1}{2\xi} \qquad (11\text{-}30)$$

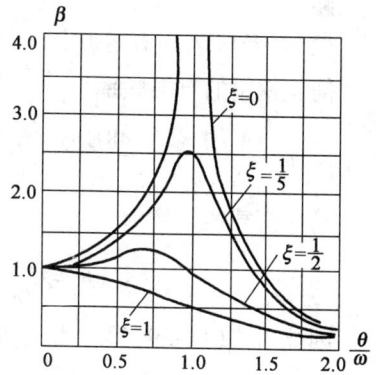

图 11-18

所以共振时的振幅比静位移大很多倍的情况是可能出现的。在工程实践中，为了避免发生共振现象，应避开$0.75 < \theta/\omega < 1.25$区段，这区段称为共振区。在共振区内，阻尼因素不能忽略，而且对阻尼比ξ的值应该力求精确，因为即使ξ值有较小的差异，动力系数的值也会有明显的改变。在共振区外，为了简化，可以不考虑阻尼的影响，这样作偏于安全。

此外，当$\theta/\omega < 1$时，称为共振前区。这时，应设法加大结构的自振频率ω，这样可使振幅减小。当$\theta/\omega > 1$时，称为共振后区。这时，应设法减小结构的自振频率，这样也可以使振幅减小。前者称为"刚性方案"，后者称为"柔性方案"。

2. 位移与荷载之间的相位差φ与频率比值θ/ω及阻尼比ξ之间的关系

由式（11-26b）可以看出，相位角φ是阻尼比ξ和比值θ/ω的函数。在无阻尼的理想状态下，若$\theta/\omega < 1$，则$\varphi < 0$，表明位移与荷载同相位，二者同时到达最大值；若$\theta/\omega > 1$，则$\varphi < \pi$，表明位移与荷载二者反相位，荷载由零到最大值时，位移由零到最小值。而阻尼体系的位移比荷载$F_p(t)$滞后一个相位，当$\theta/\omega < 1$时，$0 < \varphi < \frac{\pi}{2}$；当$\theta/\omega > 1$时，$\frac{\pi}{2} < \varphi < \pi$；当$\theta/\omega = 1$时，$\varphi = \frac{\pi}{2}$。因此：

a）当$\frac{\theta}{\omega} \to 0$时，$\varphi \to 0$，荷载、位移同步，此时体系振动很慢，惯性力，阻尼力都很小，动载主要由弹性力平衡。

b）当$\frac{\theta}{\omega} \to 1$时，$\theta \approx \omega$，$\varphi \to \frac{\pi}{2}$，荷载、位移相位差接近$\frac{\pi}{2}$。当荷载取最大时，即$\theta t = \frac{\pi}{2}$，位移和加速度均接近于零，因而弹性力和惯性力都接近于零，动载主要由阻尼力来平衡。

c）当$\frac{\theta}{\omega} \to \infty$时，$\varphi \to \pi$，荷载、位移方向相反。此时体系振动很快，因此惯性力很大，弹性力和阻尼力相对较小，动载主要由惯性力平衡。

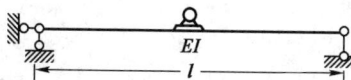

图 11-19

例11-8 图 11-19 所示简支钢梁跨度$l = 4\text{m}$，横截面惯性矩$I = 4\,570\,\text{cm}^4$，抗弯截面系数$W = 381\,\text{cm}^3$，弹性模量$E = 2.1 \times 10^5\,\text{MPa}$。梁跨中安装有一台电动机，重量$G = 35\text{kN}$，转速$n = 580\text{r/min}$。由于电动机转子有偏心，转动时产生离心力$F = 10\text{kN}$。忽略梁本身的质量和阻尼的影响，试验算电动机运行时梁的强度和变形。已知梁的许用应力$[\sigma] = 200\text{MPa}$，许用挠度$[\Delta] = \dfrac{l}{500}$。

解

(1)计算梁的动力系数

简支钢梁的自振频率

$$\omega = \sqrt{\frac{1}{m\delta}} = \sqrt{\frac{48EIg}{Gl^3}} = \sqrt{\frac{48 \times 2.1 \times 10^{11} \times 4\,570 \times 10^{-8} \times 9.8}{35 \times 10^3 \times 4^3}} = 44.89(\text{s}^{-1})$$

简谐荷载的频率为

$$\theta = \frac{2\pi n}{60} = 2 \times 3.14 \times \frac{580}{60} = 60.74(\text{s}^{-1})$$

因此由式(11-29)得动力系数

$$\beta = \frac{1}{1 - \dfrac{\theta^2}{\omega^2}} = \frac{1}{1 - \left(\dfrac{60.74}{44.89}\right)^2} = -1.20$$

即

$$|\beta| = 1.20$$

(2)梁的强度和刚度校核

梁的内力及挠度是由静力荷载和动力荷载两者共同引起的。动力荷载的计算可以采取如下的方法。由于结构的弹性内力与位移成正比,所以位移达到幅值时,内力即达到幅值。对于单自由度体系,当动力荷载与惯性力共线时,由于弹性结构的位移与外力成正比,而位移的幅值是 A,单位力产生的位移即是 δ,因此产生振幅 A 的外力 F(动力荷载)按比例应是 $F = \dfrac{A}{\delta} = \dfrac{\beta A_s}{\delta} = \dfrac{\beta P\delta}{\delta} = \beta P$,这就意味着,在位移达到幅值的时刻可用 βP 代替惯性力与振动荷载的共同作用。注意到当位移达到幅值时,速度为零,故此时阻尼力为零,在计算中不必考虑阻尼力的作用。

在本题中,当位移达到幅值时,跨中具有最大弯矩

$$M_{\max} = \frac{(G + \beta P)l}{4}$$

此时,梁下缘最大拉应力

$$\sigma = \frac{(G + \beta P)l}{4W} = \frac{(35 + 1.2 \times 10) \times 400}{4 \times 381}$$

$$= 123.36(\text{MPa}) < [\sigma] = 200(\text{MPa})$$

梁跨中的最大挠度

$$\Delta = (G + \beta P)\delta = \frac{(G + \beta P)l^3}{48EI} = \frac{(35 + 1.2 \times 10) \times 10^3 \times 4^3}{48 \times 2.1 \times 10^{11} \times 4\,570 \times 10^{-8}}$$

$$= 0.65(\text{cm}) < [\Delta] = \frac{400}{500} = 0.8(\text{cm})$$

计算表明该梁具有足够的强度和刚度。

例11-9 体系同例11-8,但考虑阻尼的影响,设阻尼比 $\xi = 0.05$,同电动时机的转速减慢为 $n = 350\text{r/min}$,求梁中点的振幅。

解

由于转速降低,简谐荷载的频率变为

$$\theta = \frac{2\pi n}{60} = 2 \times 3.14 \times \frac{350}{60} = 36.63(\text{s}^{-1})$$

将上例中 ω、δ、P 各值代入式(11-29)

$$\beta = \frac{1}{\sqrt{\left(1 - \frac{\theta^2}{\omega^2}\right)^2 + \frac{4\xi^2\theta^2}{\omega^2}}} = \frac{1}{\sqrt{\left(1 - \frac{36.63^2}{44.89^2}\right)^2 + \frac{4 \times 0.05^2 \times 36.63^2}{44.89^2}}} = 2.99$$

振幅为

$$A = \beta A_s = \beta P\delta = \beta P \frac{l^3}{48EI} = \frac{2.99 \times 10 \times 10^3 \times 4^3}{48 \times 2.1 \times 10^{11} \times 4\,570 \times 10^{-8}} = 4.15(\text{mm})$$

由于自振频率的计算不可能没有误差,现设误差为 $\pm 25\%$,故实际的 ω 将是

$$(1 - 0.25) \times 44.89 \leqslant \omega \leqslant (1 + 0.25) \times 44.89$$

$$33.67 \leqslant \omega \leqslant 56.11$$

这样,自振频率 ω 即可能与激振力频率 θ 相等而引起共振。为了保证安全,需考虑一下可能的共振情况。

在共振情况下,$\theta/\omega = 1$,动力系数则为

$$\beta = \frac{1}{2\xi} = \frac{1}{2 \times 0.05} = 10$$

此时梁中点振幅

$$A = \beta A_s = \beta P\delta = \frac{10 \times 10 \times 10^3 \times 4^3}{48 \times 2.1 \times 10^{11} \times 4\,570 \times 10^{-8}} = 13.88(\text{mm})$$

梁中点总位移为静位移与动位移之和,当振动向下达到振幅位置时,总位移最大,为

$$A_{\max} = A + G\delta = 13.88 + \frac{35 \times 10^3 \times 4^3 \times 10^3}{48 \times 2.1 \times 10^{11} \times 4\,750 \times 10^{-8}}$$

$$= 13.88 + 4.86 = 18.74(\text{mm})$$

二、一般荷载作用下结构的动力反应

(一)瞬时冲量荷载作用下结构的动力反应

所谓瞬时冲量荷载,其特点是荷载作用时间与体系的自振周期相比非常短。研究瞬时冲量荷载作用下结构的振动的目的,一方面说明对于不同的动荷载,建立位移响应方程的方式有多种,另一方面它是建立一般动力荷载作用下体系的位移响应的基础。

首先,我们来考察瞬时冲量荷载,假定单自由度体系处于静止状态,设自 $t = 0$ 开始,在极短时间 Δt 内作用一冲击荷载 F_p 于质量 m 上,如图 11-20a)所示,冲量为 $S = F_p\Delta t$。体系在瞬时冲击荷载 F_p 移去后,开始作自由振动。设自由振动开始时(即瞬时冲量作用结束时)体系的初位移和初速度分别为 $\bar{y}_0$ 和 $\dot{y}_0$,根据式(11-18a)

$$y = e^{-\xi\omega t}\left(\bar{y}_0\cos\omega_l t + \frac{\dot{y}_0 + \xi\omega\bar{y}_0}{\omega_l}\sin\omega_l t\right) \tag{a}$$

由于冲量 $S = F_p\Delta t$ 所产生的速度 $\dot{y}_0$ 可用动量定理确定,根据此定理,有

$$S = F_P\Delta t = m\dot{y}_0$$

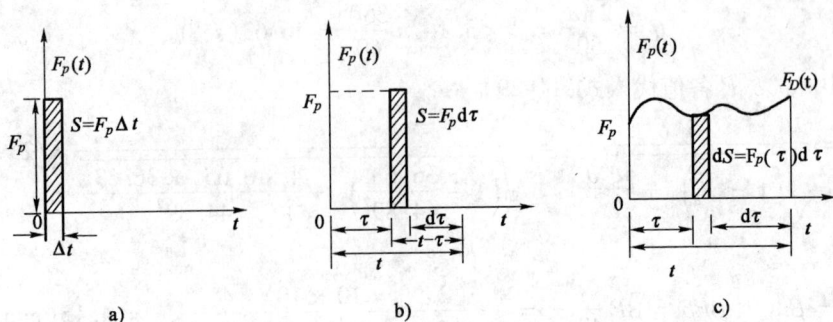

图 11-20

于是

$$\dot{y}_0 = \frac{F_P \Delta t}{m}$$

取 Δt 时间段内的平均速度与 Δt 相乘,得冲量结束时质点获得的位移为

$$\bar{y}_0 = \frac{1}{2}\left(\frac{F_P}{m}\Delta t\right)\Delta t = \frac{1}{2}\frac{F_P}{m}(\Delta t)^2$$

由于荷载作用时间 Δt 极短,其二阶微量可以略去不计,即可取 $\bar{y}_0 = 0$。这样体系在瞬时冲量荷载作用结束时,只得到一个初速度 $\bar{y}_0$,然后进入自由振动状态,由式(a)即得

$$y(t) = \frac{F_P \Delta t}{m\omega_l}e^{-\xi\omega t}\sin\omega_l t \tag{b}$$

上式就是 $t = 0$ 时作用瞬时冲量 $S = F_P \Delta t$ 所引起的位移反应。

如果瞬时冲量是从 $t = \tau$ 时刻开始作用,如图 11-20b)所示,则由(b)式可知,在以后任一时刻 $t(t > \tau)$ 质点的位移为

$$y(t) = \frac{F_P \Delta t}{m\omega_l}e^{-\xi\omega(t-\tau)}\sin\omega_l(t - \tau) \tag{c}$$

(二)一般荷载作用下结构的动力反应

一般动荷载 $F_P(t)$ 可看作是由一系列瞬时冲量组成,在时刻 $t = \tau$ 作用荷载为 $F_P(\tau)$ [如图 11-20c)所示],由式(c),其在时间微分段 $d\tau$ 内引起的位移可写为

$$dy(t) = \frac{F_P(\tau)d\tau}{m\omega_l}e^{-\xi\omega(t-\tau)}\sin\omega_l(t - \tau) \tag{d}$$

将加载过程中产生的所有微分反应叠加起来,即对式(d)进行积分,可得出在整个时段 t 内动荷载 $F_P(t)$ 引起的位移响应的总和为

$$y(t) = \frac{1}{m\omega_l}\int_0^t F_P(\tau)e^{-\xi\omega(t-\tau)}\sin\omega_l(t - \tau)d\tau \tag{11-31}$$

上式是计算在初始时刻处于静止状态的单自由度体系在任意动力荷载 $F_P(t)$ 作用下的动力响应公式。式(11-31)在动力学中称为杜哈梅(Duhamel)积分。

如果不考虑阻尼,将 $\xi = 0$,$\omega_l = \omega$ 代入上式,有

$$y(t) = \frac{1}{m\omega}\int_0^t F_P(\tau)\sin\omega(t - \tau)d\tau \tag{11-32}$$

若质点原来的初始位移 y_0 和初始速度 $\dot{y}_0$ 不为零,则位移响应为

$$y(t) = e^{-\xi\omega t}\left(y_0\cos\omega_l t + \frac{\dot{y}_0 + \xi\omega t_0}{\omega_t}\sin\omega_l t\right) + \frac{1}{m\omega_l}\int_0^t F_P(\tau)e^{-\xi\omega(t-\tau)}\sin\omega_l(t - \tau)d\tau \tag{11-33}$$

同样在不考虑阻尼的情况下有

$$y(t) = y_0\cos\omega t + \frac{\dot{y}_0}{\omega}\sin\omega t + \frac{1}{m\omega}\int_0^t F_P(\tau)\sin\omega(t-\tau)\mathrm{d}\tau \tag{11-34}$$

按式(11-31)~式(11-34)，只需把已知的动荷载 $F_P(t)$ 代入，进行积分运算，就可以解算在此种荷载作用下质点的受迫振动。如果荷载只能由时域划分点上离散的数据表达，这就需要借助数值积分求解。从上述公式可以看到无论何种动荷载，体系的动力响应都是以某种形式的简谐振动表现出来的。

(三)杜哈梅(Duhamel)积分的应用举例

应用上述公式，我们以例题的形式再来讨论另外几种工程中常见的动荷作用下体系的位移响应。

例11-10 设有一处于静止状态的单自由度体系，在 $t=0$ 的初始时刻，突然承受常量荷载 P_0 的作用，并一直持续下去。这种荷载称为突加常量荷载，其荷载—时间曲线如图11-21a)所示。其表达式可写成

$$F_P(t) = \begin{cases} 0 & t < 0 \\ P_0 & t \geq 0 \end{cases}$$

试确定体系在这种荷载作用下的动位移。

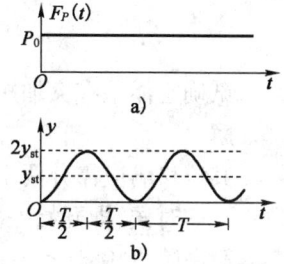

图 11-21

解

首先考虑有阻尼的情形。由于初始位移和初始速度均为零，故将上式代入一般动荷载的位移响应式(11-31)，有

$$y(t) = \frac{1}{m\omega_l}\int_0^t F_P(\tau)e^{-\xi\omega t(t-\tau)}\sin\omega_l(t-\tau)\mathrm{d}\tau = \frac{P_0}{m\omega_l}\int_0^t e^{-\xi\omega t(t-\tau)}\sin\omega_l(t-\tau)\mathrm{d}\tau$$

作变量替换，令 $t-\tau = t'$，因而 $\mathrm{d}\tau = \mathrm{d}t'$，于是

$$y(t) = -\frac{P_0}{m\omega_l}\int_0^t e^{-\xi\omega t'}\sin\omega_l t'\mathrm{d}t'$$

$$= \frac{P_0}{m\omega_l}\cdot\frac{1}{\xi^2\omega^2+\omega_l^2}[\omega_l - e^{-\xi\omega t}(\omega_l\cos\omega_l t + \xi\omega\sin\omega_l t)]$$

根据定义 $\omega_l = \omega\sqrt{1-\xi^2}$，也就是 $\omega_{l1}^2 = \omega^2(1-\xi^2)$，以及 $m\omega^2 = k$，得

$$y(t) = \frac{P_0}{k}\cdot\left[1 - e^{-\xi\omega t}\left(\cos\omega_l t + \frac{\xi\omega}{\omega_l}\sin\omega_l t\right)\right]$$

$$= \frac{P_0}{k}\cdot\left[1 - \frac{e^{-\xi\omega t}}{\sqrt{1-\xi^2}}\cos(\omega_l t - \varphi)\right] \tag{a}$$

其中

$$\varphi = \tan^{-1}(\xi/\sqrt{1-\xi^2})$$

式(a)表明，在突加载荷 P_0 作用后，体系的位移包含两部分，一部分是静力位移 P_0/k，另一部分是振幅为 $\dfrac{P_0 e^{-\xi\omega t}}{k\sqrt{1-\xi^2}}$ 的衰减振动对应的位移。

如果不考虑阻尼的影响，只要令(a)式中的 $\xi = 0$，$\omega_t = \omega$，则得

$$y(t) = \frac{P_0}{k}(1-\cos\omega lt) = y_{st}(1-\cos\omega t) \tag{11-35}$$

此时 $y_{st} = P_0/m\omega^2 = P_0\delta$ 表示在静载 P_0 作用下所产生的静位移。式(11-35)表明,在突加常量荷载作用下,体系质量 m 围绕其静力平衡位置 $y = y_{st}$ 作简谐振动,如图11-21b)所示。振动的频率为 ω,最大动位移发生在 $\cos\omega t = -1$ 时,其值为 $[y(t)]_{max} = 2y_{st}$。动力系数为2,即突加常量荷载所引起的最大动位移比相应的静位移增大一倍。这反映了惯性力的影响。

例 11-11 突加短时荷载是指突然施加的常量荷载在短时间内又突然卸除,如图11-22实线所示,其荷载表达式为(t_1 较短)

$$F_P(t) = \begin{cases} 0 & \text{当} \ t < 0 \\ P_0 & \text{当} \ 0 < t < t_1 \\ 0 & \text{当} \ t > t_1 \end{cases}$$

试确定体系在突加短时荷载作用下的动位移及其最大值。

解

其位移响应需分两个阶段计算。由于荷载作用时间较短,最大位移一般发生在振动衰减还很小的时候,即开始一段时间内,因此通常可以不考虑阻尼的影响。

第一阶段,$0 < t < t_1$,此阶段荷载作用情况与突加常量荷载类似,因此可按式(11-35)计算位移响应,即

$$y(t) = \frac{P_0}{k}(1 - \cos\omega_1 t) = y_{st}(1 - \cos\omega t) \tag{a}$$

第二阶段,$t > t_1$,此时荷载已卸除,体系自由振动,只不过以 $t = t_1$ 时刻的位移和速度作为初位移和初速度,按式(11-9)计算即可,初始时间为 $t = t_1$。如果直接按一般公式(11-34)也可求得位移响应。但是,最简便的算法则是按照叠加原理,将荷载看作是突加常量荷载 P_0 与 $t = t_1$ 时刻开始作用的反向突加常量荷载 $-P_0$(如图11-22虚线所示)共同作用的结果。因此,此阶段($t \geq t_1$)位移响应由式11-35可得

$$\begin{aligned} y(t) &= y_{st}(1 - \cos\omega t) - y_{st}[(1 - \cos\omega(t - t_1))] \\ &= \frac{P_0}{k}[\cos\omega(t - t_1) - \cos\omega t] \\ &= 2\frac{P_0}{k}\sin\frac{\omega t_1}{2}\sin\omega\left[t - \frac{t_1}{2}\right] \end{aligned} \tag{b}$$

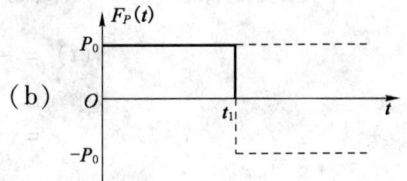

体系的最大位移响应与荷载作用时间 t_1 有关。设体系自由振动的周期为 T,

(1)当 $t_1 \geq \dfrac{T}{2}$,即加载持续时间大于半个自振周期时,在式(a)中如 $t = \dfrac{T}{2}$,则有 $\cos\omega t = \cos\omega\dfrac{T}{2} = \cos\pi = -1$,$y(t) = 2y_{st}$,最大动位移发生在第一阶段,相应的动力系数为 $\beta = 2$。

(2)当 $t_1 = \dfrac{T}{2}$,根据式(a)及其对时间的一阶导数式可以看出:当 $t = t_1$ 时,位移和速度皆为正值,因此最大位移反应发生在 $t > t_1$ 阶段,即加载持续时间小于半个自振周期时,最大动位移发生在第二阶段,其值由式(b)可得

$$y_{max} = 2\frac{P_0}{k}\sin\frac{\omega t_1}{2}$$

因此,动力系数为

图 11-22

$$\beta = 2\sin\frac{\omega t_1}{2} = 2\sin\pi\frac{t_1}{T}$$

由此可见,动力系数 β 的数值取决于参数 $\frac{t_1}{T}$,即短时荷载的动力效果取决于加载持续时间的长短(与自振周期相比)。当 $\frac{t_1}{T} \geqslant \frac{1}{2}$ 时,突加短时荷载作用下的动力系数将与突加长期荷载作用时相同。这也就是工程上之所以可将吊车制动力对厂房的水平荷载作用为突加长期荷载处理的原因。

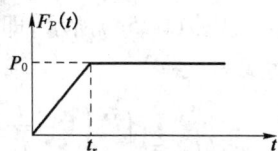

图 11-23

例 11-12 如果在一定时间内 $(0 \leqslant t \leqslant t_r)$,荷载由 0 增加至 P_0,然后荷载值保持不变(如图 11-23 所示)这类荷载称为线性渐增荷载,其表达式为

$$F_P(t) = \begin{cases} \dfrac{P_0}{t_r}t & \text{当 } 0 \geqslant t, t < t_r \text{ 时} \\[2mm] P_0 & \text{当 } t \geqslant t_r \text{ 时} \end{cases}$$

其中 t_r 为升载时间。试确定体系在这种荷载作用下的动位移。

解

这种荷载作用引起的动力反应同样也可以利用杆哈梅积分求得,根据式(11-32),其结果为:

当 $t \leqslant t_r$ 时

$$y(t) = \frac{1}{m\omega}\int_0^t \frac{P_0}{t_r}\tau\sin\omega(t-\tau)\,\mathrm{d}\tau$$

$$= \frac{P_0}{m\omega t_r}\int_0^t \tau\sin\omega(t-\tau)\,\mathrm{d}\tau = y_{st}\frac{1}{t_r}\left(t - \frac{\sin\omega t}{\omega}\right)$$

当 $t > t_r$ 时

$$y(t) = \frac{1}{m\omega}\int_0^{t_r} \frac{P_0}{t_r}\tau\sin\omega(t-\tau)\,\mathrm{d}\tau + \frac{1}{m\omega}\int_{t_r}^t P_0\sin\omega(t-\tau)\,\mathrm{d}\tau$$

$$= \frac{P_0}{m\omega}\left(1 - \frac{1}{\omega t_r}\left[\sin\omega t - \sin\omega(t-t_r)\right]\right)$$

$$= y_{st}\left(1 - \frac{1}{\omega t_r}\left[\sin\omega t - \sin\omega(t-t_r)\right]\right)$$

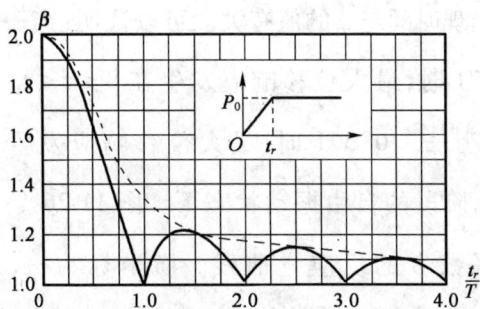

图 11-24

对于这种线性渐增荷载,其动力响应同样与升载时间 t_r 的长短有很大关系。图 11-24 所示曲线表示了动力系数 β 随升载时间与自振周期的比值 $\frac{t_r}{T}$ 而变化的情形。这种关系曲线叫作动力系数的反应谱曲线。

从图 11-24 可以看出,动力系数 β 介于 1 与 2 之间。如果升载时间相对于自振周期来说很短,

例如 $\dfrac{t_r}{T} < \dfrac{1}{4}$,则动力系数 β 接近地 2.0,这相当于突加荷载的情况。如果升载时间很长,例如 $\dfrac{t_r}{T} < 4$,则动力系数 β 接近于 1.0,这相当于静载的情况。在设计工作中,常以图 11-24 中用虚线所示的外包络作为设计依据。

例 11-13 三角形冲击荷载其特点是初值很大,忽然迅速衰减为零。爆炸产生的爆炸冲击荷载[如图 11-25a)所示]即可简化为这一类。其表达式为

$$F_P(t) = \begin{cases} P_0\left(1 - \dfrac{t}{t_1}\right) & \text{当 } 0 \leq t \leq t_1 \\ 0 & \text{当 } t \geq t_1 \end{cases}$$

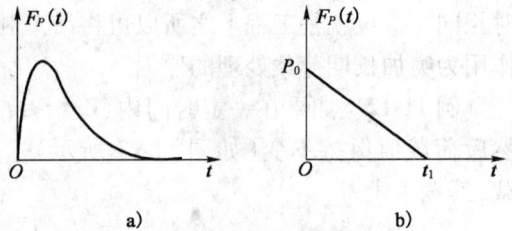

图 11-25

图 11-25b)所示为其载荷作用形式。在初始位移和初始速度为零的条件下,求最大动力位移。

解

冲击荷载一般作用时间都很短,其最大位移反应常发生在阻尼力还未能消耗很多能量之前的很短时间内,因此一般可不考虑阻尼的影响,引起的动力响应仍可由式(11-32)求得。

当 $t \leq t_1$ 时

$$
\begin{aligned}
y(t) &= \frac{1}{m\omega}\int_0^t P_0\left(1 - \frac{\tau}{t_1}\right)\sin\omega(t-\tau)\,d\tau \\
&= y_{st}\left[(1-\cos\omega t) + \frac{1}{t_1}\left(\frac{\sin\omega t}{\omega} - t\right)\right]
\end{aligned}
$$

当 $t \geq t_1$ 时

$$
\begin{aligned}
y(t) &= \frac{1}{m\omega}\int_0^{t_1} P_0\left(1 - \frac{\tau}{t_1}\right)\sin\omega(t-\tau)\,d\tau \\
&= y_{st}\left\{-\cos\omega t + \frac{1}{\omega t_1}\left[\sin\omega t - \sin\omega(t-t_1)\right]\right\}
\end{aligned}
$$

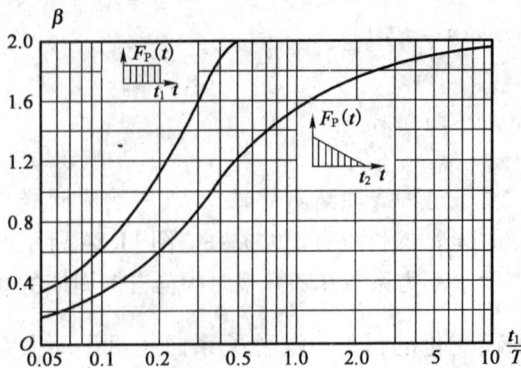

图 11-26

式中 y_{st} 为 P_0 作静荷载时体系质量 m 的静位移。在 $t \geq t_1$ 阶段,体系作自由振动。上式即是三角形冲击荷载作用下的位移响应,该函数的极值点在使 $y(t)$ 的一阶导数 $\dot{y}(t)$ 为 0 的时刻,其出现时间与 $\dfrac{t_1}{T}$ 的值有关。可以证明:当 $\dfrac{t_1}{T} \geq 0.371$ 时,最大位移响应发生在 $0 \leq t \leq t_1$ 阶段,当 $\dfrac{t_1}{T} < 0.371$ 时,最大位移响应发生在 $t > t_1$ 阶段的自由振动状态下。图 11-26 是动力系数 β 的反应谱曲线。横坐标为 $\dfrac{t_1}{T}$,纵坐标为 β。

以上内容介绍了应用杜哈梅积分公式研究几种常见的动荷载作用下体系的振动位移响应,事实上前边介绍的简谐振动也可以应用这一公式得出相同的结果。

第四节　多自由度体系的自由振动

前边几节比较系统地叙述了单自由度由初始条件激起的自由振动,以及在几种常规动荷载及一般动荷载作用下的强迫振动响应的一些基本规律。但是,单自由度体系的力学模型与大多数工程结构的力学特征相去甚远,不能真实地描述出它的动态响应规律。比如多层建筑和不等高厂房排架的侧向振动、块式基础的平面运动、柔性较大的高耸建筑结构等问题,都必须作为多自由度体系来考虑。

所谓多自由度体系是指二个自由度以上的体系。同样,我们先从自由振动的分析开始。通过前面对单自由度体系的分析已经看到,阻尼对自振频率的影响很小,在多自由度体系中也是如此。另外,在下面研究动力反应问题时,常要用到的乃是不考虑阻尼情况下分析体系的自由振动所得到的主振型。因此,在本节分析中,我们略去阻尼的影响。

下面先讨论两个自由度体系,然后推广到多自由度的体系。

一、两个自由度体系的自由振动

(一)运动方程的建立

图 11-27a)所示为一两自由度体系,在自由振动过程中,任一瞬时,质量 m_1 和 m_2 的位移为 $y_1(t)$ 和 $y_2(t)$。与分析单自由度体系类似,求解的方法有两种:柔度法和刚度法。两种方法各有其适用范围,下面分别讨论。

1. 刚度法

分别取 m_1 和 m_2 为隔离体,如图 11-27b)所示,根据达郎伯原理可得平衡方程

$$\left.\begin{array}{c} (-m_1\ddot{y}_1) + F_{e1} = 0 \\ (-m_2\ddot{y}_2) + F_{e2} = 0 \end{array}\right\} \tag{a}$$

式中,F_{e1} 和 F_{e2} 分别为质量 m_1 和 m_2 上的弹性力,它们的大小与质量的位移 y_1 和 y_2 有关。由于所考虑的振动体系是线性的,因而 F_{e1} 和 F_{e2} 可以用叠加原理表示为

$$\left.\begin{array}{c} F_{e1} = -(k_{11}y_1 + k_{12}y_2) \\ F_{e2} = -(k_{21}y_1 + k_{22}y_2) \end{array}\right\} \tag{b}$$

式中 $k_{ij}(i,j=1,2)$ 为结构的刚度系数,它们的意义如图 11-27c)、图 11-27d)、图 11-27e)所示,表示使 j 点沿运动方向产生单位位移(点 i 位移保持为零)时在点 i 需施加的力。例如 k_{21} 是使点 1 沿运动方向产生单位位移(点 2 位移保持为零)时在点 2 需施加的力。由互等定理,有 $k_{ij}=k_{ji}$。将式(b)代入式(a)则得

$$\left.\begin{array}{c} m_1\ddot{y}_1 + k_{11}y_1 + k_{12}y_2 = 0 \\ m_2\ddot{y}_2 + k_{21}y_1 + k_{22}y_2 = 0 \end{array}\right\} \tag{11-36}$$

上式即为按刚度法建立的运动微分方程。

2. 柔度法

柔度法解两自由度体系的自由振动仍以具有两个集中质量的悬臂杆件作为计算模型,如图 11-28 所示。

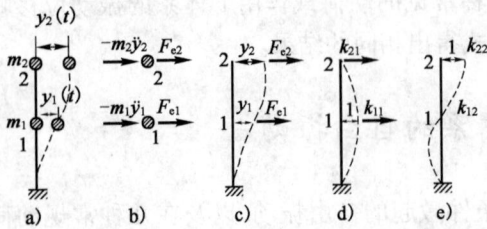

图 11-27

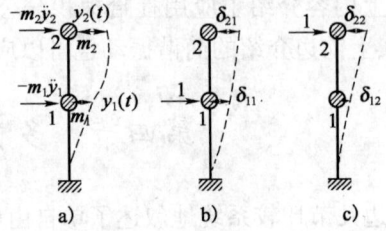

图 11-28

当体系作侧向自由振动时,质量的惯性力可以看作是作用于其上的水平力;体系的侧向位移就是由这些惯性力所引起的。因此,若令 δ_{ij} 表示仅当质点 j 有单位水平力作用时,质点 i 产生的水平位移[如图 11-28b)、图 11-28c)所示],即体系的柔度系数,且 $\delta_{ij} = \delta_{ji}$,则根据叠加原理,$m_1$ 和 m_2 的总位移可表示为

$$\left. \begin{array}{l} y_1 = -m_1\ddot{y}_1\delta_{11} - m_2\ddot{y}_2\delta_{12} \\ y_2 = -m_1\ddot{y}_1\delta_{21} - m_2\ddot{y}_2\delta_{22} \end{array} \right\} \tag{c}$$

或者

$$\left. \begin{array}{l} \delta_{11}m_1\ddot{y}_1 + \delta_{12}m_2\ddot{y}_2 + y_1 = 0 \\ \delta_{21}m_1\ddot{y}_1 + \delta_{22}m_2\ddot{y}_2 + y_2 = 0 \end{array} \right\} \tag{11-37}$$

这就是两个自由度体系柔度法形式的运动微分方程。

(二)运动方程的解

求解运动方程时,用式(11-36)或式(11-37)是一样的,以下先采用式(11-36)。

假定微分方程组解的形式仍和单自由度体系自由振动的一样为简谐振动,即式(11-36)的解有如下形式

$$\left. \begin{array}{l} y_1(t) = Y_1\sin(\omega t + \alpha) \\ y_2(t) = Y_2\sin(\omega t + \alpha) \end{array} \right\} \tag{11-38}$$

式中:Y_1、Y_2 称为位移幅值,它们只与1、2点的位置有关。式(11-38)表明:假设在振动过程中两个质点以相同的频率 ω 和相同的相位角 α 作简谐振动,若根据运动方程确定出的 ω 为正实数,即表明运动方程(11-36)有这样形式的特解;在特定的初始条件下,体系可以作这样的运动。

将上式对时间求二阶导数,得

$$\left. \begin{array}{l} \ddot{y}_1(t) = -Y_1\omega^2\sin(\omega t + \alpha) \\ \ddot{y}_2(t) = -Y_2\omega^2\sin(\omega t + \alpha) \end{array} \right\} \tag{11-39}$$

将式(11-38)、式(11-39)代入式(11-36)中,消去公因子 $\sin(\omega t + \alpha)$ 后,经整理得

$$\left. \begin{array}{l} (k_{11} - \omega^2 m_1)Y_1 + k_{12}Y_2 = 0 \\ k_{21}Y_1 + (k_{22} - \omega^2 m_2)Y_2 = 0 \end{array} \right\} \tag{11-40}$$

上式是以 Y_1、Y_2 为未知量的齐次线性代数方程组,称它为振型方程(数学上称为广义特征向量方程。)其中 $Y_1 = Y_2 = 0$ 是方程的一组解,但它表明体系不发生振动,这不是我们所要的解。若要体系发生自由振动,应使方程(11-40)有非零解,为此,它的充分必要条件是方程(11-40)的系数行列式等于零,即

$$D = \begin{vmatrix} k_{11} - \omega^2 m_1 & k_{12} \\ k_{21} & k_{22} - \omega^2 m_2 \end{vmatrix} = 0 \tag{11-41}$$

由上式可以确定体系的自振频率 ω，因此，方程(11-41)称为频率方程(数学上称为特征向量方程)。

将上式展开并整理后，得

$$(\omega^2)^2 - \left(\frac{k_{11}}{m_1} + \frac{k_{22}}{m_2}\right)\omega^2 + \frac{k_{11}k_{22} - k_{12}k_{21}}{m_1 m_2} = 0 \qquad (11\text{-}42)$$

上式是 ω^2 的二次方程，由此可解得两个正实根

$$\omega_{1,2}{}^2 = \frac{1}{2}\left(\frac{k_{11}}{m_1} + \frac{k_{22}}{m_2}\right) \mp \sqrt{\left[\frac{1}{2}\left(\frac{k_{11}}{m_1} + \frac{k_{22}}{m_2}\right)\right]^2 - \frac{k_{11}k_{22} - k_{12}k_{21}}{m_1 m_2}} \qquad (11\text{-}43)$$

可见，两个自由度体系共有两个自振频率，其中较小的一个称为基本频率或第一频率，用 ω_1 表示，较大的一个称为第二频率，用 ω_2 表示。

仿照上面的做法，仍设位移 y_1、y_2 的解的形式为式(11-38)所示，代入柔度法方程(11-37)则可以导出由柔度系数表达的频率方程

$$D = \begin{vmatrix} \delta_{11}m_1 - \dfrac{1}{\omega^2} & \delta_{12}m_2 \\ \delta_{21}m_1 & \delta_{22}m_2 - \dfrac{1}{\omega^2} \end{vmatrix} = 0 \qquad (11\text{-}44)$$

上式同样是关于 ω^2 的二次方程，由它也可确定体系的自振频率。因此，式(11-44)是用柔度系数写出的频率方程。

令 $\lambda = \dfrac{1}{\omega^2}$ 代入上述频率方程(11-44)中，展开后得

$$\lambda^2 - (\delta_{11}m_1 + \delta_{22}m_2)\lambda + (\delta_{11}\delta_{22} - \delta_{12}\delta_{21})m_1 m_2 = 0 \qquad (11\text{-}45)$$

上式为 λ 的二次方程，由此可解出两个正实根 λ_1(大值)λ_2(小值)。

$$\lambda_{1,2} = \frac{1}{2}\left[(\delta_{11}m_1 + \delta_{22}m_2) \pm \sqrt{(\delta_{11}m_1 + \delta_{22}m_2)^2 - 4(\delta_{11}\delta_{22} - \delta_{12}\delta_{21})m_1 m_2}\right] \qquad (11\text{-}46)$$

相应的两个自振频率为

$$\omega_1 = \sqrt{\frac{1}{\lambda_1}}, \omega_2 = \sqrt{\frac{1}{\lambda_2}} \qquad (11\text{-}47)$$

(三)特定初始条件下体系的简谐振动——主振型

自振频率确定后，即可根据振型方程即方程组(11-40)来确定体系的位移幅值。由于方程组(11-40)的行列式 $D = 0$，因此两个方程不彼此独立，而是线性相关的，由其中任一方程都可以求出 Y_1 和 Y_2 的比值。例如，对应于 ω_1，由式(11-40)可得

$$\frac{Y_{11}}{Y_{21}} = -\frac{k_{12}}{k_{11} - \omega_1^2 m_1} \qquad (11\text{-}48)$$

式中质点振幅 Y_{ij} 的第一个下标表示质点的序号；第二个下标表示频率的序数。

相应的质点运动可由式(11-38)确定，即

$$\left.\begin{array}{l} y_1(t) = Y_{11}\sin(\omega_1 t + \alpha_1) \\ y_2(t) = Y_{21}\sin(\omega_1 t + \alpha_1) \end{array}\right\} \qquad (11\text{-}49)$$

上式是微分方程组(11-36)的一个特解。

由式(11-49)可知，$\dfrac{y_1(t)}{y_2(t)} = \dfrac{Y_{11}}{Y_{21}}$。它表明：在振动过程中，两个质体的位移比值保持不变。

这种相对位移保持不变的振动形式称为主振型。简称为振型。对应于 ω_1 的振型称为第一主振型或基本振型，即式(11-48)所描述，其振动形式如图 11-29b)所示，其中 Y_{11} 和 Y_{21} 分别表示第一振型中质点 1 和 2 的振幅。

对应于 ω_2，由式(11-40)可得

$$\frac{Y_{12}}{Y_{22}} = -\frac{k_{12}}{k_{11} - \omega_2^z m_1} \qquad (11\text{-}50)$$

相应的振动形式如图 11-29c)所示，称为第二主振型。这里，Y_{12} 和 Y_{22} 分别表示第二振型中质点 1 和 2 的振幅。

相应的质点运动由式(11-38)得

$$\left. \begin{aligned} y_1(t) &= Y_{12}\sin(\omega_2 t + \alpha_2) \\ y_2(t) &= Y_{22}\sin(\omega_2 t + \alpha_2) \end{aligned} \right\} \qquad (11\text{-}51)$$

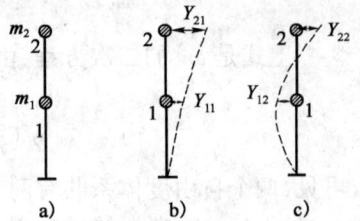

图 11-29

上式是微分方程组(11-36)的另一个特解。

如果用柔度系数表示，则与 ω_1 及 ω_2 对应的两个主振型可以分别表示为

$$\frac{Y_{11}}{Y_{21}} = -\frac{\delta_{12}m_2}{\delta_{11}m_1 - \dfrac{1}{\omega_1^2}} \qquad (11\text{-}52)$$

$$\frac{Y_{12}}{Y_{22}} = -\frac{\delta_{12}m_2}{\delta_{11}m_1 - \dfrac{1}{\omega_2^2}} \qquad (11\text{-}53)$$

通过上述分析可以看出：多自由度体系的自由振动问题主要是确定体系的全部自振频率及其相应的主振型。多自由度体系的自振频率不止一个，其数目与自由度的个数相等，且每个自振频率有自己相应的主振型。主振型就是多自由度体系能够按单自由度振动时所具有的特定形式。图 11-27a)中体系按主振型作简谐自由振动需要特定的初始条件。此时，各质体的位移与时间关系式为式(11-49)或式(11-51)。可以看出，在振动过程中，不仅各质点的位移保持一定比值，各质点的速度也保持同一比值。因此，各质点的初位移和初速度也必须具有同样的比例关系。若拟通过给以初位移的方式使体系产生按第一主振型(或第二主振型)的自由振动，则质体 m_1 的初位移应是 m_2 的 Y_{11}/Y_{21} (或者 Y_{12}/Y_{22})倍。

主振型和自振频率一样，也是体系本身固有的性质，只与体系本身的刚度系数、柔度系数及其质量的分布情形有关，而与外部荷载无关。

微分方程组(11-36)的通解可由式(11-49)和式(11-51)两个特解的线形组合而成，即体系的自由振动是由各主振型的简谐振动叠加而成的复合振动。

$$\left. \begin{aligned} y_1(t) &= C_1 Y_{11}\sin(\omega_1 t + \alpha_1) + C_2 Y_{12}\sin(\omega_2 t + \alpha_2) \\ y_2(t) &= C_1 Y_{21}\sin(\omega_1 t + \alpha_1) + C_2 Y_{22}\sin(\omega_2 t + \alpha_2) \end{aligned} \right\} \qquad (11\text{-}54)$$

式中 4 个待定常数 C_1、C_2、α_1、α_2 同样可由初始条件确定。

需要指出的是，在一般情况下，由式(11-54)确定的体系的自由振动不再是简谐运动。只有在初始位移和初始速度与主振型相对应这一特定条件下，体系才会按主振型作简谐振动。而此时多自由度体系实际上像个单自由度体系那样振动。

例 11-14 图 11-30 所示为两层刚架，柱高 h，各柱 EI = 常数，设横梁 $EI = \infty$，质量集中在横梁上，且 $m_1 = m_2 = m$，求刚架水平振动时的自振频率。

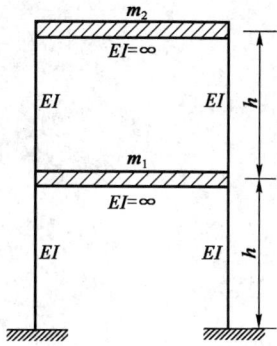

图 11-30

解

（1）计算结构的刚度系数

当 m_1 沿振动方向有单位水平位移时，如图 11-31a）所示，在质量 m_1 和 m_2 的约束处需施加的力——即结构的刚度系数 k_{11} 和 k_{21}，可由位移法方程的系数求得。分别取质量 m_1，m_2 为隔离体，如图 11-31b）所示，利用平衡条件可求得

$$k_{11} = \frac{48EI}{h_3}$$

$$k_{21} = -\frac{24EI}{h_3}$$

同理，当质量 m_2 沿振动方向有单位水平位移 1 时，分别取 m_1、m_2 为隔离体，如图 11-31c）、图 11-31d）所示，利用平衡条件求得刚度系数为

$$k_{12} = -\frac{24EI}{h_3}$$

$$k_{22} = 24\frac{EI}{h^3}$$

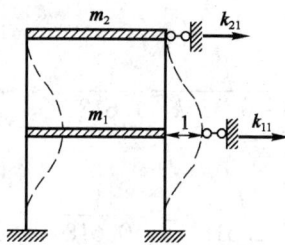

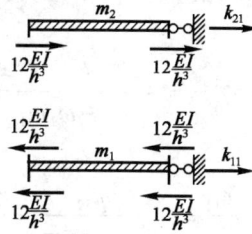

a)   b)

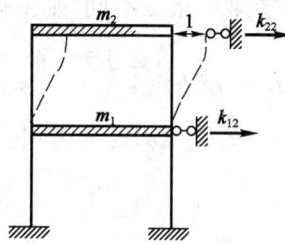

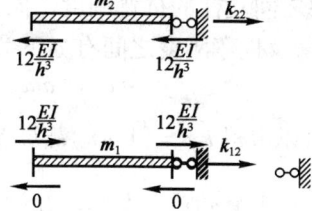

c)   d)

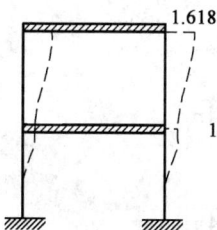

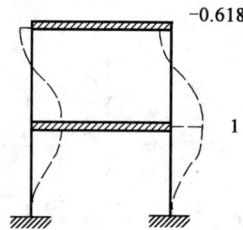

第一主振型   第二主振型

e)   f)

图 11-31

（2）求频率

将刚度系数代入式（11-43）

$$k = \frac{24EI}{h_3}$$

则 $k_{11} = 2k, k_{12} = k_{21} = -k, k_{22} = k$ 令

$$\omega^2 = \frac{1}{2m}\left[3k \mp \sqrt{(3k)^2 - 4(2k^2 - k^2)}\right],$$

$$\omega_1^2 = \frac{(3 - \sqrt{5})}{2m}k = 0.328\frac{k}{m}$$

$$\omega_2^2 = \frac{(3 + \sqrt{5})}{2m}k = 2.618\frac{k}{m}$$

所以两个频率为

$$\omega_1 = 0.618\sqrt{\frac{k}{m}} = 3.028\sqrt{\frac{EI}{mh^3}}$$

$$\omega_2 = 1.618\sqrt{\frac{k}{m}} = 7.927\sqrt{\frac{EI}{mh^3}}$$

两个主振型可以分别由式（11-48）和式（11-50）求得。

第一主振型

$$\frac{Y_{11}}{Y_{21}} = -\frac{k_{12}}{k_{11} - \omega_1^2 m_1} = -\frac{-k}{2k - 0.382k} = \frac{1}{1.618}$$

第二主振型

$$\frac{Y_{12}}{Y_{22}} = -\frac{k_{12}}{k_{11} - \omega_2^2 m_1} = -\frac{-k}{2k - 2.618k} = -\frac{1}{0.618}$$

两个主振型的形状如图 11-31e）、图 11-31f）所示。

如果刚架各层之间立柱的抗弯刚度不同，各层横梁质量也不同，则主振型会有很大变化。

假设第一、二层质量及抗弯刚度之间有如下关系

$$m_1 = nm_2 \qquad EI_1 = nEI_2$$

令 $k = \frac{24EI}{h_3}$，可以求得 $k_{11} = (1 + n)k, k_{12} = k_{21} = -k, k_{22} = k$，同样由式（11-43）可得

$$\omega_{1,2}^2 = \frac{1}{2}\left\{\left[\frac{(1+n)k}{nm_2} + \frac{k}{m_2}\right] \mp \sqrt{\left[\frac{(1+n)k}{nm_2} + \frac{k}{m_2}\right]^2 - \frac{4\left[(1+n)nk^2 - n^2k^2\right]}{nm_2^2}}\right\}$$

$$= \frac{k}{2m_2}\left\{2 + \frac{1}{n} \pm \sqrt{\frac{1}{n^2} + \frac{4}{n}}\right\}$$

相应的主振型分别为

$$\frac{Y_{11}}{Y_{21}} = \frac{1}{\frac{1}{2} + \frac{1}{2}\sqrt{1 + 4n}}$$

$$\frac{Y_{12}}{Y_{22}} = \frac{1}{\frac{1}{2} - \frac{1}{2}\sqrt{1 + 4n}}$$

若 $n = 20$

$$\frac{Y_{11}}{Y_{21}} = \frac{1}{5}$$

$$\frac{Y_{12}}{Y_{22}} = \frac{1}{4}$$

这一结果阐明,当上部质量和刚度较小时,顶部位移将较大,若取 $n=90$,则 $\frac{Y_{11}}{Y_{21}} = \frac{1}{10}$, $\frac{Y_{12}}{Y_{22}} = \frac{1}{9}$。在建筑结构中,这种因顶部质量和刚度突然变小,在振动中引起巨大反响的现象,有时称为鞭梢效应。地震灾害中发现,屋顶的小阁楼、女儿墙等附属结构均破坏严重,就是因为顶部质量和刚度的突变,由鞭梢效应引起的结果。

例 11-15 试用刚度法求图 11-32a)所示刚架的自振频率和振型。设横梁为无限刚性,柱子的线刚度如图所示,体系的质量全部集中在横梁上。

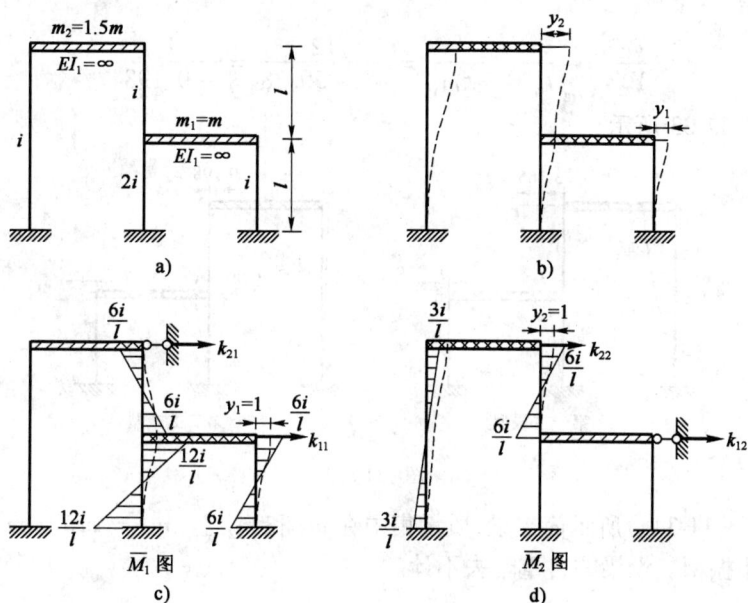

图 11-32

解

该体系两横梁处各有一水平方向自由度,其位移分别记为 y_1 和 y_2[如图 11-32b)所示]。

分别作出其中一根横梁发生单位侧移所引起的柱子弯矩图 $\overline{M}_1$、$\overline{M}_2$,如图 11-32c)、图 11-32d)所示。分别取两个横梁为隔离体,根据截面的静力平衡条件求得

$$k_{11} = \frac{48i}{l^2}$$

$$k_{22} = \frac{15i}{l^2}$$

$$k_{12} = k_{21} = -\frac{12i}{l^2}$$

将上述刚度系数代入式(11-43),可解得

$$\omega_{1,2}^2 = \frac{1}{2m}\frac{i}{l^2}(48+15) \mp \sqrt{\left[\frac{1}{2}(48+15)^2\right] - \frac{48\times15-12^2}{1.5}\cdot\frac{i}{ml^2}}$$

$$= \frac{EI}{ml^3}\cdot[29 \mp 21.38]$$

所以

$$\omega_1 = 2.76\sqrt{\frac{EI}{ml^3}}$$

$$\omega_2 = 7.09\sqrt{\frac{EI}{ml^3}}$$

两个主振型分别为：

第一主振型

$$\frac{Y_{11}}{Y_{21}} = -\frac{k_{12}}{k_{11} - \omega_1^2 m_1} = \frac{12}{48 - 7.62} = \frac{1}{3.365}$$

第二主振型

$$\frac{Y_{12}}{Y_{22}} = -\frac{k_{12}}{k_{11} - \omega_2^2 m_1} = \frac{12}{48 - 50.38} = \frac{1}{-0.198}$$

其振型如图 11-33 所示。

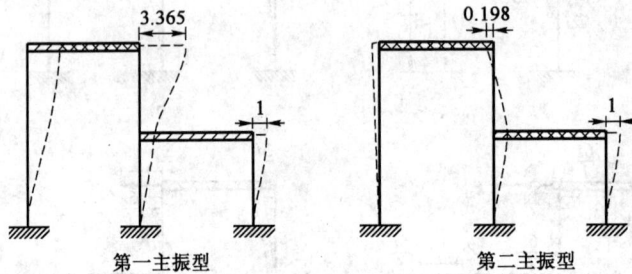

图 11-33

例 11-16 图 11-34a)所示简支梁，质量集中在 m_1 和 m_2 上，$m_1 = m_2 = m$，$EI =$ 常数，试求自振频率和主振型。设梁的自重略去不计。

解

(1)计算结构的柔度系数：为此，先作结构的 $\overline{M}_1$、$\overline{M}_2$ 图，如图 11-34b)、图 11-34c)所示，由图乘法可得

$$\delta_{11} = \delta_{22} = \frac{3}{256}\frac{l^3}{EI}$$

$$\delta_{12} = \delta_{21} = \frac{7}{768}\frac{l^3}{EI}$$

(2)求频率：将 δ_{ij} 和 m 代入式(11-46)，求得

$$\lambda_1 = \frac{1}{48}\frac{ml^3}{EI}$$

$$\lambda_2 = \frac{1}{384}\frac{ml^3}{EI}$$

故两个自振频率分别为

$$\omega_1 = \frac{1}{\sqrt{\lambda_1}} = 6.93\sqrt{\frac{EI}{ml^3}}$$

$$\omega_2 = \frac{1}{\sqrt{\lambda_2}} = 19.60\sqrt{\frac{EI}{ml^3}}$$

（3）求主振型

将 ω 和 δ 值代入式（11-52）及式（11-53），有

$$\frac{Y_{11}}{Y_{21}} = -\frac{\delta_{12}m_2}{\delta_{11}m_1 - \dfrac{1}{\omega_1^2}} = 1$$

$$\frac{Y_{12}}{Y_{22}} = -\frac{\delta_{12}m_2}{\delta_{11}m_1 - \dfrac{1}{\omega_2^2}} = -1$$

这两个主振型分别如图 11-35 所示。由此可以看出，第一主振型是对称的，第二主振型是反对称的。事实上，若一多自由度体系具有对称性，它的主振型便可区分为对称形式及反对称形式的两类。有意识地利用这一特点，在求解频率和主振型时常可使计算得到简化。

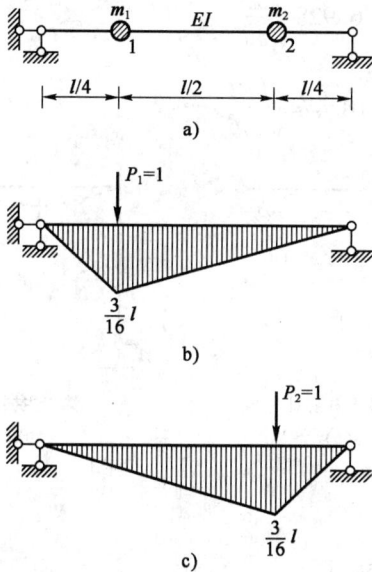

图　11-34

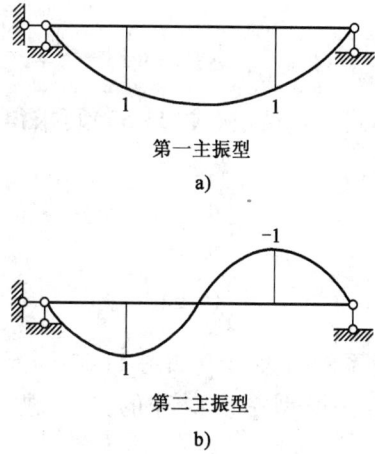

第一主振型
a)

第二主振型
b)

图　11-35

例 11-17　试求图 11-36a）所示集中质量对称布置的对称刚架的自振频率和振型。

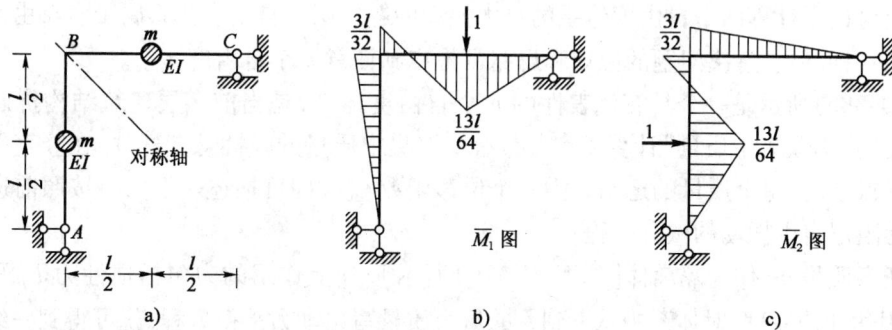

图　11-36

解

该体系是超静定结构，两个集中质量可分别沿垂直于杆件的方向运动。作出单位弯矩图 $\overline{M}_1$、$\overline{M}_2$ 如图 11-36b）、图 11-36c）所示，由图乘法可得

$$\delta_{11} = \delta_{22} = \frac{23l^3}{1\,536EI}$$

$$\delta_{12} = \delta_{21} = -\frac{9l^3}{1\,536EI}$$

将柔度系数代入式(11-44),同样令 $\lambda = \dfrac{1}{\omega^2}$,再令 $\lambda^* = \dfrac{1\,536EI}{ml^3}\lambda$,得体系的频率方程为

$$D = \begin{vmatrix} 23 - \lambda^* & -9 \\ -9 & 23 - \lambda^* \end{vmatrix} = 0$$

展开后可解得

$$\lambda_1^* = 32, \quad \lambda_2^* = 14$$

由此可得频率为

$$\omega_1 = \frac{1}{\sqrt{\lambda_1}} = \sqrt{\frac{ml^3}{1\,536EI\lambda_1^*}} = 6.928\sqrt{\frac{EI}{ml^3}}$$

$$\omega_2 = \frac{1}{\sqrt{\lambda_2}} = \sqrt{\frac{ml^3}{1\,536EI\lambda_2^*}} = 10.474\sqrt{\frac{EI}{ml^3}}$$

由式(11-52)和式(11-53)可求得两个主振型

$$\frac{Y_{11}}{Y_{21}} = -1$$

$$\frac{Y_{12}}{Y_{22}} = 1$$

体系的振型形成如图 11-37 所示。可以看到第一振型是反对称的,第二振型是对称的。

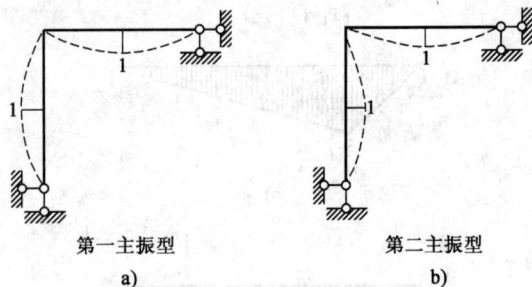

第一主振型　　　　　第二主振型
a)　　　　　　　　b)

图　11-37

二、n 个自由度体系的自由振动

(一)运动微分方程的建立

以上讨论了计算两个自由度体系的自由振动问题。两个自由度体系属于多自由度体系中最简单的一种,但它解决问题的原理和思路可推广到任意 n 个自由度体系。

图 11-38a)所示是一个具有代表性的 n 个自由度体系,是当前多层建筑结构抗震设计中普通采用的"串联集中质量"计算模型。具有 n 个集中质量的弹性悬壁杆件,在竖直平面内作侧向水平振动时,每个质量的运动只需一个位移函数 $y(t)$ 即可描述。下面将按照前边的方法推导其无阻尼自由振动的微分方程。

取任意质量 m_i 作为隔离体[如图 11-38b)所示],其上作用的力包括惯性力 F_{Ii} 及弹性力 F_{ei}。利用达朗伯原理,对体系中从 1 到 n 的每个质量写出动力平衡方程,就可得到一组 n 元联立方程

$$F_{Ii} + F_{ei} = 0 \qquad (i = 1,2,3,\cdots,n) \tag{11-55}$$

当体系作微幅振动时,根据叠加原理[如图 11-38c)所示]有
惯性力

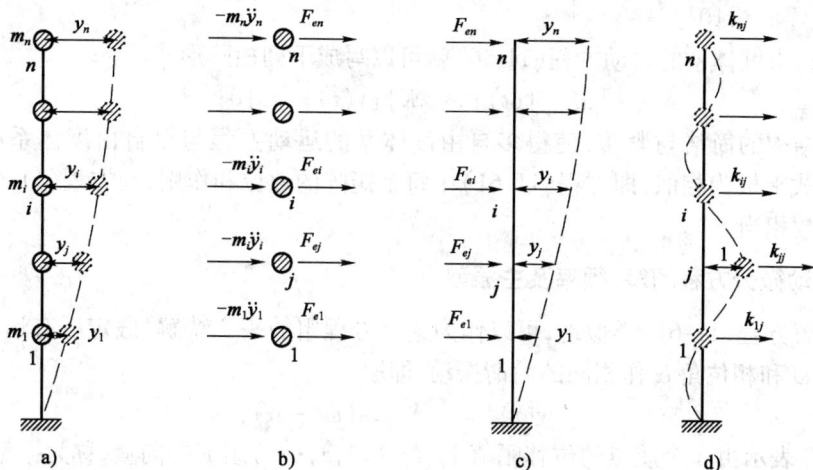

图 11-38

$$F_{Ii} = -m_i \ddot{y}_i(t)$$

弹性力

$$F_{ei} = -\sum_{j=1}^{n} k_{ij} y_j(t)$$

式中 k_{ij} 表示仅当质量 m_j 有单位位移 $(y_j = 1)$ 而其余质量均保持原地不动时,质量 m_i 上所作用的弹性力[如图 11-38d)所示],通称体系的刚度系数。

将上式代入(11-55),即得

$$m_i \ddot{y}_i(t) + \sum_{j=1}^{n} k_{ij} y_j(t) = 0 \qquad (i = 1,2,3,\cdots,n) \qquad (11\text{-}56)$$

这就是刚度法建立的多自由度体系的自由振动微分方程。它是一个含有 n 个未知位移函数 $y_i(t)$ 的二阶线性常微分方程组。

如果引入下列定义:

(1)质量矩阵 $[M]$

$$[M] = \begin{bmatrix} m_i & & & \\ & m_2 & & \\ & & \ddots & \\ & & & m_n \end{bmatrix} \qquad (11\text{-}57)$$

这是一个 $n \times n$ 的对角矩阵;

(2)刚度矩阵 $[K]$

$$[K] = \begin{bmatrix} k_{11} & k_{12} & \cdots & k_{1n} \\ k_{21} & k_{22} & \cdots & k_{2n} \\ \cdots & \cdots & \cdots & \cdots \\ k_{n1} & k_{n2} & \cdots & k_{nn} \end{bmatrix} \qquad (11\text{-}58)$$

这是一个 $n \times n$ 的对称方阵。它的各个元素即前述的刚度系数,且 $k_{ij} = k_{ji}$;

(3)位移向量 $\{y(t)\}$

$$\{y(t)\} = \begin{bmatrix} y_1(t) & y_2(t) & \cdots & y_n(t) \end{bmatrix}^{\mathrm{T}} \qquad (11\text{-}59)$$

(4)加速度向量 $\{\ddot{y}(t)\}$

$$\{\ddot{y}(t)\} = \begin{bmatrix} \ddot{y}_1(t) & \ddot{y}_2(t) & \cdots & \ddot{y}_n(t) \end{bmatrix}^{\mathrm{T}} \qquad (11\text{-}60)$$

(5) n 维零向量 $\{0\}$

此时多自由度体系的振动方程(11-56)就可以写成下列矩阵形式

$$[M]\{\ddot{y}(t)\} + [K]\{y(t)\} = \{0\} \tag{11-61}$$

其数学结构的简洁与紧凑,使得多自由度体系的运动方程与单自由度体系的运动方程(11-6)在形式上极为相似,即方程(11-61)中每个矩阵的地位和作用,同方程(11-6)中对应的物理特性常数相当。

(二) 运动微分方程的解、频率及主振型

为了求解方程(11-61)类似地,可以作为这个方程组的一个特解,假定所有运动质点都以相同的频率 ω 和相位角 α 作相同的简谐振动,即取

$$\{y(t)\} = \{Y\}\sin(\omega t + \alpha) \tag{11-62}$$

其中 $\{Y\}$ 表示由 n 个质点的位移幅值 $Y_i(i=1,2,3,\cdots n)$ 组成的向量,称为振型向量

$$\{Y\} = \{Y_1, Y_2, Y_3, \cdots, Y_n\}^{\mathrm{T}} \tag{11-63}$$

显然有

$$y_1(t):y_2(t):\cdots:y_n(t) = Y_1:Y_2:\cdots:Y_n$$

将式(11-62)代入式(11-61),消去公因子,即得振型方程

$$([K] - \omega^2[M])\{Y\} = \{0\} \tag{11-64}$$

上式是振型向量 $\{Y\}$ 的齐次方程。若体系发生振动,则必须有

$$|[K] - \omega^2[M]| = 0 \tag{11-65}$$

或

$$\begin{vmatrix} k_{11} - m_1\omega^2 & k_{12} & \cdots & k_{1n} \\ k_{21} & k_{22} - m_2\omega^2 & \cdots & k_{2n} \\ \vdots & \vdots & & \vdots \\ k_{n1} & k_{n2} & \cdots & k_n - m_n\omega^2 \end{vmatrix} \tag{11-66}$$

式(11-65)、式(11-66)就是 n 个自由度体系刚度法形式的频率方程,它是关于 ω^2 的一个 n 次代数方程。该方程的 n 个根,就是 n 自由度体系的 n 个自振频率平方 $\omega_i^2(1,2,3,\cdots,n)$,因而就可以得到体系的 n 个自振频率。把全部自振频率按照数值由小到大的顺序排列而成,分别为 $\omega_1,\omega_2,\cdots,\omega_n$,其中最小的频率 ω_1 称为基本频率或第一频率,其他依次称为第二频率、第三频率等。

求出各个频率后,将每一个 ω_i 代入方程(11-64),都可得到一个具有 n 个方程的方程组。

$$([K] - \omega_i^2[M])\{Y\}_i = \{0\} \qquad (i = 1,2,\cdots,n) \tag{11-67}$$

这是一组刚度法形式的振型方程,它们组成一个线性齐次方程组,由于该方程组的系数行列式等于零,故各方程间并不完全独立,方程的任一个必可通过线性组合的办法由其余方程推得,因而方程组没有定解。也就是说,我们只能求出体系各质点位移的相对值,而不能求出它们的绝对值。而确定体系的振动形式时,重要的恰是只需要知道各质点位移的相对值。有了各质点的相对位移值,就可描绘出体系的振动曲线轮廓,也就是主振型。

假设 $Y_{1i}, Y_{2i}, \cdots, Y_{ni}$ 是与 ω_i 相对应的振型方程组的解,由它们组成的向量 $\{Y\}_i = \{Y_{1i}, Y_{2i}, \cdots Y_{ni}\}^{\mathrm{T}}$ 称为与频率 ω_i 相对应的主振型向量。令 $i=1,2,\cdots,n$,可得出 n 个主振型向量 $\{Y\}_1$,$\{Y\}_2, \cdots, \{Y\}_n$。它们分别与频率 $\omega_1, \omega_2, \cdots, \omega_n$ 相对应。每一个主振型向量确定一个振型,与 ω_1 相对应的 $\{Y\}_1$ 确定的振型称为基本振型或第一振型,与 ω_2 对应的称为第二振型;以此类

推。第二振型以上的统称为高阶振型。

若想使主振型$\{Y\}_i$的振幅也具有确定值,需另外补充条件。这样得到的主振型称为标准化主振型。

进行振型标准化的作法有多种,下面介绍常用的两种。

一种作法是规定主振型$\{Y\}_i$中某个元素为某个特定值。为简便起见,一般习惯选择振幅向量中的第一个或最后一个元素,再或数值最大的一个元素为1,然后从$n-1$个独立方程中解出其余$n-1$个位移的相对值。这是一种简单的振型标准化作法。确定它的方程为

$$\left.\begin{array}{l}([K]-\omega_i^2[M])\{Y\}_i=\{0\}\\ Y_{1i}=1)\end{array}\right\} \qquad (i=1,2,\cdots,n) \tag{11-68}$$

另一种振型标准化的方法是,既然振型向量中的元素只是一组相对值,并不需要它们的绝对值,就可基于某种需要,适当调整振幅向量$\{Y\}_i$中各个元素,使之变为能够满足下列条件的振型向量

$$\{Y\}_i^T[M]\{Y\}_i=1 \tag{11-69}$$

这时,由式(11-68),得

$$[K]\{Y\}_i=\omega_i^2[M]\{Y\}_i$$

将其两侧前乘以$\{Y\}_i^T$,并考虑式(11-69),可导出以下关系式

$$\{Y\}_i^T[K]\{Y\}_i=\omega_i^2 \tag{11-70}$$

以上我们采用刚度法分析体系的频率和主振型,若体系的位移容易求得,则也可改用柔度法。这时我们可以将两个自由度体系的式(11-37)扩展得

$$\sum_{j=1}^n \delta_{ij}m_j\ddot{y}_j(t)+y_i(t)=0 \qquad (i=1,2,\cdots,n) \tag{11-71}$$

写成矩阵形式为

$$[\Delta][M]\{\ddot{y}(t)\}+\{y(t)\}=\{0\} \tag{11-72}$$

这是柔度法形式的自由振动议程。式中$[M]$、$\{y(t)\}$、$\{\ddot{y}(t)\}$的定义同前,$[\Delta]$为体系的柔度矩阵

$$[\Delta]=\begin{bmatrix} \delta_{11} & \delta_{12} & \cdots & \delta_{1n}\\ \delta_{21} & \delta_{22} & \cdots & \delta_{2n}\\ \vdots & \vdots & \vdots & \vdots\\ \delta_{n1} & \delta_{n2} & \cdots & \delta_{nn} \end{bmatrix} \tag{11-73}$$

柔度矩阵$[\Delta]$也是$n\times n$的对称矩阵。它的元素即结构的各个柔度系数,且有$\delta_{ij}=\delta_{ji}$。

将式(11-72)两端同乘$[\Delta]^{-1}$,可得

$$([M])\{\ddot{y}(t)\}+[\Delta]^{-1}\{y(t)\}=\{0\} \tag{11-74}$$

对比式(11-61)后不难看出,多自由度体系两种形成的自由振动方程是完全等价的,并且有

$$[K]=[\Delta]^{-1} \tag{11-75}$$

即体系的刚度矩阵$[K]$与柔度矩阵$[\Delta]$互为逆矩阵。

仍取式(11-62)形式的特解,代入式(11-74)并整理后,可以得到柔度法形式的振幅议程。

$$\left([\Delta][M]-\frac{1}{\omega^2}[I]\right)\{Y\}=\{0\} \tag{11-76}$$

式中，$[I]$表示$n \times n$维单位矩阵（我们将式(11-64)左乘$[K]^{-1}$，再利用$[K]^{-1} = [\Delta]$的关系也可以得到上式）。式(11-76)也是一个关于振幅$\{Y\}$的线性齐次方程组，它有非零解的条件是其系数行列式必须等于零。据此也可得柔度法频率方程

$$\left| [\Delta][M] - \lambda[I] \right| = 0 \qquad (11\text{-}77)$$

其中$\lambda = \dfrac{1}{\omega^2}$是频率参数。通过频率方程，可解出$n$频率，再将它们逐个代入方程(11-76)后，也可获得n个对应的振型向量。若取标准化后的第一个元素为1，则确定标准化主振型向量的方程为

$$\left. \begin{array}{l} \left([\Delta][M] - \dfrac{1}{\omega^2}[I] \right)\{Y\}_i = \{0\} \\[2mm] Y_{1i} = 1 \end{array} \right\} \qquad (i = 1, 2, \cdots, n)$$

以全体标准化主振型为列元素组成的$n \times n$维方阵$[Y]$，称为振型矩阵

$$[Y] = [\{Y\}_1, \{Y\}_2, \cdots, \{Y\}_n] = \begin{bmatrix} Y_{11} & Y_{12} & \cdots & Y_{1n} \\ Y_{21} & Y_{22} & \cdots & Y_{2n} \\ \cdots & \cdots & \cdots & \cdots \\ Y_{n1} & Y_{n2} & \cdots & Y_{nn} \end{bmatrix} \qquad (11\text{-}78)$$

例11-18　图11-39a)所示，为一个三层刚架，横梁为无限刚性，体系的质量都集中在各横梁上，各层间侧移刚度都相同，$k_1 = k_2 = k_3 = k$。试求刚架的自振频率和振型。

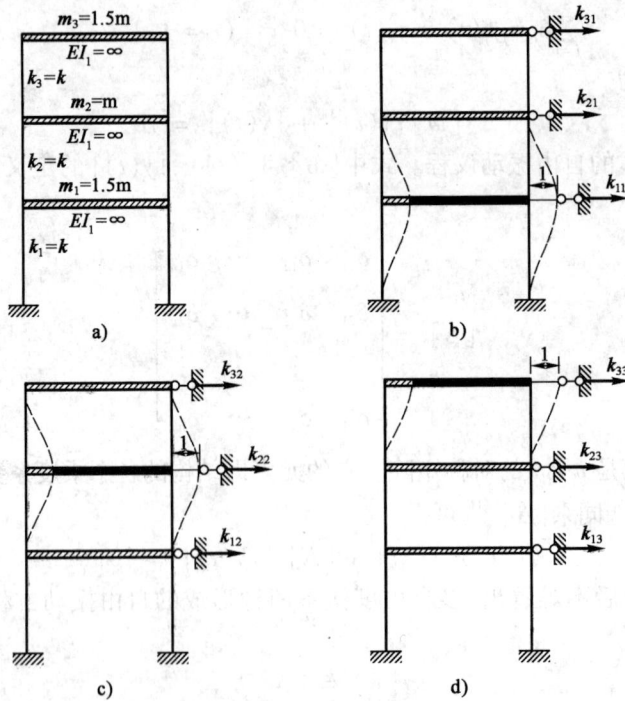

图　11-39

解

当各层横梁分别发生单位侧移时的情况如图11-39b)、图11-39c)、图11-39d)所示，由此

可确定体系的各刚度系数为

$$k_{11} = k_{22} = 2k$$
$$k_{22} = k$$
$$k_{12} = k_{21} = k_{23} = k_{32} = -k$$
$$k_{13} = k_{31} = 0$$

体系的刚度矩阵为

$$[K] = \begin{bmatrix} 2k & -k & 0 \\ -k & 2k & -k \\ 0 & -k & k \end{bmatrix} \quad (a)$$

体系的质量矩阵为

$$[M] = \begin{bmatrix} 1.5m & 0 & 0 \\ 0 & m & 0 \\ 0 & 0 & 1.5m \end{bmatrix} \quad (b)$$

由式(11-61)可得振幅方程如下,其中令

$$\eta = \frac{m\omega^2}{k}$$

即

$$\begin{bmatrix} 4-3\eta & -2 & 0 \\ -2 & 4-2\eta & -2 \\ 0 & -2 & 2-3\eta \end{bmatrix} \begin{bmatrix} Y_1 \\ Y_2 \\ Y_3 \end{bmatrix} = \begin{bmatrix} 0 \\ 0 \\ 0 \end{bmatrix} \quad (c)$$

由系数行列式为零得频率方程

$$\begin{bmatrix} 4-3\eta & -2 & 0 \\ -2 & 4-2\eta & -2 \\ 0 & -2 & 2-3\eta \end{bmatrix} = 0$$

即可以解得

$$\eta_1 = 0.149$$
$$\eta_2 = 1.073$$
$$\eta_3 = 2.777$$

于是可求得自振频率

$$\omega_1 = \sqrt{\frac{\eta_1 k}{m}} = 0.386\sqrt{\frac{k}{m}}$$

$$\omega_2 = \sqrt{\frac{\eta_2 k}{m}} = 1.036\sqrt{\frac{k}{m}}$$

$$\omega_3 = \sqrt{\frac{\eta_3 k}{m}} = 1.666\sqrt{\frac{k}{m}}$$

将以上 ω_1、ω_2、ω_3 分别代入振幅方程(11-67),可解出主振型向量,在标准化主振型中,规定第一个元素 $Y_{1i} = 1$。

首先,求第一主振型,将 ω_1 和 η_1 代入式(c)可得

$$\begin{bmatrix} 3.553 & -2 & 0 \\ -2 & 3.702 & -2 \\ 0 & -2 & 1.553 \end{bmatrix} \begin{bmatrix} Y_{11} \\ Y_{21} \\ Y_{31} \end{bmatrix} \begin{bmatrix} 0 \\ 0 \\ 0 \end{bmatrix}$$

展开后得

$$3.553Y_{11} - 2Y_{21} = 0$$
$$-2Y_{11} + 3.702Y_{21} - 2Y_{31} = 0$$
$$-2Y_{21} + 1.553Y_{31} = 0$$

取 $Y_{11} = 1$ 可解

$$\begin{bmatrix} Y_{11} \\ Y_{21} \\ Y_{31} \end{bmatrix} = \begin{bmatrix} 1 \\ 1.777 \\ 2.288 \end{bmatrix}$$

同理将 $\eta_2\omega_2$ 代入式(c),并取 $Y_{12} = 1$ 可得第二标准化主振型

$$\begin{bmatrix} Y_{12} \\ Y_{22} \\ Y_{32} \end{bmatrix} = \begin{bmatrix} 1 \\ 0.391 \\ -0.638 \end{bmatrix}$$

将 $\eta_3\omega_3$ 代入式(c),展开后取 $Y_{13} = 1$,可得第三标准主振型

$$\begin{bmatrix} Y_{13} \\ Y_{23} \\ Y_{33} \end{bmatrix} = \begin{bmatrix} 1 \\ -2.166 \\ 0.683 \end{bmatrix}$$

相应的振型如图 11-40 所示。

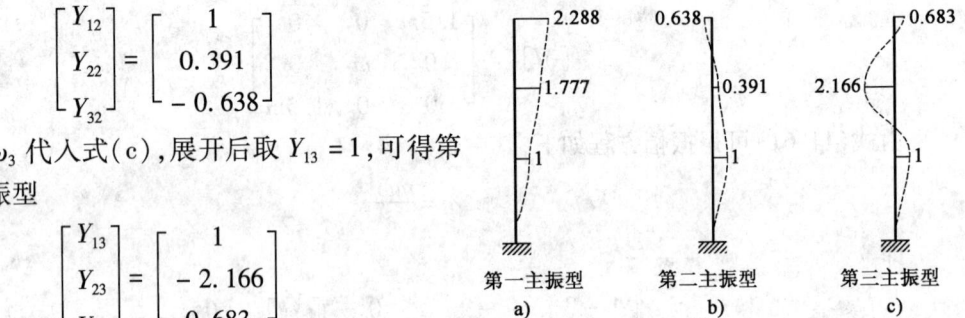

第一主振型
a)

第二主振型
b)

第三主振型
c)

图 11-40

例 11-19 图 11-41a)所示为一等截面简支梁,跨长 l 和抗弯刚度 EI 均为常数,$m_1 = m_2 = m_3 = m$。试求其自振频率和振型。

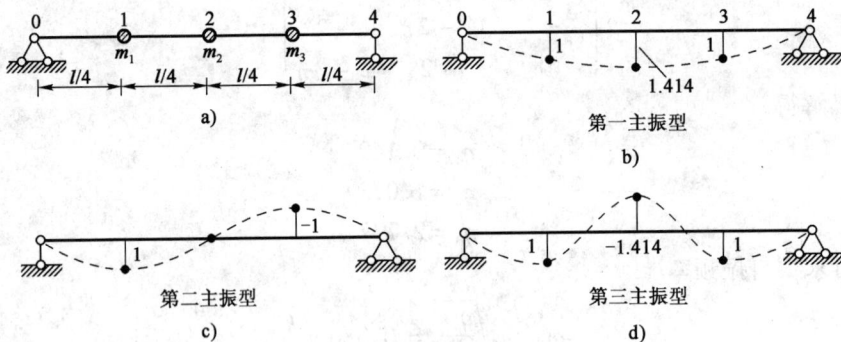

a)

第一主振型
b)

第二主振型
c)

第三主振型
d)

图 11-41

解

运用任何一种位移计算方法,如单位荷载法,不难求出本例所需的柔度矩阵如下

$$[\Delta] = \frac{l^3}{768EI} \begin{bmatrix} 9 & 11 & 7 \\ 11 & 16 & 11 \\ 7 & 11 & 9 \end{bmatrix}$$

若令

$$\lambda = \frac{1}{\omega^2}, \lambda^* = \frac{768EI}{m\omega^2 l^3} = \frac{768EI}{ml^3}\lambda$$

并注意 $[M] = m[I]_{3\times3}$,由式(11-76)和式(11-77)可得振型方程和频率方程分别为

$$\begin{bmatrix} 9-\lambda^* & 11 & 7 \\ 11 & 16-\lambda^* & 11 \\ 7 & 11 & 9-\lambda^* \end{bmatrix}\begin{bmatrix} Y_1 \\ Y_2 \\ Y_2 \end{bmatrix}=\begin{bmatrix} 0 \\ 0 \\ 0 \end{bmatrix}$$

$$\begin{bmatrix} 9-\lambda^* & 11 & 7 \\ 11 & 16-\lambda^* & 11 \\ 7 & 11 & 9-\lambda^* \end{bmatrix}=0$$

将上式展开后,有

$$\lambda^{*3}-34\lambda^{*2}+78\lambda^*-28=0$$

方程的三个根分别为

$$\lambda_1^*=31.55,\lambda_2^*=2,\lambda_3^*=0.443$$

可得梁的自振频率为

$$\omega_1=4.93\sqrt{\frac{EI}{ml^3}},\omega_2=19.596\sqrt{\frac{EI}{ml^3}}$$

$$\omega_3=41.606\sqrt{\frac{EI}{ml^3}}$$

将 λ_1^* 代入振型方程

$$\begin{bmatrix} -22.556 & 11 & 7 \\ 11 & -15.556 & 11 \\ 7 & 11 & -22.556 \end{bmatrix}\begin{bmatrix} Y_{11} \\ Y_{21} \\ Y_{31} \end{bmatrix}=\begin{bmatrix} 0 \\ 0 \\ 0 \end{bmatrix}$$

取 $Y_{11}=1$,可得第一主振型为

$$\begin{bmatrix} Y_{11} \\ Y_{21} \\ Y_{31} \end{bmatrix}=\begin{bmatrix} 1 \\ 1.414 \\ 1 \end{bmatrix}$$

同理,将 λ_2^*、λ_3^* 分别代入振型方程,并取 $Y_{12}=1$ 及 $Y_{13}=1$,可得第二、第三主振型:
第二主振型

$$\begin{bmatrix} Y_{12} \\ Y_{22} \\ Y_{32} \end{bmatrix}=\begin{bmatrix} 1 \\ 0 \\ -1 \end{bmatrix}$$

第三主振型

$$\begin{bmatrix} Y_{13} \\ Y_{23} \\ Y_{33} \end{bmatrix}=\begin{bmatrix} 1 \\ -1.414 \\ 1 \end{bmatrix}$$

三个振型形成如图 11-41b)、图 11-41c)、图 11-41d)所示。

例 11-20 图 11-42a)所示一对称刚架,设横梁的弯曲刚度 $EI=\infty$,两柱的弯曲刚度 $EI_c=6.0MN/m^2$,横梁的总质量为 1 600kg,两柱中点处的集中质量为 300kg,求刚架的自振频率和主振型。

解

由于刚架和质量分布都是对称的,因而当刚架按其自振频率作简谐振动时,其振型不外乎正对称和反对称两种情况。可以利用对称性对这两种自由振动情况分别进行研究。

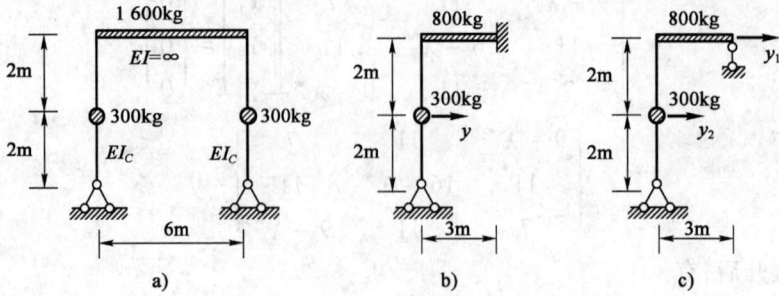

图 11-42

(1)正对称形式的自由振动

这种振动形式下,刚架的内力和位移也都具有对称性。我们可以取半刚架进行计算,由于横梁不能变形,半刚架的计算简图应该如图 11-42b)所示。这时,只有柱子产生振动,因此,半刚架为一单自由度体系。按柔度法,沿质点运动方向施加一单位力,得弯矩图如图 11-43a)所示。然后利用图乘法求得

$$\delta_{11} = \frac{7m^3}{12EI_c}$$

将 δ_{11} 连同所给的 m 和 EI_c 各值代入式(11-14b),得

$$\omega = 185.16 \frac{1}{s}$$

(2)反对称形式的自由振动

这时,刚架的内力和位移也都具有反对称性,可取图 11-42c)所示半刚架进行计算。它有两个自由度,现以图示的 y_1、y_2 为几何坐标。此体系用柔度法分析较为简便,半刚架的单位弯矩图分别如图 11-43b)、图 11-43c)所示,可求得

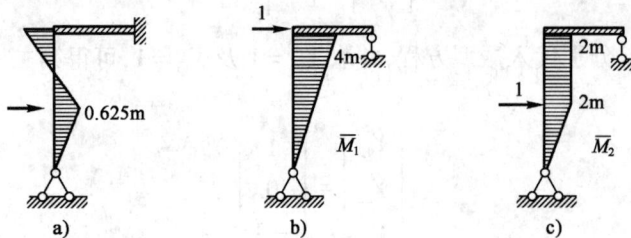

图 11-43

$$\delta_{11} = \frac{64m^3}{3EI_c}, \quad \delta_{12} = \frac{44m^3}{3EI_c}, \quad \delta_{22} = \frac{32m^3}{3EI_c}$$

将以上各 δ 连同所给的 m_1、m_2 及刚度值代入式(11-44),解得

$$\omega_1 = 17.27(1/s), \ \omega_2 = 201.02(1/s)$$

再根据式(11-52)和式(11-53),可以求得两个主振型

$$\frac{Y_{11}}{Y_{21}} = -\frac{\delta_{12}m_2}{\delta_{11}m_1 - \frac{1}{\omega_1^2}} = \frac{300 \times \frac{44}{3 \times 6.0 \times 10^6}}{\frac{1}{17.27^2} - 800 \times \frac{64}{3 \times 6.0 \times 10^6}} = \frac{1}{0.694}$$

$$\frac{Y_{11}}{Y_{21}} = -\frac{\delta_{12}m_2}{\delta_{11}m_1 - \frac{1}{\omega_2^2}} = \frac{300 \times \dfrac{44}{3 \times 6.0 \times 10^6}}{\dfrac{1}{201.02^2} - 800 \times \dfrac{64}{3 \times 6.0 \times 10^6}} = \frac{1}{-3.845}$$

故此半刚架的第一、第二主振型向量为

$$Y_1 = \{1.000 \quad 0.694\}$$
$$Y_2 = \{1.000 \quad -3.845\}$$

(3)原刚架的频率与主振型

综合以上所得,正对称和反对称振型的 3 个自振频率,按其数值大小,依次重新排列,即得原刚架的 3 个频率

$$\omega_1 = 17.27(1/\text{s})(\text{反}), \quad \omega_2 = 185.16(1/\text{s})(\text{正}), \quad \omega_3 = 201.02(1/\text{s})(\text{反})$$

相应的也有 3 个主振型,其中第一、第二振型为反对称,第二为正对称。根据以上计算结果,它们的大致形状如图 11-44 所示。

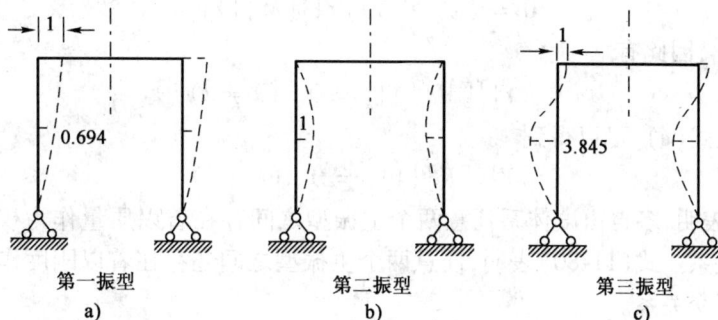

图　11-44

例 11-19 也可以利用对称性取半刚架进行计算,读者可自行验算。

第五节　多自由度体系主振型的正交性

对于同一个多自由度体系来说,它的各个主振型相互之间存在着一种重要特性,即主振型的正交性,在分析体系的动力反应时,常要利用这个特征。

在图 11-45 所示 n 个自由度体系中,ω_k 和 ω_l 为两个任意不同的自振频率,相应的主振型向量为 $\{Y\}_k$ 和 $\{Y\}_l$

$$\{Y\}_k = \{Y_{1k}, Y_{2k}, \cdots, Y_{nk}\}^{\mathrm{T}}$$

$$\{Y\}_l = \{Y_{1l}, Y_{2l}, \cdots, Y_{nl}\}^{\mathrm{T}}$$

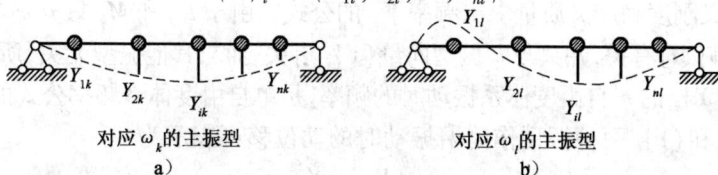

图　11-45

当体系按某一频率作简谐振动时,该频率与相应的振型向量应该满足式(11-64)。现将其改写为

$$[K]\{Y\} = \omega^2[M]\{Y\}$$

对于图 11-46a)、图 11-46b)所示的两种状态,可得

$$[K]\{Y\}_k = \omega_k^2[M]\{Y\}_k \qquad (a)$$

$$[K]\{Y\}_l = \omega_l^2[M]\{Y\}_l \qquad (b)$$

将式(a)、式(b)两式分别左乘$[Y]_l^T$及$[Y]_k^T$,有

$$\{Y\}_l^T[K]\{Y\}_k = \omega_k^2\{Y\}_l^T[M]\{Y\}_k \qquad (c)$$

$$\{Y\}_k^T[K]\{Y\}_l = \omega_l^2\{Y\}_k^T[M]\{Y\}_l \qquad (d)$$

考虑到$[K]$是一对称矩阵,$[M]$是对角矩阵,有$[K]^T = [K]$及$[M]^T = [M]$,将式(c)两端转置后得

$$\{Y\}_k^T[K]\{Y\}_l = \omega_k^2\{Y\}_k^T[M]\{Y\}_l \qquad (e)$$

考察式(c)、式(d)、式(e),等号左端或右端的 3 个矩阵的乘积皆为标量,且转置后结果不变。将式(d)、式(e)两式相减,然后再转置,得

$$0 = (\omega_k^2 - \omega_l^2)\{Y\}_l^T[M]\{Y\}_k$$

由于$\omega_k \neq \omega_l$,因此有

$$\{Y\}_l^T[M]\{Y\}_k = 0 \quad (k \neq l) \qquad (11\text{-}79)$$

将上式代入式(c),可以得到

$$\{Y\}_l^T[K]\{Y\}_k = 0 \quad (k \neq l) \qquad (11\text{-}80)$$

式(11-79)表明,多自由度体系任意两个主振型之间存在着以质量作为权的正交性,这被称为第一正交关系。式(11-80)表明,任意两个主振型之间还存在着以刚度作为权的正交性,这被称为第二正交关系。

两个正交关系是$k \neq l$的情况下得出的。对于$k = l$的情况,我们引入两个符号M_k和K_k,其中

$$M_k = \{Y\}_k^T[M]\{Y\}_k$$

$$K_k = \{Y\}_k^T[K]\{Y\}_k$$

M_k和K_k称为第k个主振型的广义质量和广义刚度。以$\{Y\}_k^T$左乘式(a),即

$$\{Y\}_k^T[K]\{Y\}_k = \omega_k^2\{Y\}_k^T[M]\{Y\}_k$$

可以得到

$$K_k = \omega_k^2 M_k$$

由此可得

$$W_k = \sqrt{\frac{K_k}{M_k}} \qquad (11\text{-}81)$$

这就是由广义刚度和广义质量求出频率W_k的公式。由于K_k和M_k只分别与本体系刚度矩阵$[K]$和质量矩阵$[M]$有关,并只与k振型向量$\{Y\}_k$有关,而与其他振型无关,所以式(11-81)的频率表示振型为$\{Y\}_k$的n自由度体系振动时的频率,是单自由度体系频率公式的推广形式。

体系按$\{Y\}_k$和$\{Y\}_l$两种振型作简谐振动时的动位移可表示为

$$\{y(t)\}_k = \{Y\}_k\sin(\omega_k t + \alpha_k)$$

$$\{y(t)\}_l = \{Y\}_l\sin(\omega_l t + \alpha_l)$$

在任一时刻t,相应于主振型$\{Y\}_k$作自由振动时各质点的惯性力为

$$-\omega_k^2[M]\{Y\}_k\sin(\omega_k t + \alpha_k)$$

在时间段 dt 内,相应于主振型 $\{Y\}_l$ 作自由振动时各质点的动位移为

$$d\{y_{(t)}\}_l = \omega_l\{Y\}_l\cos(\omega_l t + \alpha_l)dt$$

因此,在时间段 dt 内,相应于第 k 振型的惯性力在第 l 振型的位移上所做的功为

$$dW = -\omega_k^2\omega_l\{Y\}_k^T[M]\{Y\}_l\sin(\omega_k t + \alpha_k)\cos(\omega_l t + \alpha_l)$$

由正交关系式(11-79),可知

$$dW = 0$$

上式表明,在多自由度体系自由振动时,相应于某一主振型的惯性力不会在其他主振型上作功。这就是第一正交性的物理意义。同理,第二正交性的物理意义是相应于某一主振型的弹性力不会在其他主振型上作功。这样,相应于某一主振型作间谐振动的能量就不会转移到其他振型上去,从而激起按其他振型的振动,因之各振型可以单独出现。

主振型的正交性是体系本身所固有的而与外荷载无关的一种特性。以后将会看到,利用这一特性,多自由度体系在一般动荷载下的计算可以得到很大简化。此外,也可以利用它作为检查所得主振型是否正确的一个准则。

以上讨论了不同振型向量 $\{Y\}_k$ 和 $\{Y\}_l$ 间的正交性,显然,这种关系对标准化振型向量也应该成立。

只要注意到振型 $\{Y\}_K$ 和 $\{Y\}_l$ 可分别看作由惯性力 $\omega_k^2[M]\{Y\}_k$ 和 $\omega_l^2[M]\{Y\}_l$ 所产生的静位移这一点,振型的正交性也可以利用功的互等定理推导出来。读者可自行推演,此处从略。

第六节　多自由度体系在简谐荷载作用下的强迫振动

与单自由度体系一样,在动力荷载作用下多自由度体系的强迫振动开始也存在一个过渡阶段。由于实际阻尼的存在,过渡阶段的自由振动将迅速衰减,不久体系便进入稳态阶段,对于工程实际来说这一阶段有重要意义。因此我们将只讨论稳态阶段的纯强迫振动。振动方程的建立仍可采用刚度法或柔度法。此处以刚度法推导为例。

一、运动方程的建立

图11-46所示为一个有 n 个自由度的集中质量体系,在质量上作用有动力荷载 $F_{p1}(t)$,$F_{p2}(t)$,$\cdots$,$F_{pn}(t)$。考察任意一个质量上作用的力,根据达朗伯原理,类似地可得到体系的动力平衡方程

$$F_{Ii} + F_{ei} = F_{pi} \qquad (i = 1,2,3,\cdots n) \qquad \text{(a)}$$

式中 F_{Ii} 及 F_{ei} 的定义同前。将上式展开如下:

$$
\left.
\begin{aligned}
m_1\ddot{y}_1 + k_{11}y_1 + k_{12}y_2 + \cdots + k_{1n}y_n &= F_{p1(t)} \\
m_2\ddot{y}_2 + k_{21}y_1 + k_{22}y_2 + \cdots + k_{2n}y_n &= F_{p2(t)} \\
\cdots \quad \cdots \quad \cdots \quad\quad \cdots \quad\quad \cdots & \\
m_1\ddot{y}_1 + k_{n1}y_1 + k_{n2}y_2 + \cdots + k_{nn}y_n &= F_{pn(t)}
\end{aligned}
\right\} \qquad \text{(b)}
$$

将以上 n 个方程写为矩阵形式

$$[M]\{\ddot{y}\} + [K]\{y\} = \{F_P(t)\} \qquad (11\text{-}82)$$

式中 $[M]$、$[K]$、$\{\ddot{y}\}$ 及 $\{y\}$ 的意义和组成同前,而定义 $\{F_p(t)\} = \{F_{p1}(t),F_{p2}(t),\cdots F_{pn}(t)\}^T$ 为动力荷载向量。如果设动荷载为同步

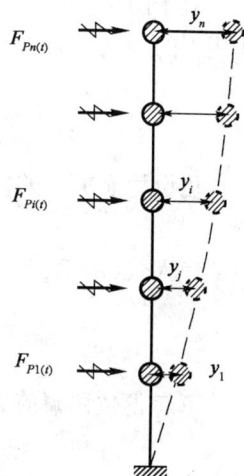

图　11-46

简谐荷载,则有

$$F_{pi}(t) = F_i\sin\theta t \qquad (i = 1,2,\cdots,n)$$

$\{F\} = \{F_1, F_2\cdots F_n\}^T$ 定义为动荷载幅值向量。这样,就可写出如下多自由度体系在同步简谐荷载作用下强迫振动的运动方程。

$$[M]\{\ddot{y}\} + [K]\{y\} = \{F\}\sin\theta t \qquad (11\text{-}83)$$

二、运动方程的求解

在稳态振动阶段,设各质量按干扰力的频率 θ 作同步简谐振动,亦即取特解形式为

$$y_i = Y_i\sin\theta t \qquad (i = 1,2,\cdots,n) \qquad (c)$$

其中 Y_i 为质量 m_i 的位移幅值。定义 $\{Y\} = \{Y_1, Y_2, \cdots, Y_n\}^T$ 为振幅向量,上式可写成矩阵形式

$$\{y\} = \{Y\}\sin\theta t \qquad (i = 1,2,\cdots,n) \qquad (11\text{-}84)$$

将上式及其对时间的二阶导数代入式(11-83),消去公因子 $\sin\theta t$ 并整理后,可得

$$([K] - \theta^2[M])\{Y\} = \{F\} \qquad (11\text{-}85)$$

解方程式(11-85)即可求得各质量的动位移幅值,从而可以进一步求内力幅值。

应当注意的是,以式(11-85)用刚度系数表达的动位移幅值方程只适用于简谐集中荷载直接作用于质量上的情况。当有简谐集中荷载未作用于质量上时,可假设该处的质量为零后再套用式(11-85);当有简谐分布荷载作用时则需先化为作用于质量处的等效动力荷载;或者是采用柔度法求解。

将以上求得的各动位移幅值代入特解表达式,并求二阶导数后,即要按下式求得各质量的惯性力为

$$F_Ii = -m_i\ddot{y}_i = m_iY_i\theta^2\sin\theta t = I_i\sin\theta t \qquad (d)$$

式中:

$$I_i = m_iY_i\theta^2 \qquad (i = 1,2,\cdots,n) \qquad (11\text{-}86)$$

为任一质量 m_i 的惯性力幅值。

由式(c)和式(d)可见,质量的动位移和惯性力与干扰力同时达到幅值,因此,可以将惯性力幅值和干扰力幅值同时作用于体系上,按照静力方法计算体系的内力幅值。

对于两个自由度的情形,取 $n = 2$ 代入式(11-82),可写出如下两个自由度体系在简谐荷载作用下的振动微分方程

$$m_1\ddot{y}_1 + k_{11}y_1 + K_{12}y_2 = F_1\sin\theta t$$
$$m_2\ddot{y}_2 + k_{21}y_1 + K_{22}y_2 = F_2\sin\theta t \qquad (e)$$

仍设稳态振动的位移特解为

$$y_1(t) = Y_1\sin\theta t, y_2(t) = Y_2\sin\theta t$$

代入式(e)后,消去公因子有

$$(k_{11} - m_1\theta^2)Y_1 + k_{12}Y_2 = F_1$$
$$k_{21}Y_1 + (k_{22} - m_2\theta^2)Y_2 = F_2 \qquad (f)$$

可解得位移幅值为

$$Y_1 = \frac{D_1}{D_0}, Y_2 = \frac{D_2}{D_0} \qquad (11\text{-}87a)$$

式中:

$$D_0 = \begin{vmatrix} k_{11} - m_1\theta^2 & k_{12} \\ k_{21} & k_{22} - m_2\theta^2 \end{vmatrix}$$

$$D_1 = \begin{vmatrix} F_1 & k_{12} \\ F_2 & k_{22} - m_2\theta^2 \end{vmatrix} \tag{11-87b}$$

$$D_2 = \begin{vmatrix} k_{11} - m_1\theta^2 & F_1 \\ k_{21} & F_2 \end{vmatrix}$$

下面讨论几种情况：

（1）当 $\theta \to 0$ 时，式(e)即逐渐转化为干扰力幅值 F_1、F_2 作为静载，求1、2两点静位移所列的位移法方程。这说明：当简谐荷载频率很低时，其动力作用很小。此时质点位移的幅值相当于荷载幅值当作静荷载所产生的位移。

（2）当 $\theta \to \infty$ 时，对式(11-87a)分子分母同乘 $\dfrac{1}{\theta^2}$ 后可以看出，此时分子 $\to 0$，而分母不为 0，因此，$Y_1 \to 0$，$Y_2 \to 0$。这说明：当荷载频率非常大时，动位移却非常小。

（3）当 $\theta \to \omega_1$，或 $\theta \to \omega_2$ 时，参考式(11-85)，D_0 可以写出矩阵形式

$$\left| [K] - \omega^2 [M] \right|$$

此时比较频率方程式(11-65)，可以看出 $D_0 \to 0$，若体系上作用的荷载并非某种特定值，不能使式(11-87)的分子恰好也为零，则 Y_1、Y_2 将趋于无限大，这就是共振现象。实际上，由于阻尼的存在，振幅虽然不可能达到无限大，但仍是很大的。由此可知，两个自由度的体系，存在着个共振点，各对应于一个自振频率。

在求得位移幅值 Y_1、Y_2 后，可得到各质点的位移和惯性力。

位移

$$y_1(t) = Y_1 \sin\theta t, \quad y_2(t) = Y_2 \sin\theta t$$

惯性力

$$F_{I1} = -m_1 \ddot{y}_1(t) = m_1 \theta^2 Y_1 \sin\theta t = I_1 \sin\theta t$$

$$F_{I2} = -m_2 \ddot{y}_2(t) = m_2 \theta^2 Y_2 \sin\theta t = I_2 \sin\theta t$$

任一截面弯矩幅值

$$M_{\max}(t) = \overline{M}_1 I_1 + \overline{M}_2 I_2 + M_p$$

式中：I_1、I_2 分别为质点 1、2 的惯性力幅值；$\overline{M}_1$、$\overline{M}_2$ 分别为单位惯性力 $I_1 = 1$，$I_2 = 2$ 作用下任一截面的弯矩图值；M_p 为动荷载幅值静力作用下同一个截面的弯矩图值。

三、应用柔度法对应的各个公式

应用柔度法，通过考察体系中任一质量 m_i 的位移，应用叠加原理，可以得到多自由度体系在简谐荷载作用下强迫振动的运动方程

$$[\Delta][M]\{\ddot{y}\} + \{y\} = \{\Delta_p\} \sin\theta t \tag{11-88}$$

式中：$[\Delta]$——体系的柔度矩阵；

$\{\Delta_p\}$——简谐荷载幅值引起的静位称向量，$\{\Delta_p\} = \{\Delta_{1p}, \Delta_{2p} \cdots \Delta_{np}\}^{\mathrm{T}}$

同样取式(c)形式的特解，代入式(11-88)，可获得确定各质量在纯强迫振动中动位称幅值的方程式

$$\left(\left[\Delta\right]\left[M\right] - \frac{1}{\theta^2}\left[I\right]\right)\{Y\} + \frac{1}{\theta^2}\{\Delta_p\} = 0 \qquad (11\text{-}89)$$

解此方程可以求得动位移幅值。

对于两个自由度的情形,可得位称幅值为

$$Y_1 = \frac{D_1}{D_0},\ Y_2 = \frac{D_2}{D_0} \qquad (11\text{-}90a)$$

其中

$$D_0 = \begin{vmatrix} (m_1\theta^2\delta_{11} - 1) & m_2\theta^2\delta_{12} \\ m_1\theta^2\delta_{21} & (m_2\theta^2\delta_{22} - 1) \end{vmatrix}$$

$$\left. \begin{aligned} D_1 &= \begin{vmatrix} -\Delta_{1p} & m_2\theta^2\delta_{12} \\ -\Delta_{2p} & (m_2\theta^2\delta_{22} - 1) \end{vmatrix} \\[6pt] D_2 &= \begin{vmatrix} (m_2\theta^2\delta_{11} - 1) & -\Delta_{1p} \\ m_2\theta^2\delta_{21} & -\Delta_{2p} \end{vmatrix} \end{aligned} \right\} \qquad (11\text{-}90b)$$

例 11-21 图 11-47a)所示刚架在二层楼面有 $P\sin\theta t$,$\theta = 4\sqrt{\dfrac{EI}{mh^3}}$,$m_1 = m_2 = m$,计算第一、二层楼面处侧移幅值,惯性力幅值及柱底端截面弯矩幅值。

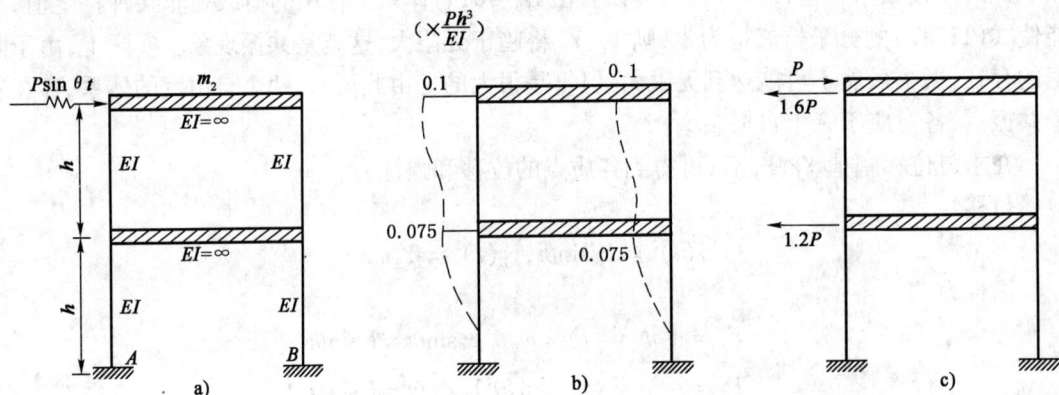

图 11-47

解

(1)在例 11-14 中已经算得

$$k_{11} = 48\frac{EI}{h^3}$$

$$k_{12} = k_{21} = -\frac{24EI}{h^3}$$

$$k_{22} = 24\frac{EI}{h^3}$$

(2)计算 D_0、D_1、D_2,侧移幅值

因为

$$m_1\theta^2 = m_2\theta^2 = m\left(4\sqrt{\frac{EI}{ml^3}}\right)^2 = 16\frac{EI}{h^3}$$

由式 11-87b)可得

$$D_0 = \begin{vmatrix} (k_{11} - m_1\theta^2) & k_{12} \\ k_{21} & (k_{22} - m_2\theta^2) \end{vmatrix} = \begin{vmatrix} (48-16) & -24 \\ -24 & (-24-16) \end{vmatrix} \left(\frac{EI}{h^3}\right)^2 = -320\left(\frac{EI}{h^3}\right)^2$$

$$D_1 = \begin{vmatrix} F_{p1} & k_{12} \\ F_{p2} & (k_{22} - m_2\theta^2) \end{vmatrix} = \begin{vmatrix} 0 & -24 \\ P & 8 \end{vmatrix} \frac{EI}{h^3} = 24P\frac{EI}{h^3}$$

$$D_2 = \begin{vmatrix} (k_{11} - m_1\theta^2) & F_{p1} \\ k_{21} & F_{p1} \end{vmatrix} = \begin{vmatrix} 32 & 0 \\ -24 & P \end{vmatrix} \frac{EI}{h^3} = 32P\frac{EI}{h^3}$$

于是得第一、二层楼面处侧移幅值为

$$Y_1 = \frac{D_1}{D_0} = -0.075P\frac{h^3}{EI}$$

$$Y_2 = \frac{D_2}{D_0} = -0.1P\frac{h^3}{EI}$$

（3）计算惯性力幅值 I_1、I_2

由式（11-86）可得惯性力幅值

$$I_1 = m_1 Y_1 \theta^2 = 16\frac{EI}{h^3} \times \left(-0.075\frac{Ph^3}{EI}\right) = -1.2P$$

$$I_2 = m_2 Y_2 \theta^2 = 16\frac{EI}{h^3} \times \left(-0.1\frac{Ph^3}{EI}\right) = -1.6P$$

（4）计算内力（柱底 A 截面弯矩幅值）

刚架受力如图 11-47c）所示

$$M_A = \overline{M}_1 I_1 + \overline{M}_2 I_2 + M_p = -1.2P\left(\frac{h}{4}\right) - 1.6P\left(\frac{h}{4}\right) + \frac{Ph}{4} = -0.45Ph$$

例 11-22 图 11-48 所示三层刚架各横梁为无限刚性，刚架的质量全部集中在横梁上，分别为 $m_1 = m_2 = m$，$m_3 = 0.2m$。各层间侧移刚度 $k_1 = k_2 = k$，$k_3 = 0.2k$。第一层横梁上作用有水平简谐荷载，$F_p(t) = F\sin\theta t$。设 $\theta = \sqrt{\dfrac{k}{m}}$，试求各层横梁的振幅。

解

该刚架在第二层横梁处层间侧移刚度发生突变，这种情况在实际工程中时有所见。由于结构是超静定的，用刚度法求解较为简便。

（1）求刚度系数

根据各层横梁分别发生单位侧移时的情况，可以求得体系的各刚度系数分别为

$$k_{11} = 2k, \quad k_{22} = 1.2k$$

$$k_{12} = k_{21} = -k$$

$$k_{33} = 0.2k, \quad k_{23} = k_{32} = -0.2k$$

$$k_{13} = k_{31} = 0$$

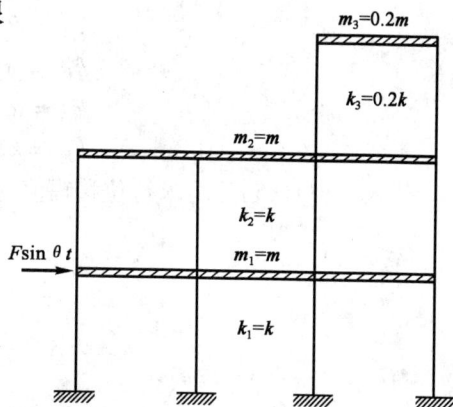

图 11-48

于是

$$[K] = \begin{bmatrix} 2k & -k & 0 \\ -k & 1.2k & -0.2k \\ 0 & -0.2k & 0.2k \end{bmatrix}$$

质量矩阵为

$$[M] = \begin{bmatrix} m & 0 & 0 \\ 0 & m & 0 \\ 0 & 0 & 0.2m \end{bmatrix}$$

（2）确定位移幅值

将上述刚度系数及简谐荷载幅值、θ 值等代入式（11-85），可得

$$\left(2k - m\frac{k}{m}\right)Y_1 - kY_2 = F$$

$$-kY_1 + \left(1.2k - m\frac{k}{m}\right)Y_2 - 0.2kY_3 = 0$$

$$-0.2Y_2 + \left(0.2k - 0.2m\frac{k}{m}\right)Y_3 = 0$$

解此方程得位移幅值为

$$Y_1 = \frac{F}{k}, Y_2 = 0, Y_3 = -\frac{5F}{k} \tag{a}$$

由此可知，刚架在稳态振动时第二层横梁将处于静止状态，而第三层横梁的振幅将等于第一层横梁的 5 倍。显然，第三层柱所承受的动弯矩和动剪力将远大于第一层和第二层。

类似的，如果设第三层质量也为 m，且柱的刚度无变化，均为 k，则体系各层的刚度系数变为

$$k_{11} = 2k$$
$$k_{22} = 2k$$
$$k_{12} = k_{21} = k_{23} = k_{32} = -k$$
$$k_{33} = k$$
$$k_{13} = k_{31} = 0$$

代入式（11-85）后可求行位移幅值为

$$Y_1 = \frac{F}{K}$$
$$Y_2 = 0$$
$$Y_3 = \frac{F}{K}$$

将这一结果与式（a）比较可知：

（1）当 $\theta = \sqrt{\dfrac{k}{m}}$ 时，第二层横梁的振幅 $Y_2 = 0$，说明第三层附加小塔楼常可减小到甚至消除以下一层横梁的振动，这就是动力吸振器或称动力阻尼器的工作原理。

（2）当建筑物顶部刚度、质量骤然变小时，在动力作用下小塔楼的动位称幅值和动内力将成倍增大，又一次看到了鞭梢效应。若第三层侧称刚度和质量保持不变，则该层动位移幅值将大为降低。因此，在建筑物抗震设计时应避免竖向结构发生过大的刚度突变。

例 11-23　试求图 11-49a）所示体系的动位移和动弯矩的幅值图。已知：$m_1 = m_2 = m$，$EI = $ 常数，$\theta = 0.75\omega_1$。

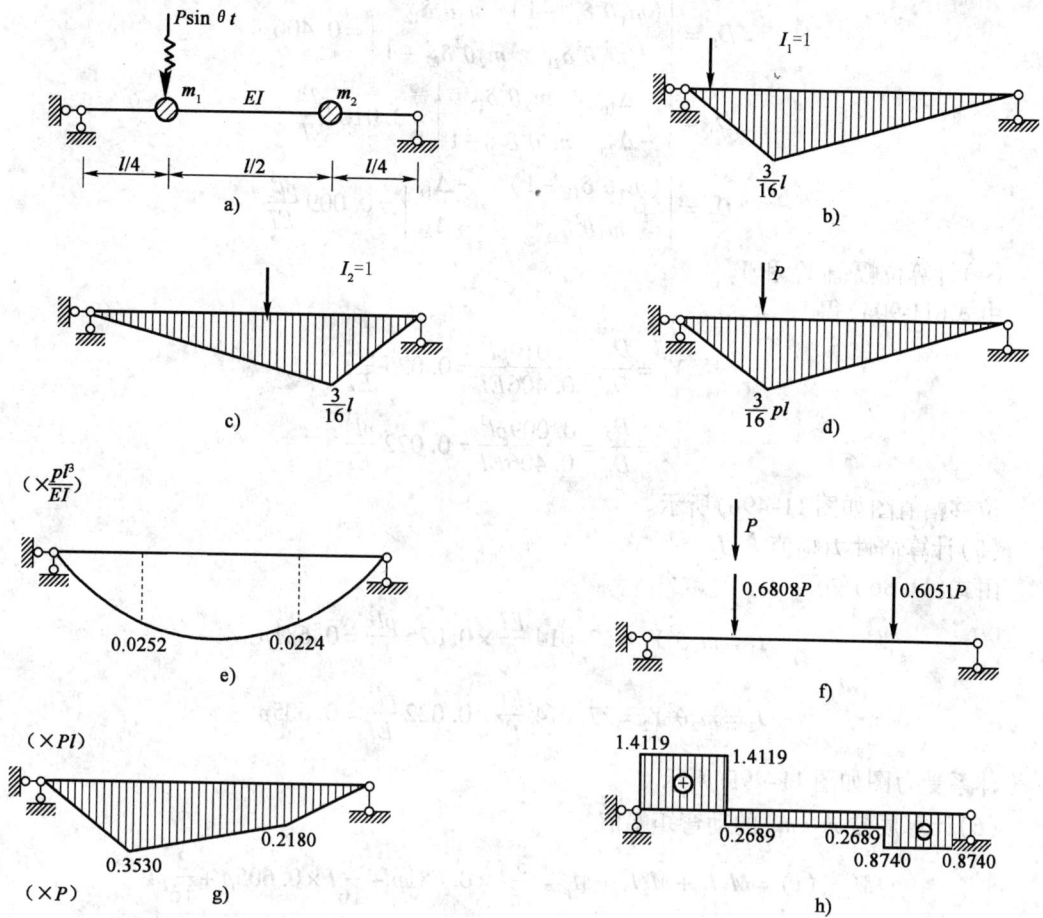

图 11-49

解

(1)计算结构的柔度系数

首先作出结构的 $\overline{M}_1$、$\overline{M}_2$ 图,如图 11-49b)、图 11-49c)所示,在例 11-16 中已算得以下参数

$$\delta_{11} = \delta_{22} = \frac{3l^3}{256EI}$$

$$\delta_{12} = \delta_{21} = \frac{7l^3}{768EI}$$

$$\omega_1 = 6.93\sqrt{\frac{EI}{ml^3}}, \theta = 0.75\omega_1 = 0.75 \times 6.93\sqrt{\frac{EI}{ml^3}} = 5.198\sqrt{\frac{EI}{ml^3}}$$

(2)作 M_p 图,如图 11-49d)所示,计算 Δ_{1p},Δ_{2p},利用图乘法

$$\Delta_{1p} = \frac{3pl^3}{256EI}$$

$$\Delta_{2p} = \frac{7pl^3}{768EI}$$

(3)计算 D_0、D_1、D_2

将 θ、δ_{11}、δ_{12}、δ_{21}、δ_{22}、Δ_{1p}、Δ_{2p} 及 $m_1\theta^2 = m_2\theta^2 = 27.014\dfrac{EI}{l^3}$ 等代入式(11-90b)得

$$D_0 = \begin{vmatrix} (m_1\theta^2\delta_{11} - 1) & m_2\theta^2\delta_{12} \\ m_1\theta^2\delta_{21} & m_2\theta^2\delta_{22} - 1 \end{vmatrix} = 0.406$$

$$D_1 = \begin{vmatrix} -\Delta_{1p} & m_2\theta^2\delta_{12} \\ -\Delta_{2p} & m_2\theta^2\delta_{22} - 1 \end{vmatrix} = 0.010\frac{pl^3}{EI}$$

$$D_2 = \begin{vmatrix} (m_1\theta^2\delta_{11} - 1) & -\Delta_{1P} \\ m_1\theta^2\delta_{21} & -\Delta_{2P} \end{vmatrix} = 0.009\frac{pl^3}{EI}$$

(4)计算位幅值 Y_1 和 Y_2

由式(11-90a)得

$$Y_1 = \frac{D_1}{D_0} = \frac{0.010pl^3}{0.406EI} = 0.025\frac{pl^3}{EI}$$

$$Y_2 = \frac{D_2}{D_0} = \frac{0.009pl^3}{0.406EI} = 0.022\frac{pl^3}{EI}$$

位移幅值图如图11-49e)所示。

(5)计算惯性力幅值 I_1、I_2

由式(11-86)知

$$I_1 = m_1\theta^2 Y_1 = 27.014\frac{EI}{l^3} \times 0.025\frac{pl^3}{EI} = 0.681p$$

$$I_2 = m_2\theta^2 Y_2 = 27.014\frac{EI}{l^3} \times 0.022\frac{pl^3}{EI} = 0.605p$$

体系受力图如图11-49f)所示

(6)计算质量 m_1、m_2 的动弯矩幅值

$$M_{1\max}(t) = \bar{M}_1 I_1 + \bar{M}_2 I_2 + M_p = \frac{3}{16}l \times 0.681p + \frac{1}{16}l \times 0.605p + \frac{3}{16}pl$$

$$= 0.353pl$$

$$M_{2\max}(t) = \bar{M}_1 I_1 + \bar{M}_2 I_2 + M_p = \frac{1}{16}l \times 0.681p + \frac{3}{16}l \times 0.605p + \frac{1}{16}pl$$

$$= 0.219pl$$

弯矩幅值图如图11-49g)所示。剪力幅值图也可按类似的方法画出,如图11-49h)所示。

第七节　多自由度体系在任意荷载作用下的强迫振动及振型叠加法

一、正 则 坐 标

参考式(11-81),在一般荷载作用下,不考虑阻尼影响的 n 个自由度体系的振动微分方程可以写为

$$[M]\{\ddot{y}\} + [K]\{y\} = \{F_p\} \tag{11-91}$$

式中:$\{F_p\}$——作用在各质点上的一般动荷载的荷载向量。

因荷载不再是单一频率的简谐荷载,而且在以上的讨论中,我们采取的是几何坐标,以质点的位移作为计算对象。这样,n 个自由度体系所得到的 n 个运动方程中的每一个,一般都将含一个以上的未知质点位移,也就是说方程组是耦联的,因此,必须联立求解。为了使耦联方

程组变非耦联方程组,可以选用合适的 n 个广义坐标,将质点的位移写成这 n 个广义坐标的线性函数,就可以使相互耦联的 n 个方程转化为 n 个相互独立的,并以相应广义坐标表示的 n 个运动微分方程。这样的广义坐标为正则坐标。

由前面可知,具备 n 个自由度的体系有着与 n 个固有频率相对应的 n 个振型。而且各振型之间存在着正交关系。也就是说 n 个主振型是相互独立的,不存在耦联关系。我们可以用 n 个振型为基底构建新的坐标系,而各质点的位移可由以主振型为基底的新坐标叠加而成。即

$$\{y\} = \eta_1\{Y\}_1 + \eta_2\{Y\}_2 + \cdots + \eta_n\{Y\}_n = \sum_{i=1}^{n} \eta_i\{Y\}_i \tag{a}$$

其中 $\{Y\}_i$ ($i = 1, 2, \cdots, n$) 是第 i 个主振型向量,η_1、$\eta_2 \cdots \eta_n$ 是正则坐标,$\{y\} = \{y_1, y_2, \cdots, y_n\}^T$ 是质点位移向量,称为几何坐标,将上式写成矩阵形式

$$\{y\} = [Y]\{\eta\} \tag{11-92a}$$

对式(11-92a)求导后,有

$$\{\dot{y}\} = [Y]\{\dot{\eta}\} \tag{11-92b}$$

$$\{\ddot{y}\} = [Y]\{\ddot{\eta}\} \tag{11-92c}$$

$[Y]$ 就是两种坐标之间的转换矩阵,它是主振型矩阵

$$[Y] = [\{Y\}_1 \{Y\}_2 \cdots \{Y\}_n] = \begin{bmatrix} Y_{11} & Y_{12} \cdots Y_{1n} \\ Y_{21} & Y_{22} \cdots Y_{2n} \\ Y_{n1} & Y_{n2} \cdots Y_{nn} \end{bmatrix} \tag{11-93a}$$

它的转置矩阵为

$$[Y]^T = \begin{bmatrix} \{Y\}_1^T \\ \{Y\}_2^T \\ \{Y\}_3^T \end{bmatrix} = \begin{bmatrix} Y_{11} & Y_{21} \cdots Y_{n1} \\ Y_{12} & Y_{22} \cdots Y_{n2} \\ Y_{1n} & Y_{2n} \cdots Y_{nn} \end{bmatrix} \tag{11-93b}$$

$\{\eta\}$ 即为正则坐标向量,或称为广义坐标向量,且

$$\{\eta\} = \{\eta_1(t), \eta_2(t), \cdots, \eta_n(t)\}^T \tag{11-94}$$

式(11-92a)说明,正则坐标的实际意义就是把实际位移 $\{y\}$ 按主振型进行分解,而 η_i 就是分解时相应项的系数。

二、振型叠加法计算强迫振动

将式(11-92a)及式(11-92c)代入式(11-91),有

$$[M][Y]\{\ddot{\eta}\} + [K][Y]\{\eta\} = \{F_p\} \tag{b}$$

这是以正则坐标 $\{\eta\}$ 表示的振动方程,将上式前乘 $[Y]^T$,即

$$[Y]^T[M][Y]\{\ddot{\eta}\} + [Y]^T[K][V]\{\eta\} = [Y]^T\{F_p\} \tag{c}$$

考察 $[Y]^T[M][Y]$ 和 $[Y]^T[K][Y]$,根据主振型向量的两个正交关系,可以验证二者均为对角矩阵,其证明如下

$$[Y]^T[M][Y] = \begin{Bmatrix} \{Y\}_1^T \\ \{Y\}_2^T \\ \vdots \\ \{Y\}_n^T \end{Bmatrix} [M][\{Y\}_1, \{Y\}_2, \cdots, \{Y\}_n] \begin{Bmatrix} \{Y\}_1^T[M] \\ \{Y\}_2^T[M] \\ \vdots \\ \{Y\}_n^T[M] \end{Bmatrix} [\{Y\}_1, \{Y\}_2, \cdots, \{Y\}_n]$$

$$
= \begin{bmatrix} \{Y\}_1^T[M]\{Y\}_1 & \{Y\}_1^T[M]\{Y\}_2 & \cdots & \{Y\}_1^T[M]\{Y\}_n \\ \{Y\}_2^T[M]\{Y\}_1 & \{Y\}_2^T[M]\{Y\}_2 & \cdots & \{Y\}_n^T[M]\{Y\}_n \\ & & \cdots\cdots & \\ \{Y\}_n^T[M]\{Y\}_1 & \{Y\}_n^T[M]\{Y\}_2 & \cdots & \{Y\}_n^T[M]\{Y\}_n \end{bmatrix} \qquad\text{(d)}
$$

由正交关系式(11-79)可知,上式是一对角矩阵,其所有非对角元素都为零。即

$$
[Y]^T[M][Y] = \begin{bmatrix} M_1 & 0 & \cdots & 0 \\ 0 & M_2 & \cdots & 0 \\ \vdots & \vdots & \vdots & \vdots \\ 0 & 0 & \cdots & M_n \end{bmatrix} = [M]^* \qquad (11\text{-}95a)
$$

对角矩阵$[M]^*$称为广义质量矩阵,其中

$$
M_i\{Y\}_i^T[M]\{Y\}_i \qquad (i=1,2,\cdots,n) \qquad (11\text{-}95b)
$$

同理可证

$$
[Y]^T[K][Y] = \begin{bmatrix} K_1 & 0 & \cdots & 0 \\ 0 & K_1 & \cdots & 0 \\ & & \cdots\cdots & \\ 0 & 0 & \cdots & K_1 \end{bmatrix} = [K]^* \qquad (11\text{-}96a)
$$

由正交关系式(11-80)知$[K]^*$也是对角矩阵,称为广义刚度矩阵。其中

$$
K_i = \{Y\}_i^T[K]\{Y\}_i \qquad (11\text{-}96b)
$$

式(11-95)和式(11-96a)表明主振型矩阵$[Y]$具有如下性质:当$[M]$为非对角矩阵时,如果前乘以$[Y]^T$,后乘以$[Y]$,则可使$[M]$和$[K]$转变为对角矩阵$[M]^*$和$[K]^*$
定义

$$
[Y]^T\{F_p\} = \{F_1,F_2,\cdots,F_n\} = \{F\}^* \qquad (11\text{-}97a)
$$

为广义荷载向量,其中

$$
F_i = \{Y\}_i^T\{F_p\} \qquad (11\text{-}97b)
$$

K_i、M_i、F_i分别称为与第i个主振型对应的正则坐标系的广义刚度、广义质量和广义荷载。则式(c)可以写为如下形式

$$
[M]^*\{\ddot{\eta}\} + [K]^*\{\eta\} + \{F\}^* \qquad (11\text{-}98)
$$

此时方程组(11-98)中不再有耦合项,已成为解耦形式。其中包含n个独立的方程。

$$
[M]_i\ddot{\eta}_i + K_i\eta_i = F_i \qquad (i=1,2,\cdots,n) \qquad (11\text{-}99)
$$

考察式(11-67),有

$$
[K]\{Y\}_i = \omega_i^2[M]\{Y\}_i
$$

上式两边同时左乘以$[Y]_i^T$,并应用上述广义质量、广义刚度定义,可得

$$
K_i = \omega_i^2 M_i \qquad\text{(e)}
$$

将式(11-99)两边除以M_i,考虑到式(e),得

$$
\ddot{\eta}_i + \omega_i^2\eta_i = \frac{F_i}{M_i} \qquad (i=1,2,\cdots,n) \qquad (11\text{-}100)
$$

这就是关于正则坐标η_i的运动方程,与单自由度体系的振动方程完全相似。原来的振动方程组是彼此耦联的n个联立方程,现在的运动方程是彼此独立的n个一元方程,由耦联变为不耦联,是上述解法的主要优点。这个解法的核心步骤是采用了正则坐标变换,将各个主振型

分量加以叠加,从而得出质点的总位移,因此称为振型叠加法,或振型分解法。

这时 n 个自由度体系已相当于 n 个独立的体系。每个独立体系的解亦如单自由度体系一样,其解的形式也可以参照杜哈梅积分,包括特解和通解。

$$\eta_i = C_{i1}\cos\omega_i t + C_{i2}\sin\omega_i t + \frac{1}{M_i\omega_i}\int_0^t F_i(\tau)\sin\omega_i(t+\tau)\mathrm{d}\tau \qquad (i = 1,2,\cdots,n) \quad (11\text{-}101)$$

式中:C_{i1}、C_{i2} 为待定常数,由初始条件确定。

设 $t=0$ 时,广义坐标为 η_{i0},广义速度为 $\dot{\eta}_{i0}$,则代入式(11-101)可以确定 $C_{i1} = \eta_{i0}$,$C_{i2} = \dot{\eta}_{i0}/\omega_i$。这里,初始广义坐标 η_{i0} 和初始广义速度 $\dot{\eta}_{i0}$ 可以通过结构的初始位移 y_{i0} 和初始速度 $\dot{y}_{i0}$ 求得。事实上,用 $\{Y\}_j^{\mathrm{T}}[M]$ 前乘式(a)两边,得

$$\{Y\}_j^{\mathrm{T}}[M]\{y\} = \sum_{i=1}^n \eta_i\{Y\}_j^{\mathrm{T}}[M]\{Y\}_i$$

上式右边的 n 项之和,由正交性知,除其中第 j 项外,其他各项都因主振型的正交性质而变为零。因此,上式变为

$$\{Y\}_j^{\mathrm{T}}[M]\{y\} = \eta_j\{Y\}_j^{\mathrm{T}}[M]\{Y\}_j = \eta_j M_j$$

于是可以求出 η_j

$$\eta_j = \frac{\{Y\}_j^{\mathrm{T}}[M]\{y\}}{M_j}$$

以及

$$\dot{\eta}_j = \frac{\{Y\}_j^{\mathrm{T}}[M]\{\dot{y}\}}{M_j}$$

在 $t=0$ 时,依据上两式可得

$$\left.\begin{array}{l} \eta_i(0) = \eta_{i0} = \dfrac{\{Y\}_i^{\mathrm{T}}[M]\{y_{i0}\}}{M_i} \\[3mm] \dot{\eta}_i(0) = \dot{\eta}_{i0} = \dfrac{\{Y\}_i^{\mathrm{T}}[M]\{\dot{y}_{i0}\}}{M_i} \end{array}\right\} \qquad (i = 1,2,\cdots,n) \qquad (11\text{-}102)$$

将该式代入式(11-101),于是可得解为

$$\eta_i(t) = \eta_{i0}\cos\omega_i t + \frac{\eta_{i0}}{\omega_i}\sin\omega_i t + \frac{1}{M_i\omega_i}\int_0^t F_i(\tau)\sin\omega_i(t-\tau)\mathrm{d}\tau \qquad (i = 1,2,\cdots,n) \quad (11\text{-}103)$$

正则坐标形式解 η_i 求出后,可以代入式(11-92a),即可得到几何坐标 $y(t)$ 形式的解,从而得到系统的质点位移解答。

对于线性体系的动力反应分析,振型叠加办法是有效的。这个方法的优点在于简便。但是应当指出,振型叠加法是基于叠加原理,因此,它不能用于分析非线性振动体系。

综上所述,按振型叠加法计算动力反应的步骤可归纳如下:

(1)根据计算简图计算各刚度(或柔度)形成刚度(或柔度)矩阵和质量矩阵。一般地,若体系的振动形式属剪切型,宜取刚度法进行计算;若振动形式为弯曲型,则以柔度法为优。然后,利用频率方程(11-65)或式(11-77)计算频率。

(2)根据所得各 ω_i,计算各标准化振型向量 $\{Y\}_i (i = 1,2,\cdots,n)$,再按式(11-78)形成振型矩阵 $[Y]$,代入坐标变换关系式(11-92a)。

(3)依次取 $i = 1,2,\cdots,n$,按式(11-95b)和式(11-97b)计算各广义质量和广义荷载。

(4)按式(11-100)建立基本微分方程并求解。

(5)解得各则坐标 n_i 后,应用坐标变换关系式计算位移 $y_1(t)$, $y_2(t)$, $\cdots$, $y_n(t)$ 。对于大多数类型的荷载,由于低频振型对位移的贡献较大,因此在叠加时,通常只考虑前几个低频振型,就可保证精度要求,更高阶振型的成分即予略去。

(6)求出位移后,可再计算其他动力反应。

例11-24 试求例 11-16 中简支梁[图 11-50a)所示]在突加荷载 $F_{p2}(t)$ 作用下的位移和弯矩。这里

$$F_{p2}(t) = \begin{cases} P_2 & \text{当 } t > 0 \\ 0 & \text{当 } t < 0 \end{cases}$$

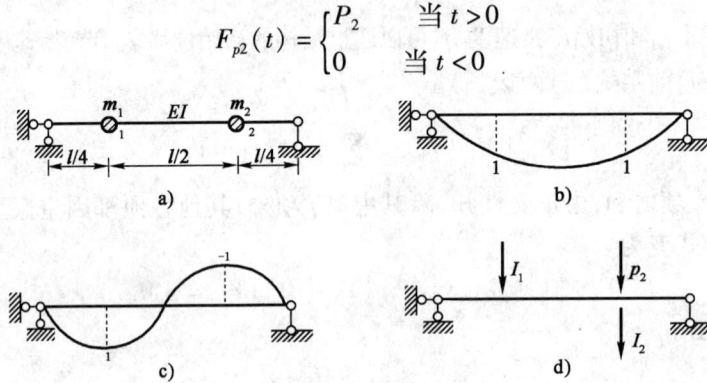

图 11-50

解

(1)确定自振频率和主振型

由例 11-16 可知结构的两个自振频率为

$$\omega_1 = 6.928\sqrt{\frac{EI}{ml^3}}, \quad \omega_2 = 19.596\sqrt{\frac{EI}{ml^3}}$$

两个主振型如图 11-50b)、图 11-50c)所示,即

$$\{Y\}_1 = \begin{bmatrix} Y_{11} \\ Y_{21} \end{bmatrix} = \begin{bmatrix} 1 \\ 1 \end{bmatrix} \qquad \{Y\}_2 = \begin{bmatrix} Y_{12} \\ Y_{22} \end{bmatrix} = \begin{bmatrix} 1 \\ -1 \end{bmatrix}$$

(2)建立坐标关系

主振型矩阵为

$$[Y] = \begin{bmatrix} 1 & 1 \\ 1 & -1 \end{bmatrix}$$

则坐标变换为

$$\begin{Bmatrix} y_1 \\ y_2 \end{Bmatrix} = \begin{bmatrix} 1 & 1 \\ 1 & -1 \end{bmatrix} \begin{bmatrix} \eta_1 \\ \eta_2 \end{bmatrix}$$

(3)求广义质量

由式 11-95b)得

$$M_1 = \{Y\}_1^{\mathrm{T}}[M]\{Y\}_1 = \begin{bmatrix} 1 & 1 \end{bmatrix} \begin{bmatrix} 1 & 0 \\ 0 & 1 \end{bmatrix} \begin{bmatrix} 1 \\ 1 \end{bmatrix}$$

$$m = 2m$$

$$M_2 = \{Y\}_2^{\mathrm{T}}[M]\{Y\}_2 = \begin{bmatrix} 1 & -1 \end{bmatrix} \begin{bmatrix} 1 & 0 \\ 0 & 1 \end{bmatrix} \begin{bmatrix} 1 \\ -1 \end{bmatrix}$$

$$m = 2m$$

(4)求广义荷载

由式(11-97b)可得

$$F_1(t) = \{Y\}_1^T\{F_p\} = \begin{bmatrix} 1 & 1 \end{bmatrix} \begin{Bmatrix} 0 \\ P_2 \end{Bmatrix} = P_2$$

$$F_2(t) = \{Y\}_2^T\{F_p\} = \begin{bmatrix} 1 & -1 \end{bmatrix} \begin{Bmatrix} 0 \\ P_2 \end{Bmatrix} = -P_2$$

(5)求正侧坐标

由式(11-101)得

$$\eta_1(t) = \frac{1}{M_1\omega_1} \int_0^t F_1(\tau) \sin\omega_1(t-\tau) d\tau$$

$$= \frac{1}{2m\omega_1} \int_0^t P_2 sin\omega_1(t-\tau) d\tau = \frac{P_2}{2m\omega_1^2}(1 - \cos\omega_1 t)$$

$$\eta_2(t) = \frac{1}{M_2\omega_2} \int_0^t F_2(\tau) \sin\omega_2(t-\tau) d\tau$$

$$= \frac{1}{2m\omega_2} \int_0^t P_2 \sin\omega_2(t-\tau) d\tau = \frac{P_2}{2m\omega_2^2}(1 - \cos\omega_2 t)$$

(6)求质点位移

根据坐标变换式(11-92a)可得

$$y_1(t) = \eta_1(t) + \eta_2(t) = \frac{P_2}{2m\omega_1^2}\left[(1 + \cos\omega_1 t) - \left(\frac{\omega_1^2}{\omega_2}\right)(1 - \cos\omega_2 t)\right]$$

$$= \frac{P_2}{2m\omega_1^2}\left[(1 - \cos\omega_1 t) - 0.125(1 - \cos\omega_2 t)\right]$$

$$y_2(t) = \eta_1(t) - \eta_2(t) = \frac{P_2}{2m\omega_1^2}\left[(1 - \cos\omega_1 t) + 0.125(1 - \cos\omega_2 t)\right]$$

(7)求弯矩

两质点的惯性力分别为

$$I_1 = -m_1\ddot{y}_1 = -\frac{P_2}{2}(\cos\omega_1 t - \cos\omega_2 t)$$

$$I_2 = -m_2\ddot{y}_2 = -\frac{P_2}{2}(\cos\omega_1 t + \cos\omega_2 t)$$

任意时刻 t 各个质点分别所承受的总力(包括荷载和惯性力)如图 11-50d)所示。如果用 $\overline{M}_1$、$\overline{M}_2$ 分别表示在质量 m_1、m_2 处受单位力作用时梁的弯矩图,则任意截面的弯矩值可由下式求得

$$M(t) = \overline{M}_1 I_1 + \overline{M}_2 I_2 + M_p$$

由此可求得截面 1 和截面 2 的弯矩如下

$$M_1(t) = \frac{P_2 l}{8}\left[(1 - \cos\omega_1 t) - \frac{1}{2}(1 - \cos\omega_2 t)\right]$$

$$M_2(t) = \frac{P_2 l}{8}\left[(1 - \cos\omega_1 t) + \frac{1}{2}(1 - \cos\omega_2 t)\right]$$

(8)讨论

$$f(t) = \frac{y_1(t)}{\dfrac{P_2}{2m\omega_1^2}} = (1 - \cos\omega_1 t) - 0.125(1 - \cos\omega_2 t)$$

$$h(t) = \frac{M_1(t)}{\frac{P_2 l}{8}} = (1 - \cos\omega_1 t) - 0.125(1 - \cos\omega_2 t)$$

$f(t)$ 反映质量 1 的位移随时间变化的相对关系,而 $h(t)$ 反映质量 1 所在位置的截面弯矩随时间变化的相对关系。可以看出,第二主振型分量的影响比第一主振型分量的影响要小得多。对位移来说,第一和第二主振型分量的最大值分别为 2 和 0.25,对弯矩来说,分别为 2 和 1。

由于第一和第二主振型分量不是同时达到最大值

$$T_1 = \frac{2\pi}{\omega_1} = \frac{2\pi}{\omega_2} \cdot \frac{\omega_2}{\omega_1} = \frac{\omega_2}{\omega_1} \cdot T_2 = 2.829 T_2$$

因此,求位移或弯矩的最大值时,不能简单地把两分量的最大值相加。

主振型叠加法可以将多自由度体系的动力反应问题变为一系列按主振型分量振动的单自由度体系的动力反应问题,当 n 很大时,越高阶振型分量的影响越小,故常可只计算前 2~3 个振型的影响,即可得到满意的结果。

第八节　考虑阻尼时多自由度体系的强迫振动

一、振动方程的建立

按刚度法建立的 n 个自由度体系不考虑阻尼情况时的运动方程可写成

$$[M]\{\ddot{y}\} + [K]\{y\} = \{F_p(t)\}$$

实际上,结构的振动由于阻尼的存在而逐渐衰减,多自由度体系的振动计算中不能忽视阻尼的影响。在多自由度体系中与单自由度体系一样,只考虑黏滞阻尼。即假定阻尼力的大小与质量的振动速度成正比,但方向相反。由于在多自由度体系中,每个质体都在振动,各质体的速度不同,任一质体上的阻力除受该质体运动速度的影响外,还将受到其他质体运动速度的影响。因此,n 个质体上的阻尼力可列出如下

$$\left. \begin{array}{l} F_{D1} = -c_{11}\dot{y}_1 - c_{12}\dot{y}_2 - \cdots - c_{1n}\dot{y}_n \\ F_{D2} = -c_{21}\dot{y}_1 - c_{22}\dot{y}_2 - \cdots - c_{2n}\dot{y}_n \\ \cdots\cdots \\ F_{Dn} = -c_{n1}\dot{y}_1 - c_{n2}\dot{y}_2 - \cdots - c_{nn}\dot{y}_n \end{array} \right\} \tag{11-104}$$

上式中 c_{ij} 称为阻尼影响系数,它表示由于第 j 个质量产生单位运动速度时,在第 i 个质量上所产生的阻尼力,由它组成的矩阵 $[C]$ 称为阻尼矩阵。

$$[C] = \begin{bmatrix} c_{11} & c_{12} & \cdots & c_{1n} \\ c_{21} & c_{22} & \cdots & c_{2n} \\ & \cdots\cdots & & \\ c_{n1} & c_{n2} & \cdots & c_{nn} \end{bmatrix}$$

式(11-104)可以写为矩阵形式

$$\{F_D\} = -[C]\{\dot{y}\} \tag{11-105}$$

这样,考虑阻尼后的运动方程可表示为

$$[M]\{\ddot{y}\} + [C]\{\dot{y}\} + [K]\{y\}\{F_p(t)\} \tag{11-106}$$

二、用振型叠加法求动力反应

公式(11-106)是 n 个自由度的耦联运动方程,如果要利用振型叠加法解除耦联,会遇到障碍,即其中含有阻尼矩阵 $[C]$ 的第二项,因为振型不存在"$[C]$——正交性"不能从理论上导出与式(11-95b)和式(11-96b)相类似的关系式。但是作为一种"权宜"措施,可以先暂时强制规定振型具有类似条件式(11-79)和式(11-80)的 $[C]$——正交性:

$$\{Y_l^T\}[C]\{Y\}_k = 0 \qquad (l \neq k) \tag{11-107}$$

那么,这样的阻尼矩阵应该具有何种形式,可用什么方法来确定?瑞雷(Reyleigh)首先回答了这个问题,他认为,这样的阻尼矩阵可取为质量矩阵 $[M]$ 和刚度矩阵 $[K]$ 的线性组合形式:

$$[C] = \alpha[M] + \beta[K] \tag{11-108}$$

式中 α、β 是两个常数。这个建议的出发点是一目了然的,因为已知振型具有 $[M]$——正交性和 $[K]$——正交性,由此必然引出 $[C]$——正交性。尽管这个建议缺乏严格的理论和实验依据。但因它便于操作,还是为实际工作者所认可。式(11-108)表示的阻尼矩阵也称为瑞雷阻尼。式中的两个常数 α、β 一般可根据实测资料确定。

为了应用振型叠加法,将广义坐标变换公式(11-92a)及式(11-92b)、式(11-92c)代入式(11-106),并以 $[Y]^T$ 左乘该式,有

$$[Y]^T[M][Y]\{\ddot{\eta}\} + [Y]^T[C][Y]\{\dot{\eta}\} + [Y]^T[K][Y]\{\eta\} = [Y]^T\{F_p(t)\} \tag{11-109}$$

根据式(11-95)和式(11-96)知,上式左边第一、第三项分别可写为

$$[Y]^T[M][Y]\{\ddot{\eta}\} = [M]^*\{\ddot{\eta}\}$$

$$[Y]^T[K][Y]\{\eta\} = [K]^*\{\eta\}$$

由瑞雷阻尼公式(11-108)知,$[C]$ 也具有正交性,即

$$[Y]^T[C][Y] = [C]^* \tag{11-110}$$

式中 $[C]^*$ 为广义阻尼矩阵,它也应是对角矩阵,即

$$[C]^* = \begin{bmatrix} C_1 & 0 & \cdots & 0 \\ 0 & C_2 & \cdots & 0 \\ \vdots & \vdots & \vdots & \vdots \\ 0 & 0 & \cdots & C_n \end{bmatrix} \tag{11-111}$$

将式(11-95a)、式(11-96a)、式(11-97a)及式(11-110)代入式(11-109),可以得到多自由度有阻尼体系在广义坐标空间的运动方程

$$[M]^*\{\ddot{\eta}\} + [C]^*\{\dot{\eta}\} + [K]^*\{\eta\} = \{F\}^* \tag{11-112}$$

由于广义质量矩阵 $[M]^*$、广义阻尼矩阵 $[C]^*$ 和广义刚度矩阵 $[K]^*$ 都是对角矩阵,因此式(11-112)成为 n 个独立的方程。

$$M_i\ddot{\eta}_i + C_i\dot{\eta}_i + K_i\eta_i = F_i \qquad (i = 1,2,\cdots,n) \tag{11-113}$$

这 n 个方程显然是彼此独立的,且每个都只含有一个未知数 η_i,第一个方程均与单自由度体系的运动方程具有相同数学形式。于是可以按照求解单自由度体系的理论及方法。求解广义坐标下的动力响应。

式(11-113)可以改写为更熟悉的形式

$$\ddot{\eta}_i + 2\xi_i\omega_i\dot{\eta}_i + \omega_i^2\eta_i = \frac{F_i}{M_i} \qquad (i = 1,2\cdots,n) \tag{11-114}$$

式中:

$$\omega_i^2 = \frac{K_i}{M_i} \qquad (i = 1,2,\cdots,n) \tag{11-115}$$

$$\xi_i = \frac{C_i}{2M_i\omega_i} \qquad (i = 1,2,\cdots,n) \tag{11-116}$$

ω_i 和 ξ_i 分别为广义坐标空间中属于第 i 振型的自振频率和与其相应的广义阻尼比。

与单自由度一样,方程(11-114)也可用杜哈梅积分求得广义坐标 η_i 的动力响应,当初始条件为零时,有

$$\eta_i(t) = \frac{1}{M_i\omega_{li}} \int_0^t F_i(\tau) e^{-\xi_i\omega_i(t-\tau)} \sin\omega_{li}(t - \tau) \mathrm{d}\tau \qquad (i = 1,2,\cdots,n) \tag{11-117}$$

式中:

$$\omega_{li} = \omega_i\sqrt{1 - \xi_i^2} \tag{11-118}$$

ω_{li} 为按第 i 振型振动时,有阻尼体系自由振动时的圆频率。在求得关于各广义坐标 $\eta_1(t),\eta_2(t),\cdots,\eta_n(t)$ 的动力响应之后,即可按照式(11-92a)求得体系以几何坐标表示的各动位移 $y_1(t),y_2(t),\cdots,y_n(t)$。

三、广义阻尼的确定

对于有阻尼强迫振动来说,式(11-116)中的广义阻尼常数 C_i 的确定可由瑞雷阻尼公式获得。由于

$$[Y]^\mathrm{T}[C][Y] = [Y]^\mathrm{T}(\alpha[M] + \beta[K])[Y]$$
$$= \alpha[Y]^\mathrm{T}[M][Y] + \beta[Y]^\mathrm{T}[K][Y]$$
$$= \alpha[M]^* + \beta[K]^* = [C]^*$$

即

$$\begin{bmatrix} \alpha M_1 + \beta K_1 & 0 & \cdots & 0 \\ 0 & \alpha M_2 + \beta K_2 & \cdots & 0 \\ \cdots & \cdots & & \\ 0 & 0 & \cdots & \alpha M_n + \beta K_n \end{bmatrix} = \begin{bmatrix} C_1 & 0 & \cdots & 0 \\ 0 & C_2 & \cdots & 0 \\ & & \cdots & \\ 0 & 0 & \cdots & C_n \end{bmatrix}$$

于是有广义阻尼常数

$$C_i = \alpha M_i + \beta K_i \qquad (i = 1,2,\cdots,n) \tag{11-119}$$

计及式(11-115)及式(11-116)的关系后可得

$$\xi_i = \frac{1}{2}\left(\frac{\alpha}{\omega_i} + \beta\omega_i\right) \qquad (i = 1,2,\cdots,n) \tag{11-120}$$

显而易见,在瑞雷的建议中,组合系数 α 与 β 的选择是非常关键的,否则,往往会出现两种决然对立的结论。例如,若取 $\alpha = 0$,而 $\beta \neq 0$,则式(11-120)表示,第 i 振型的广义阻尼比 ξ_i 与自振频率 ω_i 成正比,阻尼比随振型序号的增大而增大,结构的高振型的阻尼会很大;反之,若取 $\alpha \neq 0$ 而 $\beta = 0$,则广义阻尼比 ξ_i 与自振频率 ω_i 成反比,阻尼比随振型序号的增大而减小,结构高振型的阻尼将很小。由此可见,α、β 的取值不同,所得的结论也不一样,至于 α 与 β 究竟如何取值才能恰当反映 ξ_i 与 ω_i 的真实关系,这需要通过实验来确定。

先通过实验测定任意两个不同振型的阻尼比(通常是第一、第二振型的),再按式

（11-120）建立一个以 α、β 为未知量的二元联立方程

$$\left.\begin{array}{l} \dfrac{1}{\omega_1}\alpha + \omega_1\beta = 2\xi_1 \\[3mm] \dfrac{1}{\omega_2}\alpha + \omega_2\beta = 2\xi_2 \end{array}\right\}$$

解此方程组，可得

$$\alpha = \frac{2\omega_1\omega_2(\xi_1\omega_2 - \xi_2\omega_1)}{\omega_2^2 - \omega_1^2}$$

$$\beta = \frac{2(\xi_2\omega_2 - \xi_1\omega_1)}{\omega_2^2 - \omega_1^2}$$

（11-121）

确定了 α、β 之后，就可由式（11-120）求出其他振型的阻尼了。

例 11-25　图 11-51 所示简支梁具有三个集中质量，已知梁的弹性模量、截面惯性矩、跨长、质量及阻尼比依次为

$$E = 2.1 \times 10^{11} \mathrm{N/m^2}, I = 5 \times 10^{-4} \mathrm{m^4}$$

$$l = 10\mathrm{m}, m = 1\,050\mathrm{kg}, \xi_1 = \xi_3 = 0.05$$

每个质量上都作用有谐振荷载，且已知荷载幅值 $F_{p1} = 100\mathrm{kN}$，$F_{p2} = 300\mathrm{kN}$，$F_{p3} = 200\mathrm{kN}$，若荷载频率 $\theta = 500\mathrm{rad/s}$，求此结构的稳态位移响应。

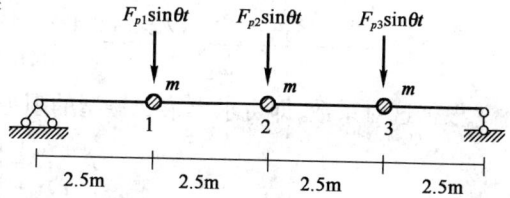

图　11-51

解

（1）由例 11-19 的结果可以算得简支梁的自振频率为

$$\omega_1 = 4.933\sqrt{\frac{EI}{ml^3}} = 49.33$$

$$\omega_2 = 195.96$$

$$\omega_3 = 416.06$$

于是

$$\frac{\theta}{\omega_1} = \frac{500}{49.33} = 10.136$$

$$\frac{\theta}{\omega_2} = \frac{500}{195.96} = 2.552$$

$$\frac{\theta}{\omega_3} = \frac{500}{46.06} = 1.202$$

振型矩阵

$$[Y] = [\{Y\}_1^{\mathrm{T}}\{Y\}_2^{\mathrm{T}}\{Y\}_3^{\mathrm{T}}] = \begin{bmatrix} 1 & 1 & 1 \\ 1.414 & 0 & -1.414 \\ 1 & -1 & 1 \end{bmatrix}$$

质量矩阵

$$[M] = 1\,050[I]$$

广义质量矩阵

$$[M]^* = [Y]^\mathrm{T}[M][Y] = \begin{bmatrix} 1 & 1.44 & 1 \\ 1 & 0 & -1 \\ 1 & -1.414 & 1 \end{bmatrix}\begin{bmatrix} 1 & 0 & 0 \\ 0 & 1 & 0 \\ 0 & 0 & 1 \end{bmatrix}\begin{bmatrix} 1 & 1 & 1 \\ 1.414 & 0 & -1.414 \\ 1 & -1.414 & 1 \end{bmatrix} \times 1\,050$$

$$= \begin{bmatrix} 4 & 0 & 0 \\ 0 & 2 & 0 \\ 0 & 0 & 4 \end{bmatrix} = \times 1\,050 = \begin{bmatrix} 4\,200 & 0 & 0 \\ 0 & 2\,100 & 0 \\ 0 & 0 & 4\,200 \end{bmatrix}$$

因为 $\xi_1 = \xi_3 = 0.05$，所以由式(11-121)可求得

$$\alpha = \frac{2\omega_1\omega_3(\xi_1\omega_3 - \xi_3\omega_1)}{\omega_3^2 - \omega_1^2}$$

$$= \frac{2 \times 49.33 \times 416.06 \times (0.05 \times 416.06 - 0.05 \times 49.33)}{416.06^2 - 49.33^2} = 4.410\,1$$

$$\beta = \frac{2(\xi_3\omega_3 - \xi_1\omega_1)}{\omega_3^2 - \omega_1^2} \frac{2 \times (0.05 \times 416.06 - 0.05 \times 49.33)}{416.06^2 - 49.33^2} = 2.15 \times 10^{-4}$$

根据这对系数，即可求出第二振型的阻尼比 ξ_2

$$\xi_2 = \frac{1}{2}\left[\frac{\alpha}{\omega_2} + \beta\omega_2\right]$$

$$= \frac{1}{2}\left[\frac{4.410\,1}{195.96} + 2.15 \times 10^{-4} \times 195.96\right] = 0.032\,3$$

(2)求广义荷载向量。

$$\{F\} = [Y]^\mathrm{T}\{F_p(t)\}$$

$$= \begin{bmatrix} 1 & 1.414 & 1 \\ 1 & 0 & -1 \\ 1 & -1.414 & 1 \end{bmatrix}\begin{bmatrix} 10^5 \\ 3 \times 10^5 \\ 2 \times 10^5 \end{bmatrix}\sin\theta t = 10^5 \times \begin{bmatrix} 7.2425 \\ -1.0 \\ -1.2425 \end{bmatrix}\sin\theta t$$

(3)求结构在广义坐标空间中的稳态位移响应。

振动微分方程(广义坐标空间)为

$$\ddot{\eta}_i + 2\xi_i\omega_i\dot{\eta}_i + \omega_i^2\eta_i = \frac{F_i}{M_i} \qquad (i = 1,2,3)$$

由式(11-27a)可知，这个等效单自由度体系的稳态位移响应可写为

$$\eta_i(t) = \frac{1}{\sqrt{\left[\left(1 - \frac{\theta}{\omega_i}\right)^2\right]^2 + 4\xi_i^2\left(\frac{\theta}{\omega_i}\right)^2}} \cdot \frac{F_i}{M_i\omega_i^2}\sin(\theta t - \alpha_i)$$

$$\alpha_i = \tan^{-1}\frac{2\xi_i\dfrac{\theta}{\omega_i}}{1 - \left(\dfrac{\theta}{\omega_i}\right)^2} \qquad (i = 1,2,3)$$

展开后即

$$\eta_i(t) = \frac{1}{\left(1 - \dfrac{\theta^2}{\omega_i^2}\right) + \left(2\xi_i\dfrac{\theta}{\omega_i}\right)^2}\ \frac{F_i}{M_i\omega_i^2}\left\{\left[\left(1 - \dfrac{\theta^2}{\omega_i^2}\right)\sin\theta t - 2\xi_i\dfrac{\theta}{\omega_i}\cos\theta t\right]\right\} \qquad (i = 1,2,3)$$

代入数据后可得到

$$\begin{bmatrix} \eta_1 \\ \eta_2 \\ \eta_3 \end{bmatrix} = 10^6 \times \begin{bmatrix} -696.448 & -6.939 \\ 224.750 & 6.659 \\ 358.061 & 96.759 \end{bmatrix} \begin{bmatrix} \sin\theta t \\ \cos\theta t \end{bmatrix}$$

(4)求结构在原几何空间中的稳态位移响应。

利用坐标变换式(11-92a),可以得到

$$\{y(t)\} = [y]\{\eta(t)\}$$

$$= 10^{-6} \times \begin{bmatrix} 1 & 1 & 1 \\ 1.414 & 0 & -1.414 \\ 1 & -1 & 1 \end{bmatrix} \begin{bmatrix} -696.448 & -6.939 \\ 224.750 & 6.659 \\ 358.061 & 96.759 \end{bmatrix} \begin{bmatrix} \sin\theta t \\ \cos\theta t \end{bmatrix}$$

$$= 10^{-3} \times \begin{bmatrix} -0.136 & 0.096 \\ -1.491 & -0.14 \\ -0.563 & 0.083 \end{bmatrix} \begin{bmatrix} \sin\theta t \\ \cos\theta t \end{bmatrix}$$

即

$$y_1(t) = 10^{-3} \times (-0.136\sin\theta t + 0.096\cos\theta t)$$

$$y_2(t) = 10^{-3} \times (-1.491\sin\theta t + 0.147\cos\theta t)$$

$$y_3(t) = 10^{-3} \times (-0.563\sin\theta t + 0.083\cos\theta t)$$

第九节 无限自由度体系的自由振动

严格地说,任何弹性体系都属于无限自由度体系。为了解决实际问题,可通过各种途径将其简化为单自由度或有限自由度体系计算,以得出近似结果。但是,这种计算对弹性体系在动力荷载作用下的描述是不完整的。较精确地计算是按无限自由度体系进行分析,并由此可以了解近似算法的应用范围和精确程度。此外,对于某种类型的结构(例如等截面直杆)来说,直接按无限自由度体系计算也有其方便之处。

本节以等截面直梁为例,简略论述无限自由度体系作自由振动时的某些响应规律。在无限自由度体系的动力计算中,除取时间作独立变量外,还取位置坐标作独立变量,因此体系的运动方程是偏微分方程。

如图 11-52 所示为一等截面简支梁,其单位长度的质量为 $\overline{m}$,受一般分布荷载 $q(x,t)$ 的作用,梁的弯曲刚度为 EI。

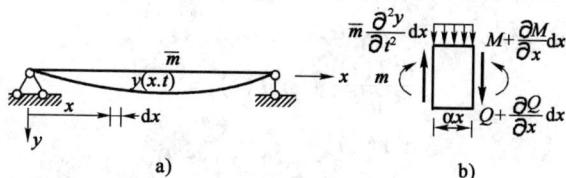

图 11-52

梁的横向位移以 $y(x,t)$ 表示。取微段 $\mathrm{d}x$,在微段上作用有剪力 $Q(x,t)$,弯矩 $M(x,t)$,作用力 $q(x,t)\mathrm{d}x$ 和惯性力 $-\overline{m}\dfrac{\partial^2 y}{\partial t^2}\mathrm{d}x$,如图 11-52b)所示。图中所有力均按正方向表示。由达朗

伯原理

$$Q - \left(Q + \frac{\partial Q}{\partial x} \mathrm{d}x \right) + q(x,t)\mathrm{d}x - \overline{m} \frac{\partial^2 y}{\partial t^2} \mathrm{d}x = 0$$

简化后有

$$\overline{m} \frac{\partial^2 y}{\partial t^2} + \frac{\partial Q}{\partial x} = q(x,t) \tag{a}$$

由于忽略截面转动的影响,微段 $\mathrm{d}x$ 的转动方程为

$$M + \frac{\partial M}{\partial x} \mathrm{d}x - M - Q\mathrm{d}x = 0$$

简化后得

$$Q = \frac{\partial M}{\partial x} \tag{b}$$

根据材料力学知梁的挠曲方程(略去剪切变形的影响)为

$$M = EI \frac{\partial^2 y}{\partial x^2} \tag{c}$$

由式(c)、式(b)及式(a)可得

$$EI \frac{\partial^4 y}{\partial x^4} + \overline{m} \frac{\partial^2 y}{\partial t^2} = q(x,t) \tag{11-122}$$

方程(11-122)即为弯曲振动的基本方程。这是一个偏微分方程,其中 $y(x,t)$ 是横坐标 x 和时间 t 的函数。

当梁没有受到荷载作用时,即 $q(x,t)=0$ 时,将产生自由振动,因此,等截面杆弯曲自由振动的基本微分方程为

$$EI \frac{\partial^4 y}{\partial x^4} + \overline{m} \frac{\partial^2 y}{\partial t^2} = 0 \tag{11-123}$$

方程(11-123)可采用分离变量法求解,即假设 $y(x,t)$ 可以表示为以 x 为自变量的函数 $y(x)$ 和以 t 为自变量的函数 $T(t)$ 的乘积,即

$$y(x,t) = Y(x)T(t) \tag{d}$$

也就是说这里所设的振动是一种单自由度的振动。在不同时刻 t,弹性曲线的形状不变,只是幅度在变。这里 $Y(x)$ 表示曲线形状,$T(t)$ 表示位移幅度随时间变化的规律。

将式(d)代入方程(11-123),整理后得

$$\frac{EI \dfrac{\mathrm{d}^4 Y(x)}{\mathrm{d}x^4}}{\overline{m} Y(x)} = \frac{\dfrac{\mathrm{d}^2 T(t)}{\mathrm{d}t^2}}{T(t)} \tag{e}$$

因 t 与 x 是相互独立的变量,为保持等号恒等,两边必须等于同一常数。以 ω^2 表示此常数,则可得到两个常微分方程。

$$\frac{\mathrm{d}^2 T(t)}{\mathrm{d}t^2} + \omega^2 T(t) = 0 \tag{11-124}$$

$$\frac{\mathrm{d}^4 Y(x)}{\mathrm{d}x^4} - \lambda^4 Y(x) = 0 \tag{11-125}$$

式中:

$$\lambda = \sqrt[4]{\frac{\omega^2 m}{EI}} \quad \text{或} \quad \omega^2 = \lambda^4 \frac{EI}{m} \tag{11-126}$$

这样一来经过变量分离之后,就将原来求偏微分方程(11-123)的解,变为求解两个独立的

常微分方程式(11-124)和式(11-125)。这样处理的优点不单是因为常微分方程比偏微分方程容易求解,更主要的是因为初始条件只是时间 t 的函数,而边界条件则仅与坐标 x 有关,这使原偏微分方程的变量分离开,便于联系这些条件来求解出相应的特解。

显然,方程(11-124)与前述单自由度无阻尼体系自由振动方程形式上完全相似,因而他的通解为

$$T(t) = a\sin(\omega t + \alpha)$$

式中的两个积分常数 a 与 α 应由初始条件决定。

于是方程(11-123)的解可表示为

$$y(x,t) = Y(x)\sin(\omega t + \alpha) \tag{11-127}$$

式中,常数 a 已吸收到特定函数 $Y(x)$ 中。由式(11-127)可以看出,振动是以 ω 为频率的简谐运动,$Y(x)$ 是其振幅曲线,由于

$$EI\frac{\mathrm{d}^4 Y(x)}{\mathrm{d}x^4} = \omega^2 \overline{m} Y(x) \tag{f}$$

由梁的挠度与荷载集度间的关系,即梁的静力平衡条件可知,振幅曲线 $Y(x)$ 是在荷载 $\omega^2 \overline{m} Y(x)$ 作用下的静力曲线。这种弹性曲线的特点是它与荷载分布曲线呈比例。这种相似性,在一般荷载下是不存在的。满足式(f)的函数称为固有函数或主函数,在动力分析中即为主振型。

式(11-125)的解为

$$Y(x) = C_1 \mathrm{ch}\lambda x + C_2 \mathrm{sh}\lambda x + C_3 \cos\lambda x + C_4 \sin\lambda x \tag{11-128}$$

根据边界条件,可以写出包含待定常数 C_1、C_2、C_3、C_4 的 4 个齐次方程。为了求得非零解,要求方程的系数行列式为零,这就得到用以确定 λ 的特征方程(频率方程)。λ 确定之后,由式(11-126)可求得自振频率 ω。对于无限自由度体系,特征方程有无限多个根,因而有无限多个频率 $\omega_i (i = 1, 2 \cdots)$。对于每一个频率,可求出 C_1、C_2、C_3、C_4 的一组比值,于是便得到相应的主振型 $Y_i(x)$。

对应于每一个频率和振型,基本微分方程(11-123)有一个特解

$$y_i(x,t) = Y_i(x)\sin(\omega_i t + \alpha_i) \qquad (i = 1, 2, 3, \cdots, \infty)$$

方程(11-123)的全解为各特解的线性组合,可表示为

$$y(x,t) = \sum_{i=1}^{\infty} a_i Y_i(x)\sin(\omega_i t + \alpha_i) \tag{11-129}$$

式中的特定常数 a_i 和 α_i 应由初始条件决定。一般初始条件下,$y(x,t)$ 中含有若干不同频率的特解,它不再是简谐振动。

例 11-26 试求图 11-53a)所示某截面简支梁的自振频率和主振型。

解

由左端边界条件,代入式(11-128),即

$$Y(0) = 0 \qquad\qquad C_1 + C_2 = 0$$
$$Y''(0) = 0 \qquad\qquad C_1 - C_3 = 0$$

可解得 $C_1 = C_3 = 0$,则振幅曲线简化为

$$Y(x) = C_2 \mathrm{sh}\lambda x + C_4 \sin\lambda x$$

右端边界条件为

$$Y(l) = 0 \qquad\qquad C_2 \mathrm{sh}\lambda l + C_4 \sin\lambda l = 0$$
$$Y''(l) = 0 \qquad\qquad C_2 \mathrm{sh}\lambda l - C_4 \sin\lambda l = 0$$

令此齐次方程组的系数行列式为零,得

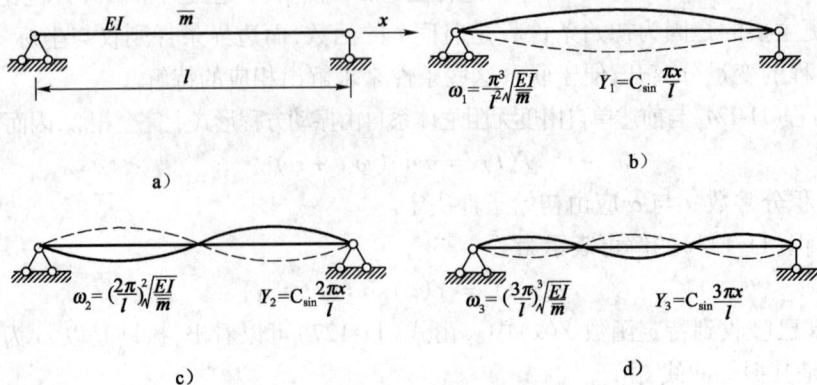

图 11-53

$$\begin{vmatrix} \text{sh}\lambda l & \sin\lambda l \\ \text{sh}\lambda l & -\sin\lambda l \end{vmatrix} = 0$$

即

$$\text{sh}\lambda l \cdot \sin\lambda l = 0$$

因为 $\lambda l \neq 0$(若 $\lambda l = 0$,即 $\lambda = 0$,则有 $Y(x) = 0$,成为无振动的情况),故 $\text{sh}\lambda l \neq 0$。于是特征方程为

$$\text{sh}\lambda l = 0$$

它有无限多个根

$$\lambda_i \frac{i\pi}{l} \qquad (i = 1, 2, \cdots)$$

因而有无限多个自振频率

$$\omega_i = \frac{i^2\pi^2}{l^2}\sqrt{\frac{EI}{\overline{m}}} \qquad (i = 1, 2, \cdots)$$

每一个自振频率 ω_i 有自己的主振型 $Y_i(x)$。将方程代入右端边界条件中的任一式,可得,$C_2 = 0$。将 C_4 用 C 代替,于是可得振幅曲线为

$$Y_i(x) = C\sin\frac{i\pi x}{l} \qquad (i = 1, 2, \cdots)$$

由上式可以看,等截面简支梁的第 i 个振型为含有 i 个半波的正弦曲线。前三个主振型如图 11-53b)、图 11-53c)、图 11-53d)所示。

第十节　能量法计算自振频率

自振频率是体系的重要动力特性。前边研究了计算频率的精确方法。当体系的自由度数目较多时,精确法的计算工作很繁重。另一方面,一般来说基频和较低频率所对应的主振型对结构动力响应的影响较大,因此基频和较低的若干个频率更加受到工程上的关注。基于上原因,常采用一些计算简单但又具有一定精度的近似解法。除了前边介绍的集中质量法以外,采用基于能量原理的近似法即能量法也是一种有效方法。其中的瑞雷法简便易行,应用广泛,本节即介绍这一方法。

能量法主要用于求多自由度体系或无限自由度体系最小自振频率的近似值。其出发点是能量守恒原理,即体系作自由振动,在不考虑阻尼的情况下,体系能量保持不变,因而在任意时刻,体系的动能与变形能之和应保持为一常数。而在振动过程中,当体系在振动中达到位移振幅时,各质点速度为零,因而动能 T 为零,但变形能 U 最大。当体系在通过静力平衡位置时,各质点速度最大,动能 T 达到最大,而其变形能 U 为零。利用这两个稳定的瞬时,由能量守恒定律得

$$0 + U_{\max} = T_{\max} + 0$$

即

$$U_{\max} = T_{\max} \tag{11-130}$$

由此可推出频率计算的一般公式。

以梁的自由振动为例,它是一无限自由度体系,设梁单位长度量为 $\overline{m}(x)$,该梁振动时任一点的位移为

$$y(x,t) = Y(x)\sin(\omega t + \alpha)$$

任一时刻的速度为

$$\dot{y}(x,t) = Y(x)\omega\cos(\omega t + \alpha)$$

式中, $Y(x)$ 表示梁上任一点的振幅(即振型函数); ω 为体系的自振频率。

梁在自由振动时的弯曲变形能可表示为

$$U = \frac{1}{2}\int_0^l EI\left(\frac{\partial^2 y}{\partial x^2}\right)^2 dx = \frac{1}{2}\sin^2(\omega t + \alpha)\int_0^l EI[Y''(x)]^2 dx \tag{a}$$

梁的动能为

$$T = \frac{1}{2}\int_0^l \overline{m}(x)[\dot{y}(x,t)]^2 dx = \frac{1}{2}\omega^2\cos^2(\omega t + \alpha)\int_0^l \overline{m}(x)Y^2(x)dx \tag{b}$$

由式(a)、式(b)知,当 $\sin^2(\omega t + \alpha) = 1$ 时,梁的势能达到最大值,为

$$U_{\max} = \frac{1}{2}\int_0^l EI[Y''(x)]^2 dx \tag{c}$$

当 $\cos^2(\omega t + \alpha) = 1$ 时,梁的动能达到最大值,为

$$T_{\max} = \frac{1}{2}\omega^2\int_0^l \overline{m}(x)Y^2(x)dx \tag{d}$$

由式(11-130)可知,根据能量守恒定律, $U_{\max} = T_{\max}$,于是有

$$\omega^2 = \frac{\int_0^l EI[Y''(x)]^2 dx}{\int_0^l \overline{m}(x)Y^2(x)dx} \tag{11-131}$$

这就是瑞雷法求梁自振频率的公式。若梁上还有集中质量 $m_i(i = 1,2,\cdots)$,则在式(d)中应计入其相应的动能。此时式(11-131)应改写为

$$\omega^2 = \frac{\int_0^l EI[Y''(x)]^2 dx}{\int_0^l \overline{m}(x)Y^2(x)dx + \sum_i m_i Y^2(x_i)} \tag{11-132}$$

式中, $Y(x_i)$ 为质量 m_i 的动位移幅值。

若 $Y(x)$ 取为体系的某一振型,将其代入则可以求得该振型所对应的自振频率的精确值。一般情况下振型函数 $Y(x)$ 是未知的,因此在计算自振频率时需先假设一个接近于振型函数的位移函数来代替它,这样求得的自振频率通常是近似的。用假设的位移函数相当于对体系的变形增加了约束,从而使刚度增大,所以瑞雷法求得的自振频率一般是高于精确值的。

在设定位移函数 $Y(x)$ 时,应该尽可能满足结构的边界条件。边界条件包括几何边界条件和力的边界条件两种。对于梁的横向振动而言,几何边界条件与位移本身及其一阶导数即转角有关;力的边界条件需以位移的二阶及三队导数(对应弯矩和剪力)表示。事实上,常不容易满足所有要求,但几何边界条件必须满足,否则误差将很大。

通常第一频率所对应振型的形态较易于估计,也易于用简单的函数表达,因此瑞雷法主要适用于求第一频率的近似值。一般可采用结构在某种静力荷载(例如分布荷载和集中荷载作

用下的挠度曲线作为 $Y(x)$ 的近似值,此时根据能量守恒,变形能的最大值可用上述荷载所作的功来代替。即

$$U_{max} = \frac{1}{2}\int_0^l q(x)Y(x)\,dx + \frac{1}{2}\sum_j P_j Y(x_j)$$

式中:$q(x)$、$P_j(j=1,2,\cdots)$ 分别为所设的分布荷载和集中荷载,$Y(x)$ 为这些荷载作用下的挠曲线。此时,式(11-132)应改写为

$$\omega^2 = \frac{\int_0^l q(x)Y(x)\,dx + \sum_j P_j Y(x_j)}{\int_0^l \overline{m}(x)Y^2(x)\,dx + \sum_i m_i Y^2(x_i)} \tag{11-133}$$

当采用结构自重作用下的变形曲线作为 $Y(x)$ 的近似表示式时,式(11-132)应改写为

$$\omega^2 = \frac{\int_0^l \overline{m}g Y(x)\,dx + \sum_i m_i g Y(x_i)}{\int_0^l \overline{m}Y^2(x)\,dx + \sum_i m_i Y^2(x_i)} \tag{11-134}$$

式中,g 为重力加速度。如果考虑水平方向振动,则重力应沿水平方向作用。

若体系的分布质量可不考虑($\overline{m}=0$),只有若干个位于 x_i 处的集中质量 $m_i(i=1,2,\cdots)$,即成为多自由度体系。此时式(11-133)成为

$$\omega^2 = \frac{\int_0^l q(x)Y(x)\,dx + \sum_j P_j Y(x_j)}{\sum_i m_i Y^2(x_i)} \tag{11-135}$$

例 11-27　试求图 11-54 所示等截面简支梁的第一频率。

解

(1)假设位移形状函数 $Y(x)$ 为抛物线,它满足边界条件,且与第一振型相近。

$$Y(x) = \frac{4a}{l^2}x(l-x)$$

$$Y''(x) = -\frac{8a}{l^2}$$

$$U_{max} = \frac{EI}{2}\int_0^l \frac{64a^2}{l^4}\,dx = \frac{32EIa^2}{l^3}$$

$$T_{max} = \frac{\overline{m}\omega^2}{2}\int_0^l \frac{16a^2}{l^4}x^2(l-x)^2\,dx = \frac{4}{15}\overline{m}\omega^2 a^2 l$$

因此　$\omega^2 = \frac{120EI}{\overline{m}l^4}$,$\omega = \frac{10.95}{l^2}\sqrt{\frac{EI}{\overline{m}}}$

(2)取均布荷载 q 作用下的挠度曲线作为 $Y(x)$,则

$$Y(x) = \frac{q}{24EI}(l^3 x - 2lx^3 + x^4)$$

代入式(11-133)得

$$\omega^2 = \frac{\int_0^l qY(x)\,dx}{\int_0^l \overline{m}Y^2(x)\,dx} = \frac{\dfrac{q^2 l^5}{120EI}}{\overline{m}\left(\dfrac{q}{24EI}\right)\dfrac{31}{630}l^9}$$

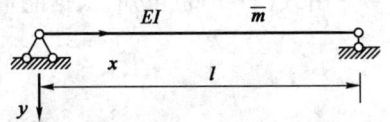

$$\omega = \frac{9.87}{l^2}\sqrt{\frac{EI}{\overline{m}}}$$

（3）设形状函数为正弦曲线

$$Y(x) = \alpha\sin\frac{\pi x}{l}$$

代入式(11-131)得

$$\omega^2 = \frac{EI\alpha^2\dfrac{\pi^4}{l^4}\displaystyle\int_0^l\left(\sin\frac{\pi x}{l}\right)^2\mathrm{d}x}{\overline{m}\alpha^2\displaystyle\int_0^l\left(\sin\frac{\pi x}{l}\right)^2\mathrm{d}x} = \frac{\dfrac{\pi^4 EI\alpha^2}{2l^3}}{\dfrac{\overline{m}\alpha^2 l}{2}} = \frac{\pi^4 EI}{\overline{m}l^4}$$

$$\omega = \frac{\pi^2}{l^2}\sqrt{\frac{EI}{\overline{m}}} = \frac{9.8696}{l^2}\sqrt{\frac{EI}{\overline{m}}}$$

事实上,正弦曲线是第一主振型的精确解,因此由它求得的 ω 是第一频率的精确解。根据均布荷载作用下的挠曲线求得的 ω 具有很高的精度。

例 11-28　用能量法计算例 11-18 中三层刚架的第一频率。

解

对于例 11-18 中所示三层刚架,设以各层重量 $m_i g$ 当作水平集中荷载作用在刚架上(图 11-55 所示)时各层横梁位移 $Y(i)(i=1,2,3)$ 作为第一振型中各质量坐标的近似值。这样,由式(11-134)有

$$\omega^2 = \frac{\displaystyle\sum_i^3 m_i g Y(i)}{\displaystyle\sum_i^3 m_i Y^2(i)}$$

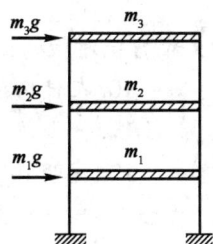
图 11-55

若以 k_i 表示第 i 层侧移刚度系数,于是:

m_1 所在点的位移

$$Y(1) = \frac{\displaystyle\sum_{i=1}^3 m_i g}{k_1} = \frac{4mg}{k}$$

m_2 所在点的位移

$$Y(2) = Y(1) + \frac{\displaystyle\sum_{i=2}^3 m_i g}{k_2} = \frac{6.5mg}{k}$$

m_3 所在点的位移

$$Y(3) = Y(2) + \frac{\displaystyle\sum_{i=3}^3 m_i g}{k_3} = \frac{8mg}{k}$$

因此有

$$\omega = \sqrt{\frac{\displaystyle\sum_i^3 m_i g Y(i)}{\displaystyle\sum_i^3 m_i Y^2(i)}} = \sqrt{\frac{1.5\times4+1\times6.5+1.5\times8}{1.5\times4^2+1\times6.5^2+1.5\times8^2}}\sqrt{\frac{k}{m}} = 0.388\sqrt{\frac{k}{m}}$$

若按多自由度体系用精确法求解,则得 $\omega = 0.386\sqrt{\dfrac{k}{m}}$,仅相差 0.5%。

思 考 题

1. 试说明动力荷载与移动荷载的区别。移动荷载是否可能产生动力效应？

2. 什么是体系的动力自由度？它与几何组成分析中体系的自由度之间有何区别？如何确定体系的动力自由度？

3. 建立单自由度体系的运动方程有哪些主要方法？它们的基本原理是什么？

4. 单自由度体系当动力荷载不作用在质量上时，应如何建立运动微分方程？

5. 为什么说自振周期和自振频率是结构的固有性质？它们与结构的哪些因素有关？有怎样的关系？

6. 试说明有阻尼自由振动位移时程曲线的主要特点。此时，质量往复一周所用的时间与无阻尼时相比如何？

7. 为什么阻尼对体系在冲击荷载作用下的动力响应影响很小？

8. 什么是动力系数？单自由度体系质量动位移的动力系数与杆件内力的动力系数是否相同？

9. 简谐荷载的动力系数 β 和什么有关？你能说明当 $\frac{\theta}{\omega} \to 0, 0 < \frac{\theta}{\omega} < 1, \frac{\theta}{\omega} \to 1, \frac{\theta}{\omega} > 1$ 时，β 绝对值的变化规律吗？

10. 在什么范围内，阻尼对动力系数 β 的影响是不容忽视的？

11. 什么是共振现象？如何防止结构发生共振？

12. 说明在两个自由度体系中，为什么由系数行列式 $D = 0$ 能得到自振圆频率的方程？

13. 对比用柔度法和刚度法求频率的原理和计算步骤，并说明在什么情况下用柔度法较方便？在什么情况下用刚度法较方便？

14. 什么叫主振型？为什么在两个自由度体系的振动曲线中只能得到两个位移幅值的对比值？

15. 怎样才能使两个自由度体系按某个主振型作自由振动？

16. 什么是主振型的正交性？

17. 两个自由度体系各质点的位移、内力有没有统一的动力系数？与单自由度体系有什么不同？

18. 结构自振频率的个数取决于哪种因素？求解结构自振频率的问题在数学上属于哪类问题？

19. 试说明用振型叠加法求解多自由度体系动力响应的基本思想，这种方法利用了振动体系的哪种特性？

20. 能用振型叠加法解简谐荷载作用下多自由度体系的受迫振动吗？试用例证说明。

21. 在何种特定荷载作用下，多自由度体系只按某个主振型作单一振动？

22. 为什么工程上特别关注体系的基本频率和较低的若干个自振频率？

23. 应用能量法时，所设的位移函数应满足什么条件？求得的自振频率的精度取决于什么？

24. 用能量法求得的频率近似值是否总是真实频率的一个上限。

11-1 试确定习图 11-1 所示各体系的动力自由度数目。(弹性杆自身的质量忽略不计)

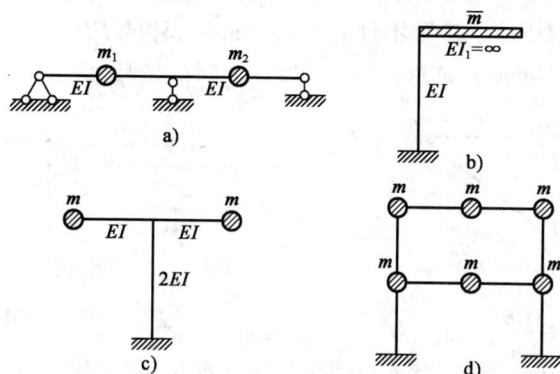

习图 11-1

11-2 试列出习图 11-2 所示体系的运动方程计算各系数。不考虑阻尼的影响。

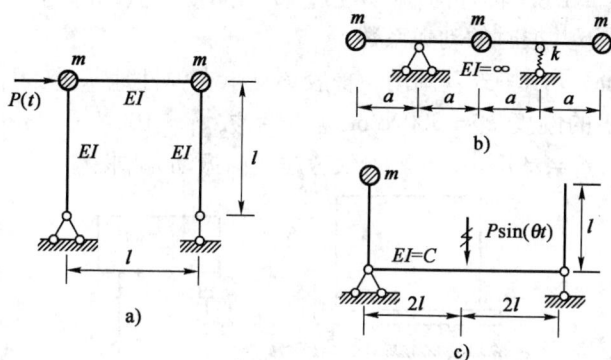

习图 11-2

11-3 试求习图 11-3 所示各结构的自振频率。杆件自身的质量忽略不计。

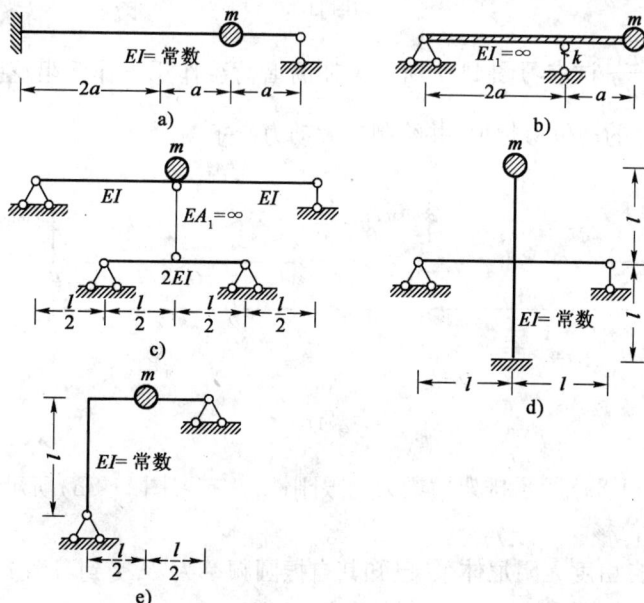

习图 11-3

11-4 试求习图 11-4 所示桁架的自振频率。已知质量 $m = 40 \mathrm{kg}, g = 9.81 \mathrm{m/s^2}$,桁架各截面相同,$A = 20 \mathrm{cm^2}, E = 210 \mathrm{GPa}$,并设桁架各杆自重及质量 m 的水平运动均可略去不计。

11-5 试求习图 11-5 所示刚架侧移振动时的自振频率及周期。横梁的刚度可视为无穷大,重量 $W = mg = 200 \mathrm{kN}$(柱子自重不计),$g = 9.8 \mathrm{m/s^2}$,柱的 $EI = 5 \times 10^4 \mathrm{kN \cdot m^2}$。又若初始位移为 $1 \mathrm{cm}$,初始速度为 $10 \mathrm{cm/s}$,试求振幅值和 $t = 1 \mathrm{s}$ 时的位移。

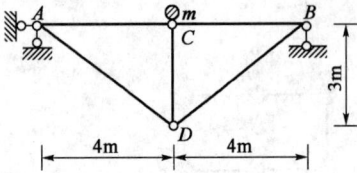

习图 11-4

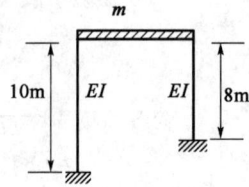

习图 11-5

11-6 在习题 11-4 中若阻尼比 $\xi = 0.05$,试求自振频率和周期。又若 $y_0 = 1 \mathrm{cm}, v_0 = 100 \mathrm{m/s}$,求 $t = 1s$ 时位移是多少?

11-7 测得某单自由度结构自由振动经过 10 个周期后振幅降为原来的 5%,试求阻尼比和在简谐干扰力作用下共振时的动力系数。

11-8 习图 11-6a) 所示块式基础用一橡胶垫支承在弹性地基上,习图 11-6b) 为其动力分析计算简图。橡胶垫的刚度 $k_r = 300 \mathrm{N/m}$,阻尼系数 $c_r = 100 \mathrm{N \cdot s/m}$。弹性地基刚度 $k_f = 12\,000 \mathrm{N/m}$,阻尼系数 $c_f = 330 \mathrm{N \cdot s/m}$。若仅考虑竖向振动,试求体系的阻尼比 ξ。

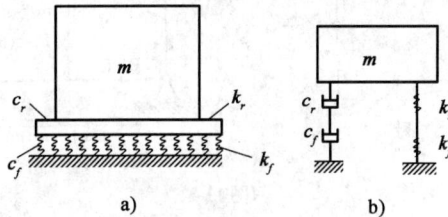

习图 11-6

11-9 设 $\theta = \sqrt{\dfrac{6EI}{ml^3}}$,试求习图 11-7 所示梁在简谐荷载作用下作无阻尼强迫振动时质量处以及动力荷载作用点的动位移幅值,并绘制最大动力弯矩图。

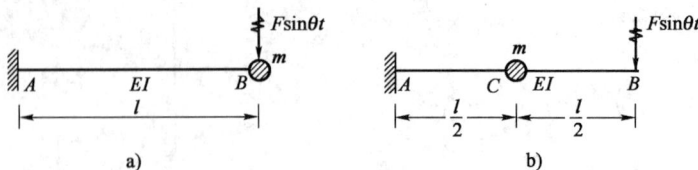

习图 11-7

11-10 设习图 11-8a) 所示排架横梁为无限刚性,并有习图 11-8b) 所示水平短时动力荷载作用,试求横梁的动位移。

11-11 有一单自由度无阻尼体系,已知其自振圆频率为 ω,受到习图 11-9 所示荷载作用。试用杜哈梅积分公式求其在 $t > t_1$ 时的动力系数。

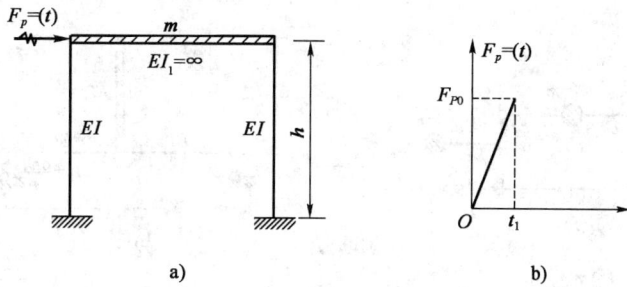

a) b)

习图 11-8

11-12 试求习图 11-10 所示结构 B 点的最大竖向动位移 $\Delta y_{B(\max)}$，并绘制最大动力弯矩图。设均布简谐荷载频率 $\theta = \sqrt{\dfrac{EI}{ma^3}}$，$B$ 点处弹性支座的刚度系数 $k = \dfrac{EI}{a^3}$，忽略阻尼的影响。

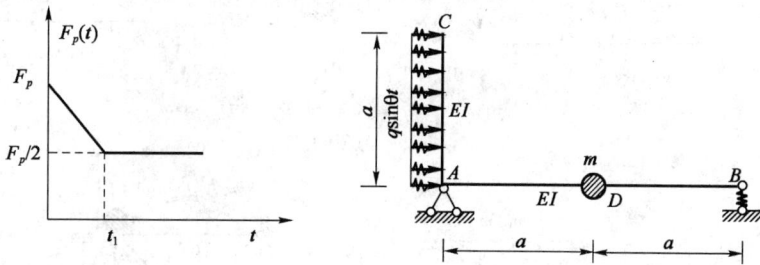

习图 11-9 习图 11-10

11-13 设习图 11-11 所示排架在横梁处受水平脉冲荷载作用，已知 $EI = 6 \times 10^6 \text{N} \cdot \text{m}^2$，$t_1 = 0.1\text{s}$，$F_{P0} = 8 \times 10^4 \text{N}$。忽略杆件的质量，试求各柱所受的最大动简力。

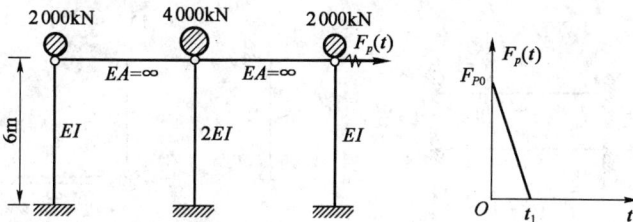

习图 11-11

11-14 设某单自由度体系在简谐荷载 $F_p = F\sin\theta t$ 作用下作有阻尼强迫振动，试问简谐荷载频率 θ 为何值时，体系的位移响应、速度响应和加速度响应达到最大？

11-15 试用柔度法求如习图 11-12 所示集中质量体系的自振频率和主振型。

11-16 试用刚度法求如习图 11-13 所示集中质量体系的自振频率和主振型。

11-17 习图 11-14 所示刚架上各集中质量分别为 $m_1 = 200\text{kg}$，$m_2 = 400\text{kg}$，$m_3 = 300\text{kg}$。柱弯曲刚度 $EI_1 = 4.0\text{MN} \cdot \text{m}^2$，梁的弯曲刚度 $EI_2 = 6.0\text{MN} \cdot \text{m}^2$。试利用对称性计算其自振频率和主振型。

11-18 习图 11-15 所示刚架各横梁为无限刚性，已知 $m = 100\text{t}$，$l = 5\text{m}$，$EI = 5 \times 10^5 \text{kN} \cdot \text{m}^2$；简谐荷载幅值 $F = 30\text{kN}$，每分钟振动 240 次；忽略阻尼影响。试求横梁处的位移幅值和柱端弯矩幅值。

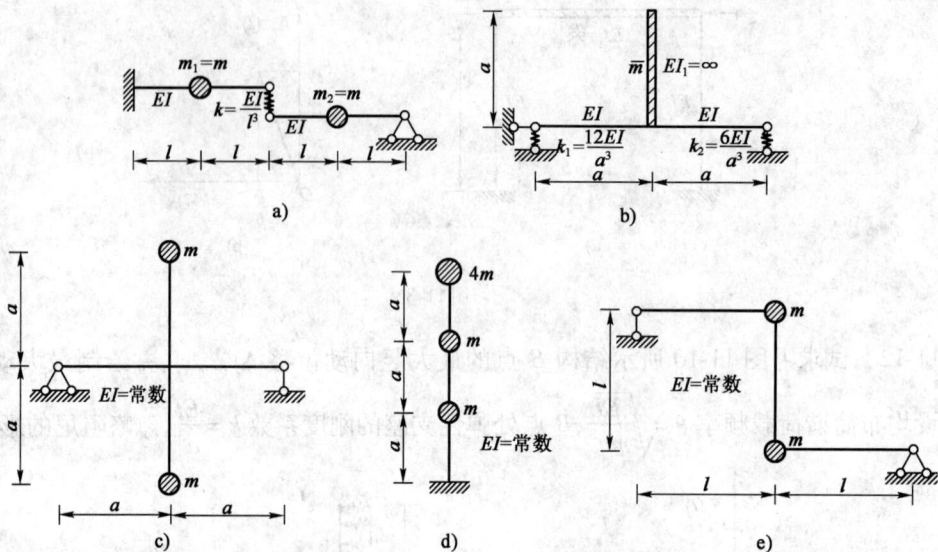

a)

b)

c)

d)

e)

习图 11-12

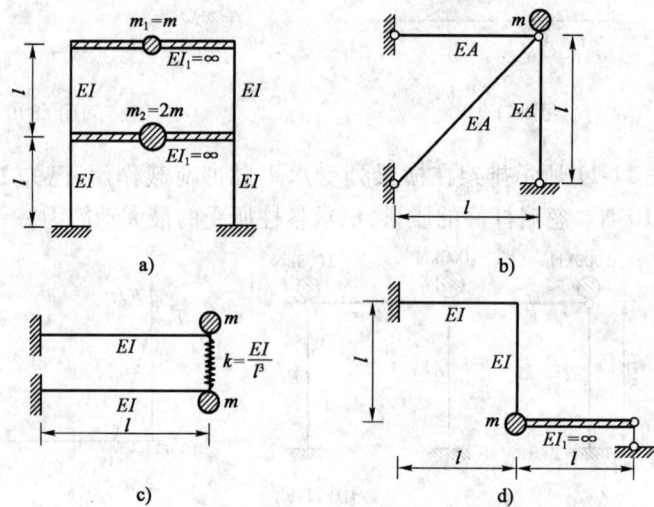

a)

b)

c)

d)

习图 11-13

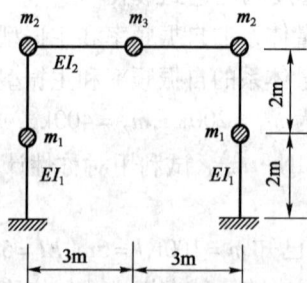

习图 11-14

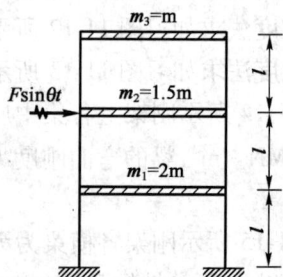

习图 11-15

11-19 试求习图 11-16 所示刚架的最大动力弯矩图。设 $\theta = \sqrt{\dfrac{48EI}{ml^3}}$，刚架自重已集中于两质点。

11-20 习图 11-17 所示悬臂梁上装有两个发电机，重量 $G = 30\text{kN}$，振动力最大值为 $F_0 = 5\text{kN}$。试求当发电机 D 不运转而发电机 C 在每分钟转数分别为 300r/min 和 500r/min 时梁的动力弯矩图。已知梁的 $E = 210\text{GPa}$，$I = 2.4 \times 10^{-4}\text{m}^4$。梁重可略去。

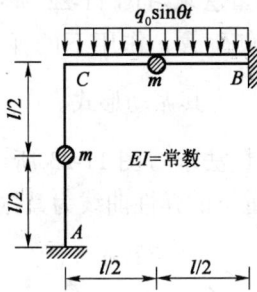

习图 11-16

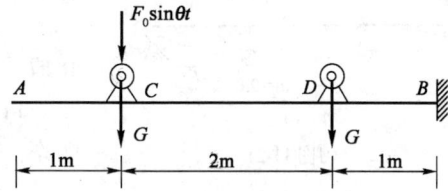

习图 11-17

11-21 试求习图 11-18 所示结构两处 m_1、m_2 的最大竖向动位移，并绘制最大动力弯矩图。设 $m_1 = m_2 = m$，$\theta = \sqrt{\dfrac{EI}{ml^3}}$

11-22 习图 11-19 所示刚架，楼面质量分别为 $m_1 = 120\text{t}$ 和 $m_2 = 100$ 图，柱的质量已集中

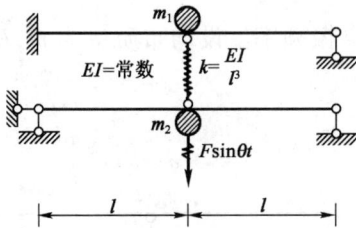

习图 11-18

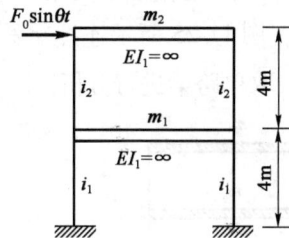

习图 11-19

于楼面；柱的线刚度分别为 $i_1 = 20\text{kN} \cdot \text{m}$ 和 $i_2 = 14\text{kN} \cdot \text{m}$；横梁刚度无限大。设在二层楼面处沿水平方向作用一简谐干扰力 $F_0\sin\theta t$，其幅值 $F_0 = 5\text{kN}$，机器转速 $n = 150\text{r/min}$。试求第一、第二楼面处的振幅值和柱端弯矩的幅值。

11-23 试用振型叠加法计算习题 11-19。

11-24 习图 11-20 所示结构在 B 点处有水平简谐荷载 $F_p(t) = \sin(t)\text{kN}$ 作用，试用振型叠加法计算结构作有阻尼强迫振动时，质量处的最大位移响应。已知阻尼比 $\xi_1 = \xi_2 = 0.10$。$EI = 9 \times 10^6\text{N} \cdot \text{m}$，$\theta = \sqrt{\dfrac{EI}{ml^3}}$。

11-25 用振型叠加法计算习题 11-21。

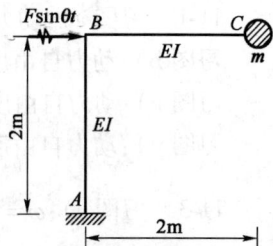

习图 11-20

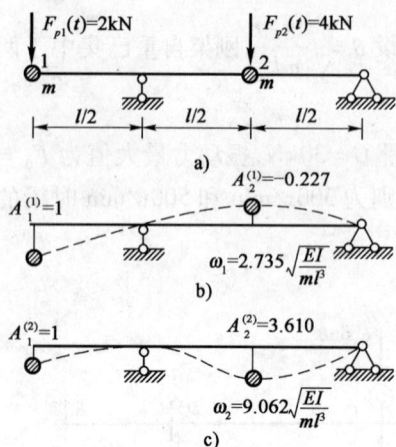

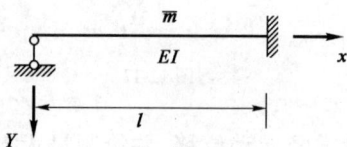

$$\omega_1 = 2.735\sqrt{\frac{EI}{ml^3}}$$

b)

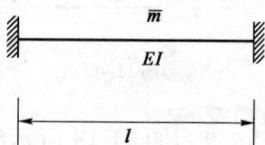

$$\omega_2 = 9.062\sqrt{\frac{EI}{ml^3}}$$

c)

习图 11-21

11-26 习图 11-21a)所示等截面简支外伸梁的两个集中质量为 $m_1 = m_2 = m$，在质量 1 和质量 2 处分别作用突加常量荷载 $F_{p1}(t) = 2\text{kN}$，$F_{P2} = 4\text{kN}$。不考虑阻尼的影响，试用振型叠加法计算两个集中质量处的动力位移。已知该体系的第一主振型及第二主振型如习图 11-21b)、习图 11-21c)所示。

11-27 试用能量法求习图 11-22 所示梁的最低自振频率。设以梁在均布荷载 q 作用下的弹性曲线 $Y(x) = \dfrac{q}{48EI}(l^3 x - 3lx^3 + 2x^4)$ 为其振动形式。

11-28 试用能量法求习图 11-23 所示梁的最低自振频率。设以梁在自重下的弹性曲线为其振动形式。

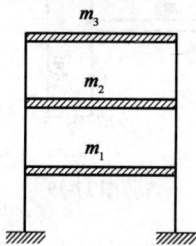

习图 11-22

习图 11-23

11-29 习图 11-24 所示三个自由度的剪切型悬臂结构体系,各层质量为：$m_1 = 2.561\text{kt}$，$m_2 = 2.545\text{kt}$，$m_3 = 0.559\text{kt}$；各层侧移刚度系数为：$k_1 = 543 \times 10^6 \text{N/m}$，$k_2 = 903 \times 10^6 \text{N/m}$，$k_3 = 822 \times 10^6 \text{N/m}$。试用能量法求其第一频率。

11-30 试求习图 11-25 所示连续梁第一和第二自振频率。设均布质量为 $\overline{m}$，$EI =$ 常数。提示：利用对称性,取单跨梁进行分析。

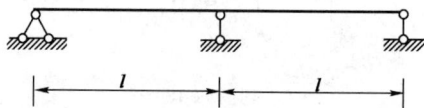

习图 11-24

习图 11-25

习 题 答 案

11-1 习图 a)：动力自由度为 2

习图 b)：动力自由度为 2

习图 c)：动力自由度为 3

习图 d)：动力自由度为 4

11-3 习图 a)：$\omega = \sqrt{\dfrac{6EI}{5ma^3}}$，

习图 b)：$\omega = \dfrac{2}{3}\sqrt{\dfrac{k}{m}}$，

习图 c)：$\omega = \sqrt{\dfrac{102EI}{ml^3}}$,

习图 d)：$\omega = \sqrt{\dfrac{30EI}{13ml^3}}$,

习图 e)：$\omega = 8.172\sqrt{\dfrac{EI}{ml^3}}$

11-4　$87.3(1/s)$

11-5　$\omega = 9.32(r/s), T = 0.674s$

　　$a = 1.467cm, y_{t=1} = -0.882cm$

11-6　$\omega_l = 9.30(r/s), T = 0.676s, y_{t=1} = -0.543cm$

11-7　$\xi = 0.0477, \beta = 10.5$

11-8　$\xi = 0.248$

11-9　a)：$y_{B(\max)} = \dfrac{Fl^3}{3EI}$, b)：$y_{c(\max)} = \dfrac{5Fl^3}{36EI}, y_{B(\max)} = \dfrac{121Fl^3}{288EI}$

11-12　$\Delta_{yB(\max)} = \dfrac{13qa^4}{28EI}, M_{A(\max)} = \dfrac{qa^2}{2}$

11-13　边柱 $F_{Q(\max)} = 6.38kN$

中柱 $F_{Q(\max)} = 12.76kN$

11-14　当 $\theta = \omega\sqrt{1-2\xi^2}$ 时，位移响应达到最大。

当 $\theta = \omega$ 时，速度响应达到最大。

当 $\theta = \dfrac{\omega}{\sqrt{1-2\xi^2}}$ 时，加速度响应达到最大。

11-15 a)：$\omega_1 = 0.89\sqrt{\dfrac{EI}{ml^3}}, \omega_2 = 2.62\sqrt{\dfrac{EI}{ml^3}}$

　　　$Y_1 = \begin{bmatrix} 1 & 2.25 \end{bmatrix}^T, Y_2 = \begin{bmatrix} 1 & -0.446 \end{bmatrix}^T$

b)：$\omega_1 = 2.085\sqrt{\dfrac{EI}{ma^4}}, \omega_2 = 3.641\sqrt{\dfrac{EI}{ma^4}}$

　$Y_1 = \begin{bmatrix} 1 & 7.37 \end{bmatrix}^T, Y_2 = \begin{bmatrix} 1 & -0.046 \end{bmatrix}^T$

c)：$\omega_1 = \sqrt{\dfrac{3EI}{2ma^3}}, \omega_2 = \sqrt{\dfrac{3EI}{ma^3}}, \omega_3 = \sqrt{\dfrac{3EI}{ma^3}}$

　$Y_1 = \begin{bmatrix} 1 & 1 & 0 \end{bmatrix}^T, Y_2 = \begin{bmatrix} 1 & -1 & 0 \end{bmatrix}^T, Y_3 = \begin{bmatrix} 0 & 0 & 1 \end{bmatrix}^T$

　　　$\omega_1 = 0.161\sqrt{\dfrac{EI}{ma^3}}, \omega_2 = 1.760\sqrt{\dfrac{EI}{ma^3}}, \omega_3 = 5.089\sqrt{\dfrac{EI}{ma^3}}$

d)：$Y_1 = \begin{bmatrix} 1.000 & 0.522 & 0.151 \end{bmatrix}^T; Y_2 = \begin{bmatrix} 1.000 & -6.341 & -4.562 \end{bmatrix}^T$

　$Y_3 = \begin{bmatrix} 1.000 & -13.198 & 19.222 \end{bmatrix}^T$

e)：$\omega_1 = 1.095\sqrt{\dfrac{EI}{ml^3}}, \omega_2 = 2.0\sqrt{\dfrac{EI}{ml^3}}$

11-16 a)：$\omega_1 = 2.652\sqrt{\dfrac{EI}{ml^3}}, \omega_2 = 6.401\sqrt{\dfrac{EI}{ml^3}}$

　　　$Y_1 = \begin{bmatrix} 1 & 0.707 \end{bmatrix}^T, Y_2 = \begin{bmatrix} 1 & -0.707 \end{bmatrix}^T$

b) : $\omega_1 = \sqrt{\dfrac{EA}{ma}}, \omega_2 = 1.036\sqrt{\dfrac{EA}{ma}}$

$Y_1 = \begin{bmatrix} 1 & 1 \end{bmatrix}^T, Y_2 = \begin{bmatrix} 1 & -1 \end{bmatrix}^T$

c) : $\omega_1 = \sqrt{\dfrac{3EI}{ml^3}}, \omega_2 = \sqrt{\dfrac{5EI}{ml^3}}$

$Y_1 = \begin{bmatrix} 1 & 1 \end{bmatrix}^T, Y_2 = \begin{bmatrix} 1 & -1 \end{bmatrix}^T$

d) : $\omega_1 = 2.739\sqrt{\dfrac{EI}{ml^3}}, \omega_2 = 2.828\sqrt{\dfrac{EI}{ml^3}}$

$Y_1 = \begin{bmatrix} 1 & 0 \end{bmatrix}^T, Y_2 = \begin{bmatrix} 0 & 1 \end{bmatrix}^T$

11-17 $\omega_1 = 34.66(1/s)$（反对称），$\omega_2 = 92.23(1/s)$（正对称），
$\omega_3 = 223.89(1/s)$（正对称），$\omega_4 = 224.57(1/s)$（反对称）

11-18 $a_1 = -0.033\text{mm}, a_2 = -0.077\text{mm}, a_3 = -0.225\text{mm}$

11-19 $M_B = \dfrac{15}{96}q_0 l^2$

11-20   （1）$M_B = 33.90\text{kN}\cdot\text{m}$，（2）$M_B = 29.45\text{kN}\cdot\text{m}$

11-21 $a_1 = -0.030\dfrac{Fl^3}{EI}, a_2 = -0.323\dfrac{Fl^3}{EI}$

$Y_1 = \begin{bmatrix} 1 & 1.963 \end{bmatrix}^T, Y_2 = \begin{bmatrix} 1 & -0.3 \end{bmatrix}^T$

11-22 $a_1 = 0.0324\times 10^{-3}\text{m}, a_2 = 0.124\times 10^{-3}\text{m}$

$\overline{M}_2 = 1.077\text{m}, \overline{M}_2 = 14.032\text{m}$

$\overline{F}_{P1}(t) = 0.892$（突加荷载）

11-26 $\overline{F}_{P2}(t) = 16.44$（突加荷载）

$y_1(t) = \dfrac{0.111l^3}{EI}(1 - \cos\omega_1 t) + \dfrac{0.014l^3}{EI}(1 - \cos\omega_2 t)$

$y_2(t) = \dfrac{-0.031l^3}{EI}(1 - \cos\omega_1 t) + \dfrac{0.051l^3}{EI}(1 - \cos\omega_2 t)$

11-27 $\omega = \dfrac{15.45}{l^2}\sqrt{\dfrac{EI}{m}}$

11-28 $Y(x) = \dfrac{q}{24EI}(l^2 x^2 - 2lx^3 + x^4), \omega = \dfrac{22.45}{l^2}\sqrt{\dfrac{EI}{m}}$

11-29 $\omega_1 = 8.89(1/s)$

第十二章 梁和刚架的极限荷载
DISHIERZHANG

第一节　概　　述

以前讨论的各类结构计算问题,均属弹性计算。在弹性计算中,当使结构产生内力及变形的荷载全部卸除后结构没有残余变形,同时假设材料服从虎克定律,即应力与应变成正比。利用弹性计算的结果,以许用应力为依据,我们就可以进行结构设计,以确定杆件截面尺寸或进行强度验算。

弹性分析有一定的缺点。对于塑性材料的结构,特别是超静定结构,当最大应力达到屈服极限时,某一局部已进入塑性阶段,结构并不破坏,也就是说,并没有耗尽全部承载能力。弹性分析就无法考虑材料超过屈服极限后结构的这一部分承载力,因此弹性设计是不够经济合理的。

为了克服弹性分析的缺点,产生并逐渐发展起来了塑性分析方法。按照塑性分析方法解决结构的强度问题时,首先需要计算结构的极限荷载,即结构开始破坏瞬时的荷载值,或者说塑性变形开始无限制地增长时的荷载值。然后把极限荷载除以荷载系数得出许用荷载,并以此为依据进行结构设计。

在塑性分析中,为了计算的简化,通常假设材料为理想弹塑性材料,其应力应变关系如图 12-1 所示。在应力 σ 达到屈服极限 σ_s 以前,应力与应变成正比,如图中 OA 段所示。当应力达到屈服极限时,材料进入塑性流动状态,应变无限增长,而应力则不变,如图中 AB 段所示。如果塑性流动到达 B 点后发生卸载,则应变 ε 的减小值 $\Delta\varepsilon$ 与应力的减小值 $\Delta\sigma$ 成正比,仍然服从虎克定律,即 $\Delta\sigma = E\Delta\varepsilon$,如图中 CD 段所示,并且 BC 平行于 OA。此外还假设材料的拉、压屈服极限相同,无论受拉或受压状态,其应力与应变之间具有相同关系。

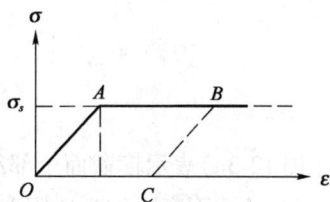

图　12-1

理想弹塑性材料加载与卸载时情况不同:加载时是弹塑性的,卸载时是弹性的。另外,理想弹塑性材料在经历塑性变形之后,应力和应变之间不再存在单值的对应关系,同一个应力值可对应不同的应变值,同一应变值可对应不同的应力值,要求得弹塑性问题的解,需要追踪全部受力变形过程。本章对结构弹塑性变形的发展过程不作全面的分析,仅限于讨论如何求得梁和刚架的极限荷载。

第二节 极限弯矩、塑性铰和破坏机构

一、极限弯矩

本节以承受纯弯曲作用的理想弹塑性材料的矩形截面梁(图 12-2)为例说明极限弯矩的概念和计算方法。

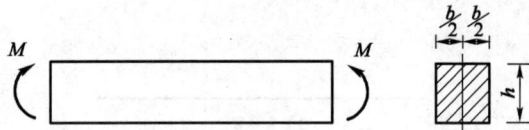

图 12-2

1. 极限弯矩的概念

现在假设弯矩作用在对称平面内。由于弯矩逐渐增大,梁的各部分也逐渐由弹性阶段过渡到塑性阶段。实验表明,无论在哪一阶段,都可以认为原来的平面截面弯曲后仍然保持为一平面。

当梁由弹性阶段过渡到塑性阶段时,截面的塑性区以及应力和应变的变化过程如图 12-3 所示。

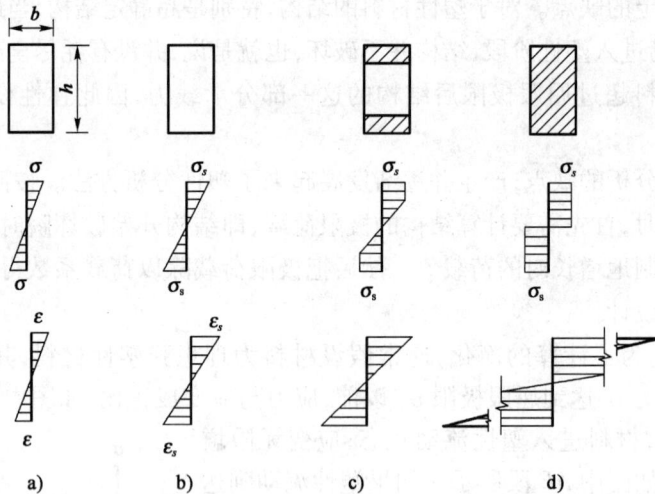

图 12-3

图 12-3a)表示横截面全部纤维仍在弹性阶段。图 12-3b)表示最外侧纤维达到屈服应力 σ_y,相应的截面弯矩称为屈服弯矩,用 M_y 表示。图 12-3c)表示弹塑性阶段,此时外侧附近部分纤维(图中用阴影线表示的部分)达到屈服,但其内部仍在弹性阶段。图 12-3d)表示塑性阶段,此时上下两部分塑性区连接在一起,即整个截面应力均达到屈服应力 σ_y。此时相应的弯矩值称为该截面的极限弯矩,以 M_u 表示。由此可见,所谓极限弯矩即整个截面达到塑性流动

状态时截面所能承受的最大弯矩值。极限弯矩除了与材料的屈服极限 σ_y 和截面形状有关外，通常还与截面的剪力及轴力有关，但实际计算表明剪力和轴力的影响不大，可以略去不计。下面讨论极限弯矩的计算方法。

2. 极限弯矩的计算方法

横截面的极限弯矩可以应用平衡条件求得。图 12-4a) 所示的简支梁，当荷载 P 逐渐增大，最后达到极限弯矩 M_u，图 12-4b) 表示该极限状态的应力分布图。设 A_1 和 A_2 分别代表中性轴以上和以下部分截面面积，A 为截面总面积，C_1 和 C_2 分别为 A_1 和 A_2 的形心，y_1 和 y_2 分别为两个形心到中性轴的距离。由 x 方向的平衡条件得

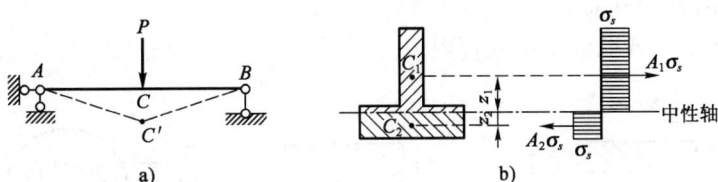

图 12-4

$$\sum Fx = 0, \quad A_1\sigma_y - A_2\sigma_y = 0$$

因此

$$A_1 = A_2 = A/2$$

此式表明极限状态时中性轴把截面面积分为两个相等部分。所以极限弯矩为

$$M_u = A_1\sigma_y y_1 + A_2\sigma_y y_2 = \sigma_y\left(\frac{A}{2}y_1 + \frac{A}{2}y_2\right)$$

即

$$M_u = \sigma_y(S_1 + S_2) = \sigma_y W_u \tag{12-1}$$

式中 $S_1 = \dfrac{A}{2}y_1$ 和 $S_2 = \dfrac{A}{2}y_2$ 分别为面积 A_1 和 A_2 对中性轴的静矩，$W_u = S_1 + S_2$ 称为截面的塑性截面系数。

极限弯矩与弹性弯矩的比值

$$\alpha = \frac{M_u}{M_e} = \frac{W_u}{W_e} \tag{12-2}$$

α 称为截面形状系数，其值只与截面形状有关。

例如矩形截面，设分别以 h 和 b 代表截面的高和宽。则极限弯矩为

$$M_u = \sigma_y W_u = \sigma_y\left(\frac{bh}{2} \times \frac{h}{4} \times 2\right)\frac{bh^2}{4}\sigma_y \tag{a}$$

而屈服弯矩为

$$W_e = \sigma_y W_e = \frac{bh^2}{6}\sigma_y \tag{b}$$

则截面形状系数为

$$\alpha = \frac{M_u}{M_e} = \frac{\dfrac{bh^2}{4}\sigma_y}{\dfrac{bh^2}{6}\sigma_y} = 1.5 \tag{c}$$

几种常用截面的 α 值如下：

圆形

$$\alpha = \frac{16}{3\pi}$$

环形

$$\alpha \approx 1.3$$

工字形

$$\alpha \approx 1.15$$

例 12-1 已知材料的屈服极限 $\sigma_y = 240\text{MPa}$，且

(1)T 形截面，尺寸如图 12-5a)所示。

(2)圆形截面 $D = 60\text{mm}$。

试求图 12-5 所示各截面的极限弯矩 M_u。

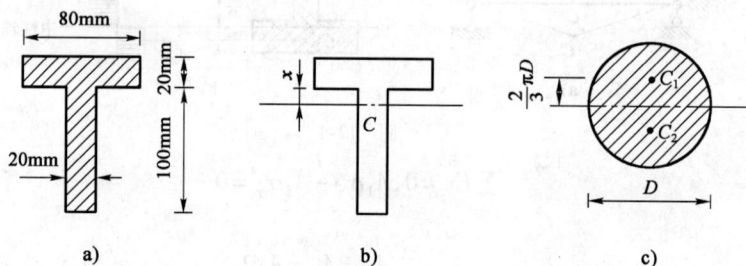

图 12-5

解

(1)T 形截面极限弯矩

因中性轴等分截面，如图 12-5b)所示，有

$$80 \times 20 + 20x = 20 \times (100 - x)$$

解得

$$x = 10(\text{mm})$$

塑性截面系数

$$W_u = 80 \times 20 \times 20 + 20 \times 10 \times 5 + 20 \times 90 \times 45 = 114\,000(\text{mm}^3)$$

则极限弯矩为

$$M_u = \sigma_y W_u = 240 \times 10^6 \times 114\,000 \times 10^{-9} = 27\,360(\text{N} \cdot \text{m})$$

(2)圆形截面极限弯矩

中性轴就是等截面轴，并查表知每部分形心 C 到中性轴的距离 $y_c = \frac{2D}{3\pi}$，所以极限弯矩为

$$M_u = \sigma_y \cdot \left[y_c \left(\frac{1}{2} \frac{\pi D^2}{4} \right) \times 2 \right] \sigma_y \frac{D^3}{6} = 240 \times 10^6 \times \frac{(60 \times 10^{-3})^3}{6} = 8\,600(\text{N} \cdot \text{m})$$

二、塑 性 铰

如图 12-6a)所示，当荷载 P 达到极限荷载时，截面 C 完全屈服，在极限弯矩 M_u 保持不变的情况下，截面 C 处微段的纵向纤维将呈现缩短或伸长的流动状态，此时两个相邻截面将产生有限的相对转角。此种情况与在其两侧截面承受弯矩 M_u 的铰相当，我们把这种状态认为截面 C 形成了塑性铰。并把这种达到极限弯矩的截面叫作塑性铰。在结构塑性分析中以图 12-6b)代替图 12-6a)。

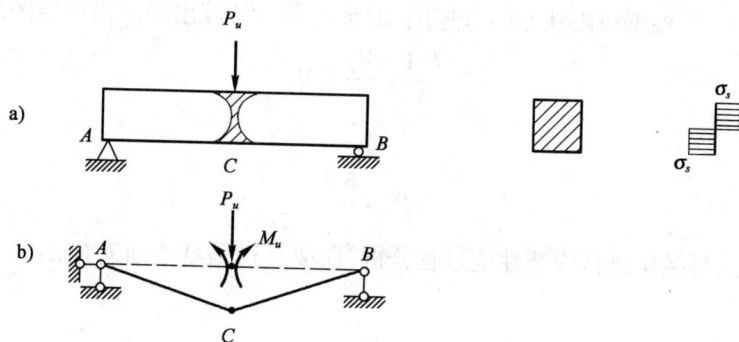

图 12-6

塑性铰与普通铰不同,普通铰不能承受弯矩,塑性铰则能承受一定大小的极限弯矩。普通铰是双向的,而塑性铰是单向的。当荷载增加到某一截面出现塑性铰后再卸载,则因理想弹塑性材料卸载时应力增量与应变增量满足线性关系,该截面恢复其弹性刚度而不再具有铰的性质。因此已形成的塑性铰只能在其两侧截面继续发生与极限弯矩转向一致的相对转动时起铰的作用,当发生反向变形时则不起铰的作用,所以塑性铰是单向的。

三、破 坏 机 构

结构由于一定数量塑性铰的形成,而成为几何可变体系,该几何可变体系称为原结构的破坏机构。如图 12-6b)为原简支梁的破坏机构。在静定梁中,只要有一个截面出现塑性铰,梁就成为破坏机构。超静定梁由于具有多余约束,因此必须有足够多的塑性铰出现,才能形成破坏机构,这是与静定梁不同的。下面以图 12-7a)所示等截面超静定梁为例说明超静定梁破坏机构的形成过程。

当荷载 P 小于弹性荷载 P_e 时梁处于弹性阶段,其弯矩图如图 12-7b)所示,在固定端 A 处弯矩最大。

当荷载超过 P_e 后,塑性区首先在固定端附近形成并不断扩大,然后在跨中截面也形成塑性区。此时随着荷载 P 的增加,弯矩图不断地变化,不再与弹性阶段的弯矩图成比例。随着塑性区的扩大,在固定端截面形成第一个塑性铰,弯矩图如图 12-7c)所示。当荷载继续增加,增加到使跨中截面的弯矩达到极限弯矩 M_u 时,在该截面形成第二个塑性铰,于是梁就变成为破坏机构,而梁的承载力即达到极限值。此时的荷载称为极限荷载 P_u。相应的弯矩图如图 12-7d)所示。

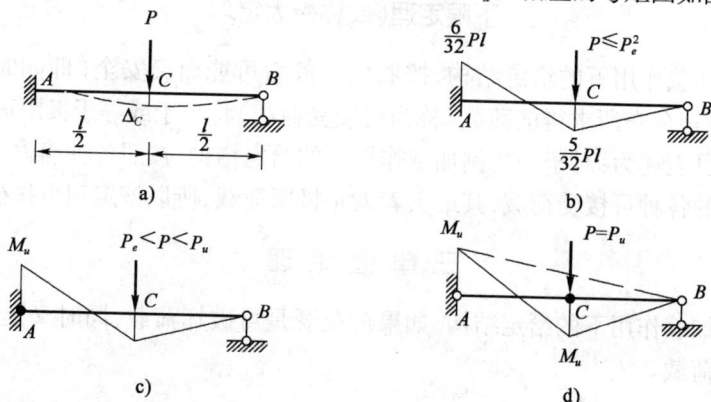

图 12-7

极限荷载 P_u 可根据极限状态的弯矩图,由平衡条件计算出来。由弯矩图的叠加原理有

$$\frac{P_u l}{4} = \frac{M_u}{2} + M_u$$

由此解出

$$P_u = \frac{6M_u}{l}$$

这样就可以绕过对结构进行弹塑性全过程分析,而取其极限状态所对应的破坏机构直接计算极限荷载。

第三节　确定极限荷载的几个定理

由上节分析可知,当结构只有一种破坏机构时,可以很方便地确定其极限荷载。但是如果结构有多种可能破坏机构时,就需要判断哪一种是实际的破坏机构,以便确定极限荷载。为此我们介绍下面几个有关确定极限荷载的定理。这几个定理只限于讨论比例加载的情况,即结构上所受的各荷载都按同一比例增加。在介绍定理之前,先给出结构在极限状态下所必须满足的三个条件。

(1)机构条件:当荷载达到极限值时,结构上必须有足够数目的截面形成塑性铰,而使结构成为一破坏机构。

(2)屈服条件:当荷载达到极限值时,结构上各截面的弯矩值都不能超过其极限值,即 $-M_u \leqslant M \leqslant M_u$。

(3)平衡条件:当荷载达到极限值时,作用在结构整体上或任一局部上所有的力都必须保持平衡。

下面给出确定极限荷载的三个定理[※]。

一、上限定理(或称极小定理)

对于一比例加载作用下的给定结构,按照任一可能的破坏机构,由平衡条件求得的可破坏荷载(即同时满足机构条件和平衡条件的荷载)将大于或等于极限荷载。

这个定理也可以表述为:对于一比例加载作用下的给定结构,按照所有可能的破坏机构,由平衡条件求出的可破坏荷载,其中最小者就是极限荷载,所以该定理也称极小定理。

二、下限定理(或称极大定理)

对于一比例加载作用下的给定结构,按照任一静力可能而又安全(即同时满足平衡条件和屈服条件)的弯矩分布所求得的荷载(称为可接受荷载)将小于或等于极限荷载。

这个定理也可表述为:对于一比例加载作用下的给定结构,按照各种静力可能而又安全的弯矩分布所求得的各种可接受荷载,其最大者就是极限荷载,所以该定理也称极大定理。

三、单值定理

对于一比例加载作用下的给定结构,如果荷载既是可破坏荷载,同时又是可接受荷载,则此荷载即为极限荷载。

※有关定理的证明,请参阅书后参考文献。

这一定理也可以表述为:对于一比例加载作用下的结构,同时满足机构条件、平衡条件和屈服条件的荷载就是极限荷载。

第四节　确定极限荷载的方法——超静定梁的极限荷载

本节以超静定为例介绍确定极限荷载的两种方法。

一、机　动　法

机动法是以上限定理为依据,首先假定所有可能的破坏机构,然后由平衡条件,即列隔离体的平衡方程或利用虚功原理,(一般后者较为简便)分别计算出相应的破坏荷载,根据上限定理这些破坏荷载都将大于或等于极限荷载,其中最小者就是极限荷载。对于复杂结构可能的破坏机构不易列举齐全,可结合单值定理,判断所求的最小可破坏荷载是否也是可接受荷载。若是,则该荷载就是极限荷载。

例 12-2　求图 12-8a)所示连续梁的极限荷载,两跨的极限弯矩均等于 M_u。

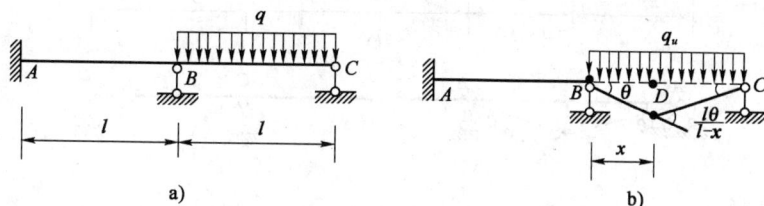

图　12-8

解

连续梁只可能在各跨内独立形成破坏机构。该梁 AB 跨不可能形成破坏机构,只可能在 BC 跨形成破坏机构,如图 12-8b)所示。我们预先不知道 BC 跨最大弯矩的位置,即不知道第二个塑性铰的位置,设塑性铰距 B 支座的距离为 x。由虚功原理得

$$q \times \frac{1}{2} l\theta x = M_u\left(\theta + \frac{l\theta}{l-x}\right)$$

得

$$q = \frac{2(2l-x)}{x(l-x)l} \cdot M_u \tag{a}$$

由上限定理(极小值定理),应使 q 为最小,因此由 $\dfrac{\mathrm{d}q}{\mathrm{d}x}=0$,可得

$$x = (2-\sqrt{2})l \tag{b}$$

将式(b)代入式(a),得极限荷载的上限值

$$q = \frac{2\sqrt{2}M_u}{(2-\sqrt{2})(\sqrt{2}-1)l^2} = \frac{11.65}{l^2}M_u$$

因为本例只有一种可能的破坏机构,所以上述求得的可破坏荷载也就是极限荷载。

例 12-3　试求图 12-9a)所示连续梁的极限荷载。

解

对于连续梁只要其中某一跨破坏则该梁就成为破坏机构,因此该梁可以出现三个破坏机构。

机构 1：对于图 12-9b）所示的破坏机构，由虚功原理得

$$P_1 \times l\theta = M_u \times \theta + M_u \times 2\theta$$

解得

$$P_1 = \frac{3}{l}M_u$$

机构 2：对于图 12-9c）所示的破坏机构，由虚功原理得

$$\frac{P_2}{l} \times \frac{1}{2} \cdot 2l\theta = M_u \times \theta + M_u \times 2\theta + M_u \times \theta$$

解得

$$P_2 = \frac{4}{l}M_u$$

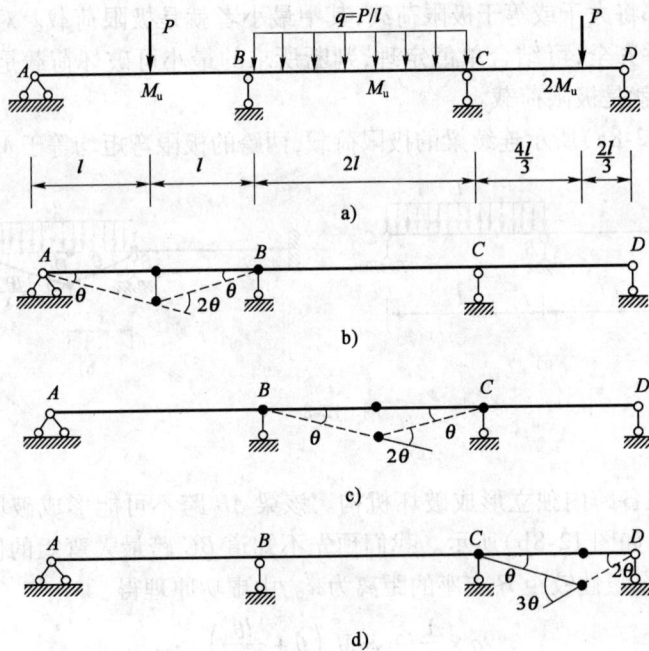

图 12-9

机构 3：对于图 12-9d）所示的破坏机构，注意 C 截面支座处截面有突变，极限弯矩应取其两侧的较小者，由虚功原理得

$$P_3 \times \frac{4l}{3} \cdot \theta = M_u \times \theta + 2M_u \times 3\theta$$

解得

$$P_3 = \frac{21}{4l}M_u$$

由上限定理，极限荷载为

$$P_u = \min\left\{\frac{3}{l}M_u \quad \frac{4}{l}M_u \quad \frac{21}{l}M_u\right\} = \frac{3}{l}M_u$$

二、试 算 法

试算法是以单值定理为依据。首先假设某个合适的可破坏机构，由机动法求出相应的可

破坏荷载。然后判断它是否同时也是可接受荷载,其做法是绘出该破坏机构的弯矩图,检查此弯矩分布是否满足屈服条件,如满足,则此可破坏荷载也是可接受荷载,此荷载就是极限荷载。如不满足,则重新假定破坏机构再试算,称上述求极限荷载的过程为试算法。

例 12-4 求图 12-10a) 所示连续梁的极限荷载。已知 AB 跨和 BC 跨的极限弯矩为 $1.5M_u$,CD 跨为 M_u。

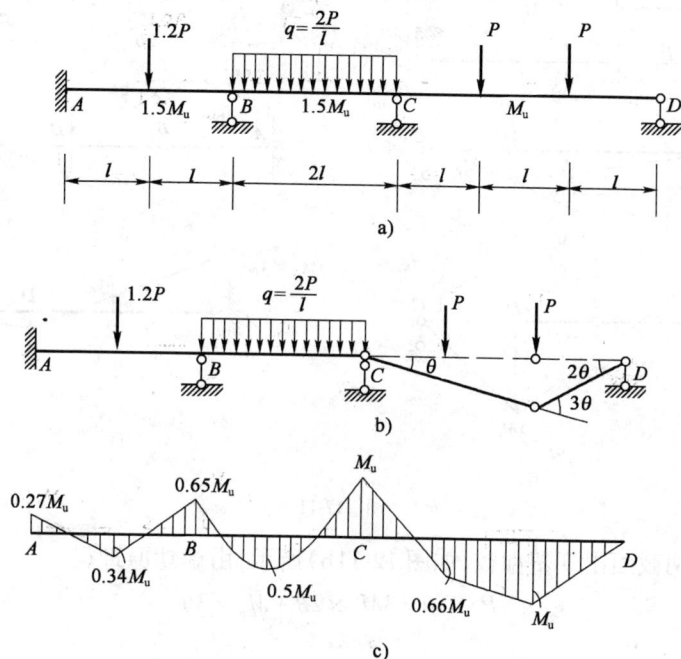

图 12-10

解

先假设破坏机构,如图 12-10b) 所示,对于 BC 和 CD 交接处 C 截面,因 CD 跨极限弯矩较小,所以应取 M_u,塑性铰出现在 CD 跨的 C 端。由虚功原理得

$$P \times l\theta + P2l\theta = M_u(\theta + 3\theta)$$

得可破坏荷载

$$P = \frac{4}{3l}M_u$$

下面检验此荷载是否满足屈服条件,取 ABC 段梁为研究对象,设此段梁处于弹性阶段且在 C 端面作用有外力偶 M_u,然后用位移法或力矩分配法计算 ABC 段的弯矩值,再结合处于极限平衡的 CD 段的弯矩值,便得到了满足连续梁全部平衡条件的弯矩图,如图 12-10c) 所示。因为图中任意截面的弯矩值都小于或等于相应截面的极限弯矩,所以该弯矩图满足屈服条件,对应的荷载为可接受荷载。

由上述分析可知,$P = \frac{4}{3l}M_u$ 即是可破坏荷载,又是可接受荷载,所以根据单值定理它就是该问题的极限荷载。

例 12-5 分别用机动法和试算法求图 12-11a) 所示变截面梁的极限荷载。

解

（1）机动法

该梁出现两个塑性铰便成为破坏机构。注意除最大负弯矩所在截面 A 和最大正弯矩所在截面 D 外，截面突变处 B 也可能出现塑性铰。该梁共有三个破坏机构：

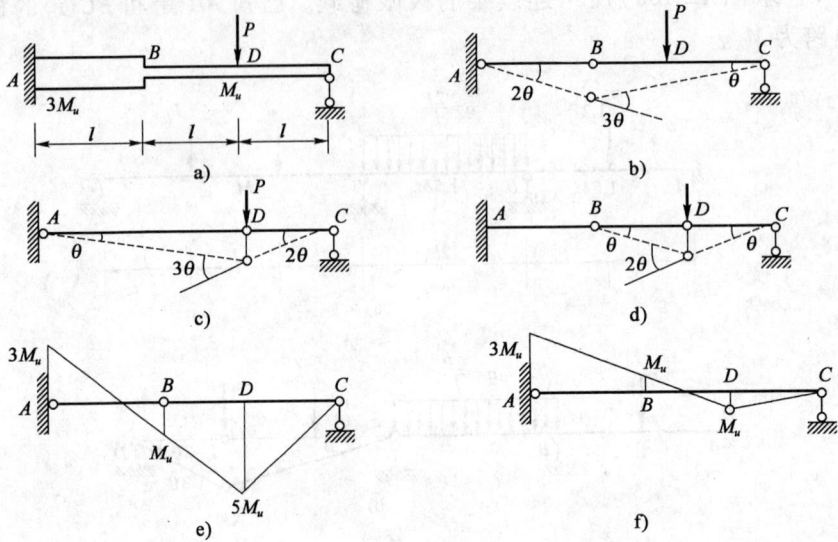

图 12-11

机构1：A、B 两截面出现塑性铰，如图 12-11b）所示，由虚功原理得

$$P_1 \times l\theta = 3M_u \times 2\theta + M_u \times 3\theta$$

得

$$P_1 = \frac{q}{l}M_u$$

机构2：A、D 两截面出现塑性铰，如图 12-11c）所示，由虚功原理得

$$P_2 \times 2l\theta = 3M_u \times \theta + M_u \times 3\theta$$

得

$$P_2 = \frac{3}{l}M_u$$

机构3：B、D 两截面出现塑性铰，如图 12-11d）所示，由虚功原理得

$$P_3 \times l\theta = M_u \times \theta + M_u \times 2\theta$$

得

$$P_3 = \frac{3}{l}M_u$$

最后得极限荷载

$$P_u = \min\left\{\frac{q}{l}M_u \quad \frac{3}{l}M_u \quad \frac{3}{l}M_u\right\} = \frac{3}{l}M_u$$

（2）试算法

选破坏机构1，如图 12-11b）所示，由虚功原理求得可破坏荷载为 $P_1 = \dfrac{q}{l}M_u$（与机动法计算方法相同）。再由平衡条件绘出弯矩图，如图 12-11e）所示，D 截面弯矩为 $5M_u$，超过极限弯

矩 M_u，所以 $P_1 = \dfrac{q}{l} M_u$ 不是可接受荷载，由单值定理 $P_1 = \dfrac{q}{l} M_u$ 不是极限荷载。

再选破坏机构 2，如图 12-11c）所示，由虚功原理同样求得可破坏荷载 $P_2 = \dfrac{3}{l} M_u$，同理由平衡条件绘出弯矩图，如图 12-11f）所示，显然所有截面的弯矩均未超过相应的极限弯矩值。因此 $P_2 = \dfrac{3}{l} M_u$ 为可接受荷载，又由单值定理，所以 $P_2 = \dfrac{3}{l} M_u$ 就是该超静定梁的极限荷载。

第五节 平面刚架的极限荷载

一、破坏机构的可能形式

求解平面刚架极限荷载的方法与梁相同。首先假定各种可能的破坏机构。刚架的可能破坏机构分为基本机构和组合机构两类。常见的基本机构有以下 4 种。

1. 梁机构

如图 12-12a）、图 12-12b）所示，当梁上或柱上作用有横向荷载时，在梁或柱的端部和中部出现三个塑性铰，形成单杆破坏机构，统称为梁机构。

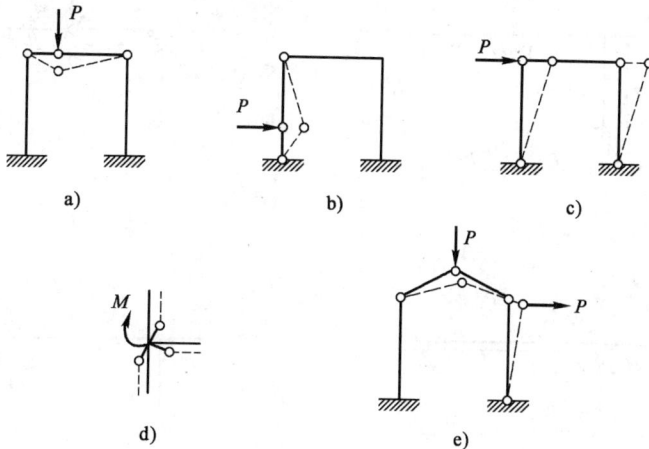

图 12-12

2. 侧移机构

如图 12-12c）所示，当柱顶有水平集中荷载作用时，常在柱顶和柱底截面出现塑性铰，形成平行四边形形状的有侧移破坏机构。

3. 结点机构

如图 12-12d）所示，当刚结点处作用有力偶时，在刚结点处各杆端出现塑性铰，形成刚结点发生转动的破坏机构，称为结点机构。

4. 山墙机构

如图 12-12e）所示，当坡顶刚架在尖顶处受有向下荷载，且一侧柱顶有水平荷载时，可发生类似山墙倒塌的破坏机构，称为山墙机构。

对于任一给定的刚架，其可能有的基本机构数目 m 可用下式计算

$$m = h - n \qquad (12\text{-}3)$$

其中 h 为刚架可能出现的塑性铰总数;n 为刚架的超静定次数。

对公式(12-3)说明如下,对于静定结构来说,如果出现一个塑性铰结构就变成一种机构。所以,对每个可能出现的塑性铰都相应地有一种破坏机构。如可能出现的塑性铰有 m 个,结构就相应有 m 个破坏机构。如果结构为超静定结构,则对于每一个多余约束就相应地增加一个可能出现的塑性铰,但上述破坏机构的数目 m 不变。因此,有 n 个多余约束就应增加 n 个可能出现的塑性铰数。所以有可能出现的塑性铰总数 $h = m + n$,即 $m = h - n$。

将两种或两种以上的基本机构组合起来形成的机构称为组合机构,此时基本机构的某些塑性铰将闭合而不出现。

二、确定极限荷载的方法

1.机动法

用机动法求刚架的极限荷载与求解超静定梁的方法是相同的,对于简单刚架,容易确定出刚架的所有可能破坏机构,因此用机动法求其极限荷载是方便的,现举例说明。

例 12-6 图 12-13a)所示刚架,梁的极限弯矩为 $1.5M_u$,柱的极限弯矩为 M_u,试求极限荷载。

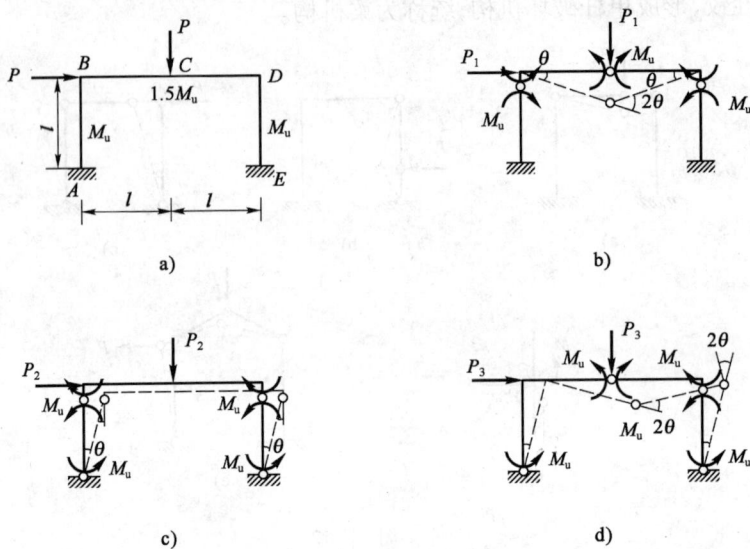

图　12-13

解

机动法是利用上限定理,在所有可破坏荷载中寻找最小值,此值即为极限荷载。因此首先确定破坏机构的可能形式。在图 12-13a)所示集中荷载作用下,刚架的弯矩图是直线形状组成的,因此塑性铰只可能在弯矩图的直线段端点出现,即 A、B、C、D 和 E 五个截面处可能出现塑性铰。另外柱的极限弯矩小于梁的极限弯矩,因此 B 和 D 截面塑性铰只可能在柱顶处发生。可能塑性铰数 $h = 5$,刚架超静定次数 $n = 3$,则基本机构数为 $m = h - n = 5 - 3 = 2$。所以得到两个基本机构[图 12-13b)、图 12-13c)]和由这两个基本机构组合而成的组合机构[图 12-13d)]。

下面对每一机构分别列出虚功方程,求出相应的可破坏荷载。

(1)梁机构[图 12-13b)],由虚功原理得

$$P_1 \times l\theta = M_u(\theta + \theta) + 1.5M_u(2\theta)$$

解得

$$P_1 = \frac{5M_u}{l}$$

（2）侧移机构［图 12-13c)］，由虚功原理得

$$P_2 \times l\theta = M_u \times 4\theta$$

解得

$$P_2 = \frac{4M_u}{l}$$

（3）组合机构［图 12-13d)］，由虚功原理得

$$P_3 \times l\theta \times 2 = M_u\theta + M_u 2\theta + M_u\theta + 1.5M_u 2\theta$$

解得

$$P_3 = 3.5\frac{M_u}{l}$$

极限荷载为

$$P_u = \min\{P_1、P_2、P_3\} = 3.5\frac{M_u}{l}$$

例 12-7 试求图 12-14a)所示刚架的极限荷载 q_u。已知两柱的极限弯矩为 M_u。

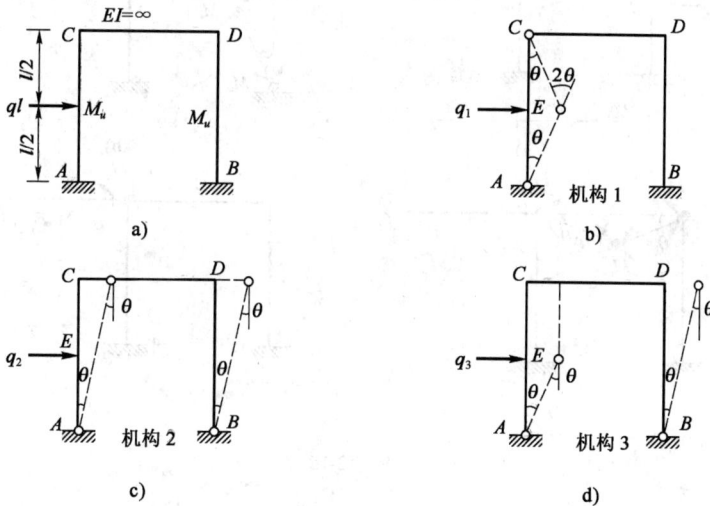

图 12-14

解

该题破坏机构如图 12-14b)、图 12-14c)、图 12-14d)所示
机构 1［图 12-14b)］，由虚功原理得

$$q_1 l \times \frac{l}{2}\theta = M_u \times \theta + M_u \times 2\theta + M_u\theta$$

解得

$$q_1 = \frac{8}{l^2}$$

机构 2［图 12-14c)］，由虚功原理得

$$q_2 l \times \frac{l}{2}\theta = M_u\theta + M_u\theta + M_u\theta + M_u\theta$$

解得

$$q_2 = \frac{8}{l^2}M_u$$

机构 3〔图 12-14d)〕,由虚功原理得

$$q_3 l \times \frac{l}{2}\theta = M_u\theta + M_u\theta + M_u\theta + M_u\theta$$

解得

$$q_3 = \frac{8}{l^2}M_u$$

显然极限荷载为

$$q_u = \frac{8}{l^2}M_u$$

例 12-8 求图 12-15a)所示刚架的极限荷载,已知各杆的极限弯矩均为 M_u。

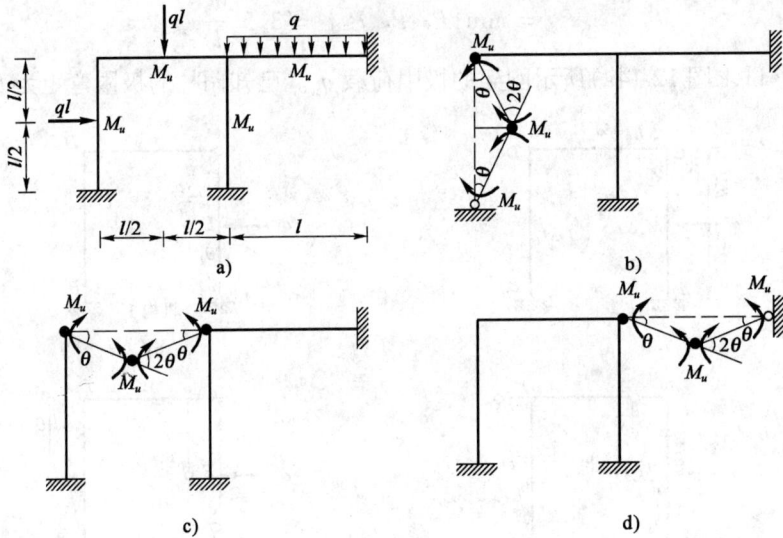

图 12-15

解

图示刚架无侧移,因此分析方法与连续梁相同,只有三个破坏机构,均为梁机构,如图 12-15b)、图 12-15c)、图 12-15d)所示。

机构 1〔图 12-15b)〕,由虚功原理得

$$q_1 l \times \frac{l}{2}\theta = M_u\theta + M_u2\theta + M_u\theta$$

解得

$$q_1 = \frac{8M_u}{l^2}$$

机构 2〔图 12-15c)〕,由虚功原理得

$$q_2 l \times \frac{l}{2}\theta = M_u\theta + M_u2\theta + M_u\theta$$

解得

$$q_2 = \frac{8M_u}{l^2}$$

机构3[图12-15d)],由虚功原理得

$$q_3 \times \frac{1}{2} \times l \times \frac{l}{2}\theta = M_u\theta + M_u2\theta + M_u\theta$$

解得

$$q_3 = \frac{16M_u}{l^2}$$

由上限定理,极限荷载为

$$q_u = min\{q_1 q_2 q_3\} = \frac{8M_u}{l^2}$$

例 12-9 求图 12-16a)所示刚架的极限荷载,已知各杆的极限弯矩为 M_u。

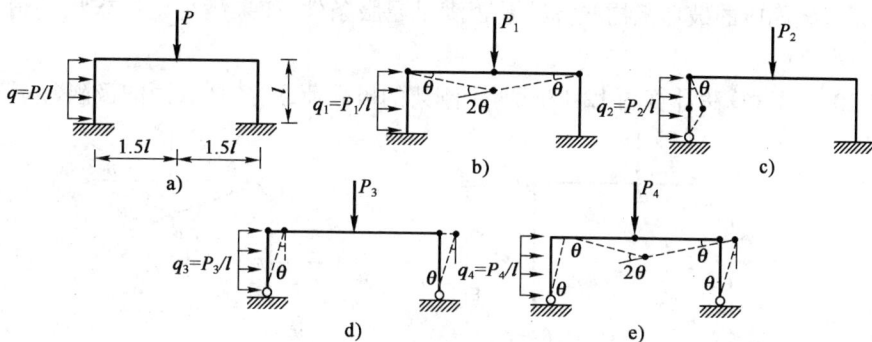

图 12-16

解

由上述方法可判定该刚架共有 4 种可能破坏机构,分别如图 12-16a)、图 12-16b)、图 12-16c)、图 12-16d)所示。

机构 1 为梁机构[图12-16b)],由虚功原理得

$$P_1 \times 1.5l\theta = M_u\theta + M_u2\theta + M_u\theta$$

解得

$$P_1 = \frac{8}{3l}M_u$$

机构 2 也为梁机构[图12-16c)],由虚功原理得

$$\frac{P_2}{l}\left(\frac{1}{2} \times l \times \frac{l}{2}\theta\right) = M_u\theta + M_u2\theta + M_u\theta$$

解得

$$P_2 = \frac{16}{l}M_u$$

机构 3 为侧移机构[图12-16d)],由虚功原理得

$$\frac{P_3}{l}\left(\frac{1}{2} \times l \times l\theta\right) = M_u\theta + M_u\theta + M_u\theta + M_u\theta$$

解得

$$P_3 = \frac{8}{l}M_u$$

机构 4 为组合机构[图 12-16e)]所示,由虚功原理得

$$\frac{P_4}{l}\left(\frac{1}{2} \times l \times l\theta\right) + P_4 \times \frac{3}{2}l\theta = M_u\theta + M_u\theta + M_u2\theta + M_u2\theta$$

解得

$$P_4 = \frac{3}{l}M_u$$

由上限定理,极限荷载为

$$P_u = \min\{P_1 P_2 P_3 P_4\} = \frac{8}{3l}M_u$$

2.试算法

如上节所述试算法就是应用单值定理,检验某个可破坏荷载同时又是可接受荷载。也就是对可破坏荷载相应的破坏机构验算其是否满足屈服条件,如果满足则所求出的荷载就是极限荷载。

例 12-10 用试算法计算图 12-17a)所示刚架的极限荷载,各杆截面的极限弯矩为 M_u。

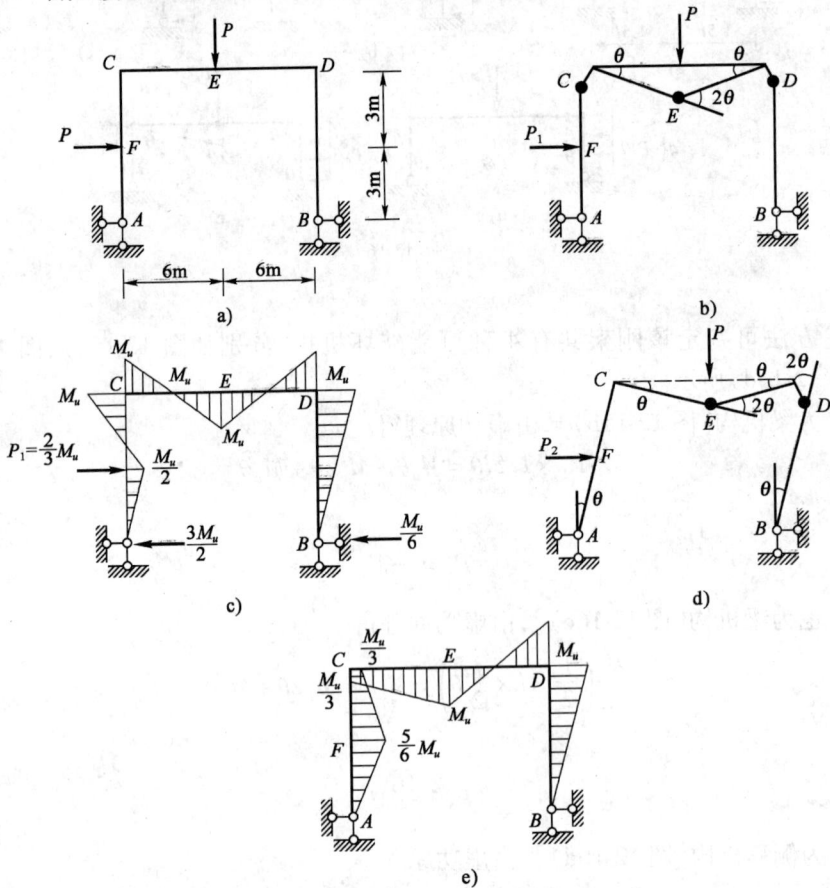

图 12-17

解

选图 12-17a)所示破坏机构,由虚功原理得

$$P_1 \times 6\theta = M_u\theta + M_u 2\theta + M_u\theta$$

解得

$$P_1 = \frac{2}{3}M_u$$

与该破坏机构相应的弯矩图如图 12-17c)所示。从图中明显看出不满足 $\sum x = 0$ 的平衡条件,所以 $P_1 = \frac{2}{3}M_u$ 不是极限荷载。

再选图 12-17d)所示组合机构为破坏机构,由虚功原理得

$$P_2 \times 3\theta + P_2 \times 6\theta = M_u 2\theta + M_u 2\theta$$

得可破坏荷载为

$$P_2 = \frac{4}{9}M_u$$

然后由平衡条件作出相应的弯矩图,如图 12-17e)所示,此弯矩图所有截面均满足屈服条件,因此荷载是可接受荷载,根据唯一性定理该刚架的极限荷载为

$$P_u = \frac{4}{9}M_u$$

思 考 题

1. 什么是极限状态和极限荷载?什么是极限弯矩、塑性铰和破坏机构?

2. 试说明塑性铰与普通铰的区别。

3. 为什么说超静定结构的极限荷载不受温度变化、支座移动等因素的影响?

4. 一个 n 次超静定梁必须出现 $n+1$ 个塑性铰后发生破坏,这一结论是否正确?为什么?

5. 用虚功方程求极限荷载时为什么不计入弹性变形对应的虚功?

6. 连续梁只可能在各跨形成破坏机构,其适用条件是什么?

7. 结构的极限状态应满足什么条件?

8. 什么是可破坏荷载和可接受荷载?它们与极限荷载的关系是什么?

9. 试说明机动法和试算法计算极限荷载的理论根据和计算步骤。

10. 如何确定刚架的基本机构数目。

11. 刚架的基本机构数有几种?各是什么机构?

习 题

12-1 求下列各图形的极限弯矩 M_u,已知各截面屈服应力均为 σ_y:

(1)对称工字形截面。

(2)圆形截面。

(3)环形截面。

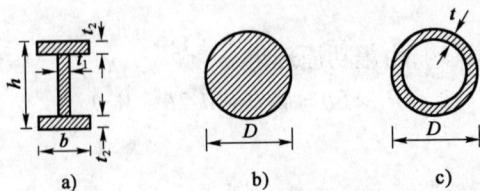

习图 12-1

12-2　设 $\sigma_y = 235\text{N/m}^2$，$M_u = 20\text{kN} \cdot \text{m}$。求图示静定梁的极限荷载。

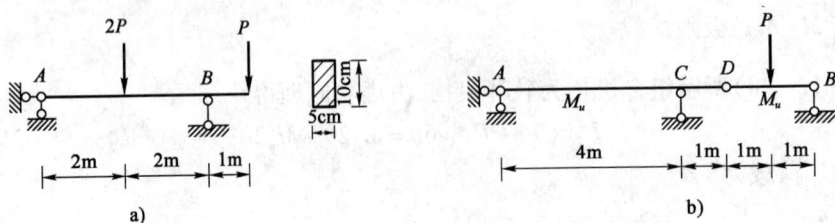

习图 12-2

12-3　求图示单跨超静定梁的极限荷载。

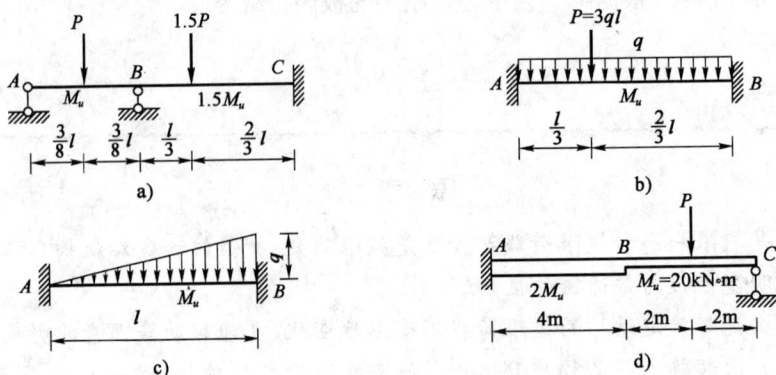

习图 12-3

12-4　求图示连续梁的极限荷载。

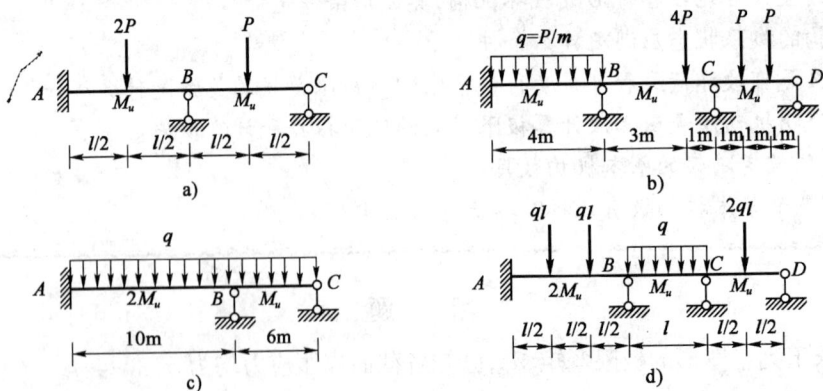

习图 12-4

12-5　求图示刚架的极限荷载。

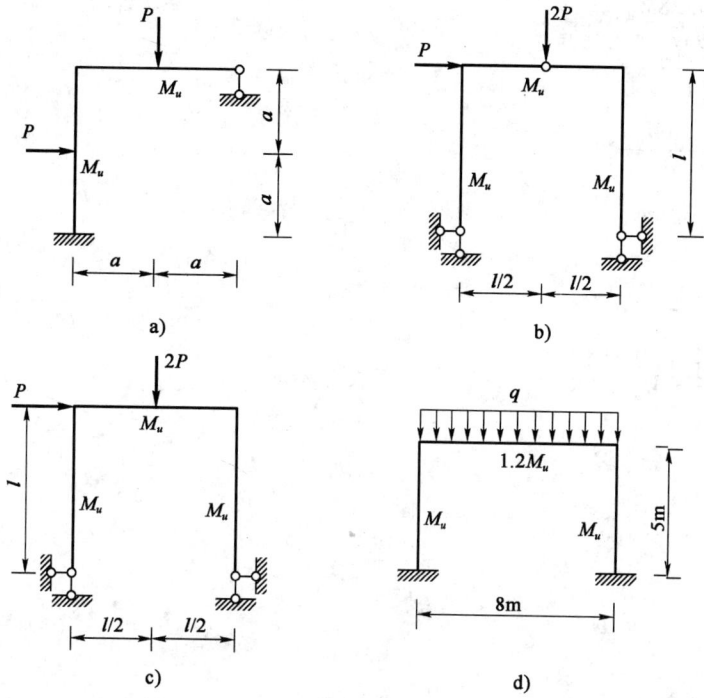

a)

b)

c)

d)

习图 12-5

习 题 答 案

12-1 a)$: M_u = \sigma_y bh t_2 \left(1 + \dfrac{t_1 h}{4bt_2}\right)$

 b)$: M_u = \sigma_y \dfrac{D^3}{6}$

 c)$: M_u = \sigma_y \dfrac{D^3}{6}\left[1 - \left(1 - \dfrac{2t}{D}\right)\right]$

12-2 a)$: P_u = 19.6 \text{kN}$
 b)$: P_u = 40 \text{kN}$

12-3 a)$: P_u = \dfrac{8}{l} M_u$

 b)$: q_u = \dfrac{18}{7} \dfrac{M_u}{l^2}$

 c)$: q_u = \dfrac{31.2}{l^2} M_u$

 d)$: P_u = 20 \text{kN}$

12-4 a)$: P_u = \dfrac{8}{l} M_u$

 b)$: P_u = \dfrac{2}{3} M_u$

c) : $q_u = 0.28M_u$

d) : $q_u = \dfrac{3M_u}{l^2}$

12-5 a) : $P_u = \dfrac{1.5M_u}{a}$

b) : $P_u = \dfrac{M_u}{l}$

c) : $P_u = \dfrac{2M_u}{l}$

d) : $q_u = \dfrac{1.1}{4}M_u$

第十三章 结构的稳定问题
DISHISANZHANG

第一节 稳定的概念及两类稳定问题

一、稳定的概念

在结构设计中,除了需要解决结构在静、动荷载作用下其内力分布和变位问题外(强度和刚度验算),还必须考虑其平衡的稳定性问题(稳定验算)。稳定性问题就是结构或结构中某些构件受到较大的压力作用时,突然发生一种新的变形而导致局部甚至全结构的毁坏,这种现象称为丧失平衡的稳定性。

稳定问题的计算分析是二阶分析。所谓的一阶分析亦称为几何线形分析,即在结构分析中,通常是以未变形的结构作为计算图形进行分析的,其结果已足够准确。其所得的变形与荷载间呈线性关系。但是,对于某些结构,比如悬索结构,必须以变形后的结构作为计算依据来进行内力分析,否则计算所得结果误差就较大。这时,所得的变形与荷载之间呈非线性关系,所以这种分析方法称为几何非线性分析,也称为二阶分析。对于结构稳定计算而言,主要目的是找出外荷载与结构内部抵抗力之间的不稳定平衡状态,即变形开始急剧增长的状态,从而设法避免进入该状态。所以,稳定问题的计算必须以变形后的状态作为计算依据,属于二阶分析,其外荷载与变形之间呈非线性关系,叠加原理不再适用。

从稳定性角度来考察,平衡状态实际上有三种不同的情况:稳定平衡状态、不稳定平衡状态和中性平衡状态。假设结构原来即处于某个平衡状态,后来由于受到轻微干扰而稍微偏离其原来的位置。当干扰消失后,如果结构能够回到原来的平衡位置,则称原来的平衡状态为稳定平衡状态;如果结构继续偏离,不能回到原来位置,则称原来的平衡状态为不稳定平衡状态。结构由稳定平衡状态到不稳定平衡状态过渡的中间状态称为中性平衡状态。

稳定分析有小挠度理论和大挠度理论,一般来说,结构计算中采用小挠度理论即可获得基本正确的结论了。大挠度理论常用于对计算结果有更精确要求的分析中。

随着荷载的逐渐增大,结构的原始平衡状态可能由稳定平衡状态转变为不稳定平衡状态。这种原始平衡状态丧失其稳定性,就简称为失稳。结构的失稳可分为如下两种基本形式:分支点失稳(或称第一类失稳)和极值点失稳(或称第二类失稳)。

二、两类稳定问题概述

失稳的两种基本形式普遍存在于结构中,下面以压杆为例来加以说明。

1. 分支点失稳(或称第一类失稳)

分支点失稳出现在完善体系的受压状态中。例如完善的中心受压直杆(假设杆轴为理想的直线,荷载为没有任何偏心的轴心受压荷载)。当荷载较小时,压杆处于直线形式的稳定平衡状态。但是,当荷载逐渐增大,达到某一特定数值时,若受到轻微干扰,则压杆将突然偏离直线形式而达到一个新的弯曲形式的平衡状态,而且当干扰消除后,将仍然保持弯曲形式的平衡状态。此时压杆原有直线形式的平衡状态已开始成为不稳定,出现了平衡形式的分支。这种由原来的平衡状态过渡到另一个新的有质的区别的平衡状态的失稳现象,称为分支点失稳,或称第一类失稳,此时相应的荷载值称为临界荷载,相应的过渡状态称为临界状态。下面以一简支压杆的完善体系的失稳过程为例详述。

图 13-1a)所示为一简支压杆的完善体系。在压力 P 逐渐增大的过程中,我们来研究压力 P 与直杆中点的挠度 Δ 之间的关系曲线——称为 P—Δ 曲线,或者称为平衡路径,如图 13-1b)所示。

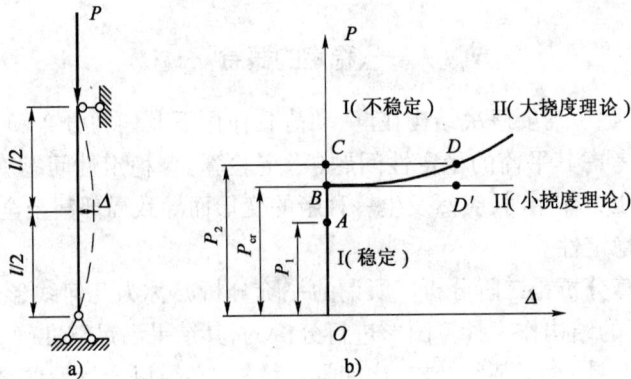

图 13-1

阶段一:当荷载 P_1 小于欧拉临界值 $P_{cr} = \dfrac{\pi^2 EI}{l^2}$ 时,杆件保持在其直线平衡状态。即压杆只单纯受压,不发生弯曲变形(挠度 $\Delta = 0$)。在图 13-1b)中,其 P—Δ 曲线由直线 OAB 表示,称为原始平衡路径(路径 I)。此时,若由于任何干扰(例如由于微小水平力的作用)使杆件发生微小的弯曲,当干扰消失之后,杆件将回复到原来的直线平衡位置而不能占有其他位置。当 $P_1 < P_{cr}$ 时,原始的平衡状态是稳定的,这时的平衡形式是唯一的平衡形式。

阶段二:当荷载 P_1 大于欧拉临界值 $P_{cr} = \dfrac{\pi^2 EI}{l^2}$ 时,原始平衡形式不再是唯一的平衡形式,压杆既可处于直线形式的平衡状态还可处于弯曲形式的平衡状态,即这时存在两种不同形式的平衡状态。相应地,在图 13-1b)中也有两条不同的 P—Δ 曲线:原始平衡路径 I(由直线 BC 表示)和第二条平衡路径 II(根据大挠度理论,由曲线 BD 表示。如果采用小挠度理论进行近似计算,则曲线 BD 退化为水平直线 BD')。显然,这时原始平衡状态(C 点)是不稳定的。如果杆件受到某种原因的干扰而弯曲,则当干扰消失后,压杆并不能回到 C 点对应的原始直线平衡状态,而将保持新的曲线形式的平衡。当 $P_1 > P_{cr}$ 时,原始的平衡状态是不稳定的。

两条平衡路径 I 和 II 的交点 B 称为分支点。分支点将原始平衡路径 I 分成了两段:前段 OB 上的点属于稳定平衡,后段 BC 上的点属于不稳定平衡。也就是说,在分支点 B 处,原始平衡路径 I 与新的平衡路径 II 同时并存,原始平衡路径 I 由稳定平衡转变为不稳定平衡,出现稳定性的转变。具有这种特征的失稳形式称为分支点失稳形式(第一类失稳)。分支点对应的荷载称为临界荷载,对应的平衡状态称为临界状态。

第一类失稳的现象,不只发生于直杆轴心受压的情况,在其他结构中也同样可以出现。例如,承受静水压力的圆弧拱的失稳、在结点承受集中荷载的刚架的失稳和承受平面内荷载的理想平直梁的侧向失稳等(如图 13-2 所示)。

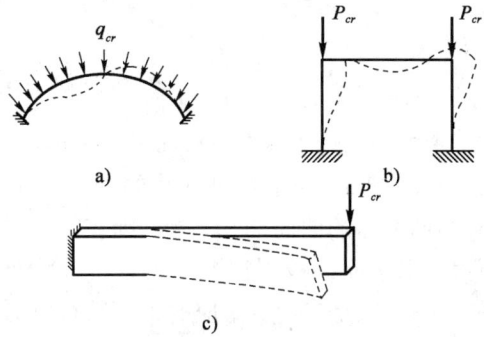

图 13-2

2. 极值点失稳(第二类失稳)

如图 13-3 所示的压杆,图 13-3a)为具有初曲率的压杆;图 13-3b)为承受偏心荷载的压杆,它们被称为压杆的非完善体系。

非完善体系的压杆从一开始就处于弯曲平衡状态,其 $P-\Delta$ 曲线如图 13-3c)所示。按照小挠度理论,$P-\Delta$ 曲线为 13-3c)中的曲线 OA。在初始阶段挠度增加较慢,以后逐渐变快,当接近中心压杆的欧拉临界值 P_{cr} 时,挠度趋于无限大。如果按照大挠度理论,其 $P-\Delta$ 曲线为 13-3c)中的曲线 OBC 表示。B 点为极值点,荷载达到极大值。在极值点以前的曲线 OB 是稳定平衡状态;在极值点以后的曲线段 BC,其平衡状态是不稳定的,其相应的荷载值反而下降。在极值点处,平衡路径由稳定平衡转变为不稳定平衡,此类失稳形式称为极值点失稳。极值点相应的荷载称为极限荷载或压溃荷载,也是临界荷载。

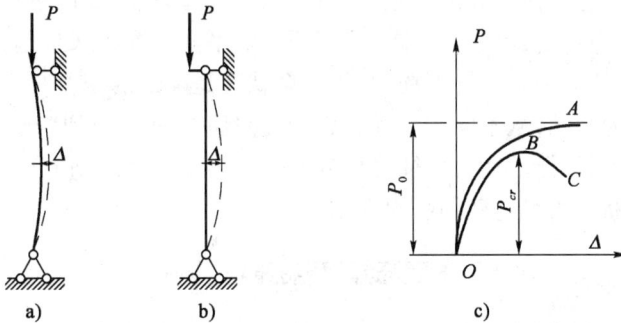

图 13-3

上述按照结构在逐渐加载的过程中平衡形式是否发生质变,将结构的失稳区分为第一类失稳和第二类失稳。此外,还可以按照另外的一些观点将结构的失稳问题分为:保守系统失稳和非保守系统失稳;线性小挠度失稳和非线性大挠度失稳;弹性极限内失稳与弹性极限外失稳;静力失稳和动力失稳;完善结构的失稳和非完善结构的失稳;局部失稳与整体失稳等。

值得指出的是,稳定问题,无论是哪一类稳定问题,都与通常所说的强度问题有严格的区别。在稳定问题中,是要寻求与临界荷载相对应的临界状态,甚至要求深入研究后屈曲平衡状态(超过临界状态后的平衡状态)。结构的稳定计算必须根据其变形状态来进行,是二阶分析,是一个变形问题。而在强度问题中,是要求出结构在稳定平衡状态下的最大应力,故为应力问题。强度问题保证了结构实际的最大应力在概率范围内不超过材料的某一强度指标;稳定问题在于防止不稳定平衡状态的发生。

第二节　确定临界荷载的静力准则及静力法

一、判断平衡稳定性的根本准则

考察一刚性小球在光滑面上的三种不同位置(三处位置的切线都是水平的),如图 13-4 所示。其中图 13-4a)为向下凸的曲面,图 13-4c)为向上凸的曲面,图 13-4b)则表示一种曲面为一水平面的极限情况。尽管小球均处于平衡状态,但是它们所对应的平衡特征却是不相同的。

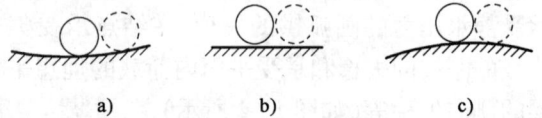

图　13-4

如果由于某一微小干扰使小球稍微偏离其平衡位置(如虚线所示),然后使其自由,则在第一种情况下(如图 13-4a),小球将在中点位置附近摆动(实际上,由于小球摆动的表面不可能是理想光滑的,小球摆动的幅度将逐渐减小,最后恢复到原来的平衡位置)。而在第三种情况下(如图 13-4c)小球将立即离开其原平衡位置继续运动。这就是说,在第一种情况下平衡是稳定的,而第三种情况下则是不稳定的。至于第二种情况(如图 13-4b),小球的任意位置都是平衡的,这种平衡形式称为中性平衡或随遇平衡,它是介于稳定平衡与不稳定平衡之间的一种过渡状态(临界状态)。

从稳定问题的根本属性出发,通过上述小球的实例,可以引出判断平衡状态是否稳定的最根本的准则如下:

假设对处于平衡状态的体系施加一微小干扰,当干扰撤去后,如体系能恢复到原来的平衡位置,则该平衡状态是稳定的;反之,若体系偏离原来的平衡位置越来越远,则该平衡状态是不稳定的;如体系停留在新的平衡位置不动,则该平衡状态是随遇的。

以上述根本准则为基础,从不同的平衡状态的能量特征可以得到判断平衡稳定性的能量准则;从稳定平衡和随遇平衡的动力特征可得到判断平衡稳定性的动力准则;而从随遇平衡的静力特征便可得到判断平衡稳定性的静力准则。

二、确定临界荷载的静力准则

静力准则可以表达为:设所研究的体系处于某一平衡位置,如果与其无限接近的相邻位置

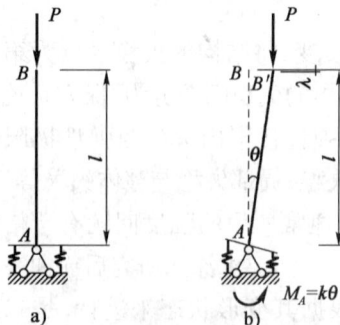

a)
b)
图　13-5

也是平衡的,则所讨论的平衡位置是随遇的。为了用静力准则确定平衡分支点荷载,首先要对新的平衡状态建立平衡方程。

下面以两个例题来讨论有限自由度体系分支点失稳问题,利用静力法,按照小挠度理论求其临界荷载。

例 13-1　图 13-5 是一单自由度体系,AB 为刚性压杆,底端 A 为弹性支承,其转动刚度系数为 k。用静力法求其临界荷载 P_{cr}。

解

    AB 杆处于竖直位置时的平衡形式是其原始平衡形式［如图 13-5a）所示］。在分支点失稳问题中，临界状态的静力特征是平衡形式的二重性。静力法的要点就是在原始平衡路径 I 之外寻找新的平衡路径 II，确定二者交叉的分支点，由此求出临界荷载。

    找到图 13-5b）所示倾斜位置时为 AB 杆新的平衡位置。根据小挠度理论，其平衡方程为

$$Pl\theta - M_A = 0 \qquad\qquad (a)$$

由于弹性支座的反力矩 $M_A = k\theta$，可得到

$$(Pl - k)\theta = 0 \qquad\qquad (b)$$

    这里需要说明一点。在稳定分析中，平衡方程是针对变形后的结构新位置写出来的，而不是针对变形前的原始位置的。也就是说，要考虑结构变形对几何尺寸的影响。在应用小挠度理论时，由于假设位移是微量，因而对结构中的各个力要区分为主要力和次要力两类。如图 13-5b）所示，竖向力 P 是主要力（有限量），而弹性支座反力矩 $M_A = k\theta$ 是次要力（微量）。建立平衡方程时，方程中的各项应是同级微量，因此对主要力的项要考虑结构变形对几何尺寸的微量变化［式（a）中的 $l\theta$ 就是微量位移］，而次要力的项则不考虑几何尺寸的微量变化。

    再回到我们的题目中，式（b）是以 θ 为未知量的齐次方程。齐次方程有两类解：零解和非零解。零解（$\theta = 0$）对应原始平衡路径 I。非零解（$\theta \neq 0$）是新的平衡形式。为了得到非零解，齐次方程的系数应为零，即

$$Pl - k = 0 \ \text{或者} \ P = \frac{k}{l} \qquad\qquad (c)$$

式（c）称为特征方程。由特征方程得知，第二平衡路径 II 为水平直线。由两条路径的交点得到分支点，分支点相应的荷载即为临界荷载，因此

$$P_{cr} = \frac{k}{l}$$

    例 13-2   求如图 13-6 所示的具有两个弹簧支座、三跨刚性压杆体系的轴向临界荷载。设线弹簧的刚度系数为 $k(\text{N/cm})$。

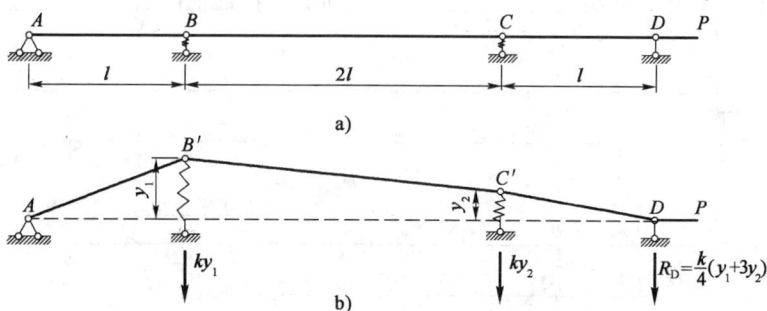

图 13-6

解

    设临界状态的一个新位置如图 13-6b）所示，弹簧支座 B、C 所发生的独立位移 y_1、y_2 作为独立参数。两支座反力即为已知解。

    先由整体的平衡条件 $\sum M_A = 0$，求得支反力

$$R_D = \frac{k}{4}(y_1 + 3y_2)$$

由隔离体 $C'D$ 的 $\sum M_C' = 0$，得

$$Py_2 = \frac{kl}{4}(y_1 + 3y_2) = 0$$

由隔离体 $B'C'D$ 的 $\sum M_{B'} = 0$，得

$$Py_1 + 2kly_2 - \frac{3kl}{4}(y_1 + 3y_2) = 0$$

于是就可以得到含有两个未知参数的齐次方程

$$\begin{cases} \dfrac{kl}{4}y_1 + \left(\dfrac{3kl}{4} - P\right)y_2 = 0 \\ \left(\dfrac{3kl}{4} - P\right)y_1 + \dfrac{kl}{4}y_2 = 0 \end{cases}$$

解得 $y_1 = y_2 = 0$，表示体系在原状态平衡；按照分支点的平衡形式，位移 y_1、y_2 不全为零，则方程的系数行列式 $D = 0$，即得体系的稳定（特征）方程为

$$\left(\frac{kl}{4}\right)^2 - \left(\frac{3kl}{4} - P\right)^2 = 0$$

即

$$P^2 - \frac{3}{2}klP + \frac{1}{2}(kl)^2 = 0$$

可以得到 P 的两个实根，即特征值

$$P = \frac{1}{2}\left[\frac{3}{2} \pm \frac{1}{2}\right]kl$$

最小值则为体系的临界荷载，即

$$P_{cr} = \frac{1}{2}kl$$

由于小变形的假设得不到与荷载值相应的位移值，而只能确定相应的变形模态，所以将两个特征值分别代入原式，可以得到 y_1 和 y_2 的比值，即可知相应于每一荷载值时的变形形式。如图 13-7 所示，图 13-7a) 所示变形呈反对称形式；图 13-7b) 所示呈正对称形式。需要说明的是，后者的形式是不能自然实现的，因为当荷载达到最小特征值时，体系已发生失稳。

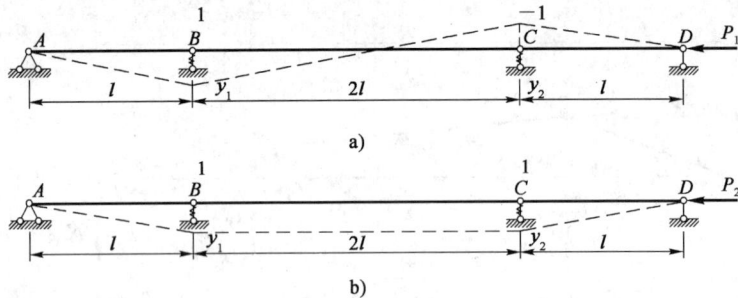

图 13-7

上述两个例题均是刚性压杆，下面来讨论弹性压杆的情况。具有弹性的压杆承受轴向压力作用而发生失稳时，其任一点或任一微段 dx 处的挠度均为独立的位移参数，所以弹性压杆的稳定分析是无限自由度问题。

下面研究的稳定问题的弹性压杆符合如下假定：

(1) 理想的中心受压直杆；

（2）材料在线弹性范围内，服从虎克定律；

（3）构件的屈曲变形微小，其轴线曲率 $\dfrac{1}{\rho} = \dfrac{y''}{(1 + y'^2)^{3/2}}$ 可近似地采用 y''。

用静力法求解各种压杆的临界荷载，仍是根据随遇平衡的二重性，先设一符合支承情况的微弯状态，并就其建立平衡方程，而在无限自由度体系中这是平衡微分方程。求解此微分方程并利用边界条件，可得到一组关于未知位移参数的齐次代数方程，位移参数不全为零的要求应使其系数行列式等于零，这就是特征方程（稳定方程）。它有无穷多个特征值，其中最小者即为临界荷载。

下面以一个两端铰支弹性压杆为例来说明。

例 13-3 图 13-8 所示为一两端铰支的等截面直杆。其上作用有一逐渐增加的压力 P，该压力作用于杆件截面形心且总沿竖直方向。

随着荷载的逐渐加大，当 P 达到临界荷载时，杆件的平衡状态将出现分支，或者说杆件有可能出现曲线平衡状态，如图 13-8a) 中所示的实线。下面来分析该处于微曲平衡状态的杆件。取图示坐标系，规定以图 13-8b) 所示的弯矩方向为正，则杆件任意截面的弯矩为

$$M = Pv$$

压杆挠曲线的近似微分方程（对应于小位移情况）为

$$EI \frac{\mathrm{d}^2 v}{\mathrm{d}x^2} = -M$$

或者可以写为

$$EI \frac{\mathrm{d}^2 v}{\mathrm{d}x^2} = -Pv \qquad\qquad (a)$$

式中，EI 为杆件的抗弯刚度。

令

$$k^2 = \frac{P}{EI} \qquad\qquad (b)$$

则式（a）可改写为

$$\frac{\mathrm{d}^2 v}{\mathrm{d}x^2} + k^2 v = 0 \qquad\qquad (c)$$

它的一般解为

$$v = A\sin kx + B\cos kx \qquad\qquad (d)$$

式中 A 和 B 为积分常数。

对于图 13-8a) 中所示的两端铰支杆件，其边界条件为

$$\text{当 } x = 0 \text{ 时}, v_{x=0} = 0$$
$$\text{当 } x = l \text{ 时}, v_{x=l} = 0$$

利用其中第一个边界条件，得 $B = 0$，故式（d）变为

$$v = A\sin kx \qquad\qquad (e)$$

再利用第二个边界条件，得

$$A\sin kl = 0$$

当 $A = 0$ 时，上列方程可以得到满足。但此时各点的位移 v 都等于零。这种情况相应于杆

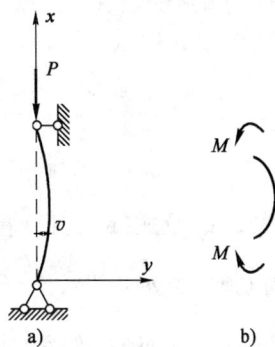

件的直线平衡形式,不是所要研究的情况。所以,只有

$$\sin kl = 0$$

才是所需要的解答。于是可得

$$kl = n\pi \tag{f}$$

式中,n 为任意正整数$(n = 1,2,3\cdots)$。

将式(b)代入式(f)及式(e),可得

$$P = \frac{n^2\pi^2 EI}{l^2} \tag{g}$$

及

$$v = A\sin\frac{n\pi x}{l} \tag{h}$$

由式(g)及式(h),可以看出,取不同的 n 值,将可得到不同的 P 值及相应的变形曲线形式。特别地,当 $n = 1$ 时,$P = P_{cr} = \dfrac{\pi^2 EI}{l^2}$,即欧拉临界荷载,杆件的直线平衡形式已不再是稳定的。由式(h)可见,与欧拉临界荷载 P_{cr} 相应的变形曲线为一个半波的正弦曲线

$$V = A\sin\frac{nx}{l} = f\sin\frac{\pi x}{l}$$

式中,f 为跨中挠度。

例 13-4　试求图 13-9 所示阶梯形柱的特征方程。

解

弹性曲线微分方程为

$$\left. \begin{array}{l} EI_1 \dfrac{\mathrm{d}^2 y_1}{\mathrm{d}x^2} + Py_1 = 0,当 0 \leqslant x \leqslant l_1 \\[3mm] EI_2 \dfrac{\mathrm{d}^2 y_2}{\mathrm{d}x^2} + Py_2 = 0,当 l_1 \leqslant x \leqslant l \end{array} \right\}$$

上式可改写为

$$\left. \begin{array}{l} y''_1 + a_1^2 y_1 = 0,当 0 \leqslant x \leqslant l_1 \\[2mm] y''_2 + a_2^2 y_2 = 0,当 l_1 \leqslant x \leqslant l \end{array} \right\} \tag{a}$$

式中:

$$a_1^2 = \frac{P}{EI_1}$$

$$a_2^2 = \frac{P}{EI_2}$$

式(a)的解为

$$y_1 = A_1\sin a_1 x + B_1\cos a_1 x$$

$$y_2 = A_2\sin a_2 x + B_2\cos a_2 x$$

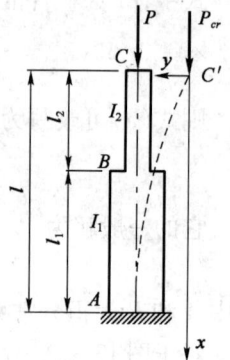

图 13-9

积分常数 A_1、B_1、A_2、B_2 由上下端的边界条件以及 $x = l_1$ 处的变形连续条件来确定。

当 $x = 0$ 时,$y_1 = 0$,由此得

$$B_1 = 0$$

当 $x = l$ 时,$\dfrac{\mathrm{d}y_2}{\mathrm{d}x} = 0$,由此得

$$A_2 - B_2\tan a_2 l = 0$$

当 $x = l_1$ 时，$y_1 = y_2$，$\dfrac{\mathrm{d}y_2}{\mathrm{d}x} = \dfrac{\mathrm{d}y_1}{\mathrm{d}x}$，由此得

$$A_1 \sin a_1 l_1 - B_2(\tan a_2 l \cdot \sin a_2 l_1 + \cos a_2 l_1) = 0$$

$$A_1 a_1 \cos a_1 l_1 - B_2 a_2(\tan a_2 l \cdot \cos a_2 l_1 - \sin a_2 l_1) = 0$$

由系数行列式等于零，可求得特征方程为

$$\tan a_1 l_1 \cdot \tan a_2 l_2 = \frac{a_1}{a_2}$$

方程当给定 $\dfrac{l_1}{l_2}$ 和 $\dfrac{I_1}{I_2}$ 的比值时才可以求解。

我们知道，确定临界荷载的基本方法有两类：本节讲述的是根据临界状态的静力特征而提出的方法，称为静力法；另一类是根据临界状态的能量特征而提出的方法，称为能量法。能量法将在第四节讲述。

第三节　用初参数法建立稳定方程

为了便于更好地用静力法分析各种支承情况下等截面中心受压杆的稳定问题，即为了使计算临界荷载的过程更为统一化和规律化，我们可以通过建立高阶的、普遍适用于各种情况的微分方程，来推导出压杆挠曲后的位移和内力的初参数表达式。

图 13-10 所示为一中心受压杆，其两端具有不限制轴线相对位移的支座约束。当其上的荷载 P 达到临界荷载时，杆件可由竖直位置转为弯曲平衡位置。此时，在杆件两端，除原有竖向力 P 外，还有水平力和弯矩的作用，可以分别以 H、M_0 和 M_l 表示，两端的水平位移和转角则可分别以 y_0、y_0' 和 y_1、y_1' 表示。

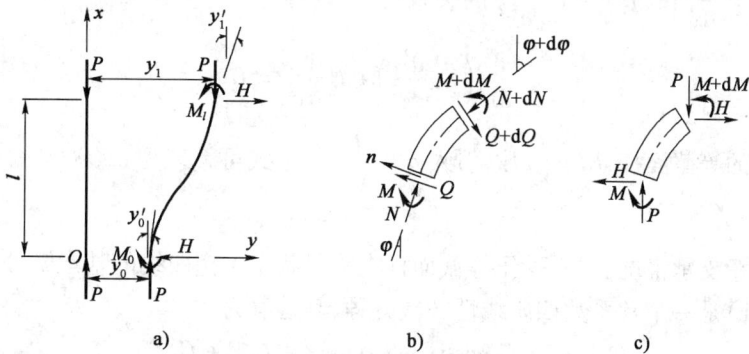

图　13-10

如前所述，在分析稳定问题时，要根据体系弯曲变形后的位置建立平衡条件，要考虑变形的影响。图 13-10b) 表示杆弯曲后的一个微段，其两端截面的转角分别为 φ 和 $\varphi + \mathrm{d}\varphi$，其受力情况已绘于图中。因杆件在弯曲过程中，$P$ 保持不变，而且杆件两端间并无横向荷载，故各个截面上作用力的竖向和水平分量，皆应为 P 和 H，于是有

$$N = P\cos\varphi + H\sin\varphi$$

下面将列出该微段的平衡方程，借以导出挠曲线的基本微分方程。

根据静力平衡条件：

由 $\sum N = 0$　　$(Q + \mathrm{d}Q)\cos\mathrm{d}\varphi - Q - (N + \mathrm{d}N)\sin\mathrm{d}\varphi = 0$

由 $\sum T = 0$ $(N + \mathrm{d}T)\cos\mathrm{d}\varphi - N - (Q + \mathrm{d}Q)\sin\mathrm{d}\varphi = 0$

由 $\sum M = 0$ $(M + \mathrm{d}M)\cos\mathrm{d}\varphi - M - Q\mathrm{d}x = 0$

即

$$\frac{\mathrm{d}M}{\mathrm{d}x} = 0$$

正如之前的假设条件,线弹性稳定问题、应用小挠度假设、变形是微小的,所以可知

$$\sin\varphi \approx \varphi, \sin\mathrm{d}\varphi \approx \mathrm{d}\varphi, \cos\varphi \approx 1, \cos\mathrm{d}\varphi \approx 1$$

且与杆件弯曲前已施加的力 P 相比,与杆件弯曲变形相关的水平力 H 和截面剪力 Q 都是次要力。各截面轴力 N 为主要内力。

所以,在建立微段的平衡方程时,应该考虑因微段两端截面相对转角 $\mathrm{d}\varphi$ 引起的主要内力(轴力)在次要内力方向的投影,不必考虑次要内力(剪力)在主要力方向的投影。这样一来,对上述式可进行简化为

$$\mathrm{d}Q - N \cdot \mathrm{d}\varphi = 0$$
$$\mathrm{d}N = 0$$
$$N = P$$

对这三式进一步可归结出

$$\mathrm{d}Q = P \cdot \mathrm{d}\varphi$$

根据 $\dfrac{\mathrm{d}M}{\mathrm{d}x} = 0$,可得

$$\frac{\mathrm{d}^2 M}{\mathrm{d}x^2} = P\frac{\mathrm{d}^2\varphi}{\mathrm{d}x}$$

再代入 $\varphi = \dfrac{\mathrm{d}y}{\mathrm{d}x}$ 和 $M = -EI\dfrac{\mathrm{d}^2 y}{\mathrm{d}x^2}$ 的关系式,可以得到

$$\frac{\mathrm{d}^2}{\mathrm{d}x^2}\left(EI\frac{\mathrm{d}^2 y}{\mathrm{d}x^2}\right) + P\frac{\mathrm{d}^2 y}{\mathrm{d}x^2} = 0$$

对于一般的等截面杆,$EI = $ 常数,引入 $a^2 = \dfrac{P}{EI}$ 后,上式可整理为

$$y^{IV} + a^2 y'' = 0 \tag{13-1}$$

这就是具有任意支承情况、中心受压等截面杆在临界状态下挠曲线的基本微分方程。

方程(13-1)是一个常系数四阶线性齐次方程,其通解为

$$y = C_1\cos ax + C_2\sin ax + C_3 x + C_4 \tag{13-2}$$

式中的积分常数可根据杆件两端的支承条件所建立的关系式加以确定。

为了在应用中方便起见,改用 $x = 0$ 处的 4 个初参数,即位移 y_0、转角 y_0'、弯矩 M_0 和剪力 Q_0 作为积分常数。将齐次方程的通解对 x 分别取一次、二次及三次导数,得

$$\left.\begin{array}{l} y' = \dfrac{\mathrm{d}y}{\mathrm{d}x} = -C_1 a \cdot \sin ax + C_2 a \cdot \cos ax + C_3 \\[2mm] -EIy'' = M = EI(C_1 a^2 \cdot \cos ax + C_2 a^2 \cdot \sin ax) \\[2mm] -EIy''' = Q = EI(-C_1 a^3 \cdot \sin ax + C_2 a^3 \cdot \cos ax) \end{array}\right\} \tag{13-3}$$

将 $x = 0$ 代入式(13-2)和式(13-3),则各式的左端即为相应的初参数。根据这样得到的 4 个条件,可以解得

$$C_1 = \frac{M_0}{EIa^2}$$

$$C_2 = \frac{Q_0}{EIa^3}$$

$$C_3 = y_0' - \frac{Q_0}{EIa^3}$$

$$C_4 = y_0 - \frac{M_0}{EIa^2}$$

将这些关系式代回式(13-2)和式(13-3)中,即得到下列 4 个初参数方程

$$y = y_0 + y_0'x - \frac{M_0}{EIa^2}(1 - \cos ax) - \frac{Q_0}{EIa^3}(ax - \sin ax)$$

$$y' = y_0' - \frac{M_0}{EIa}\sin ax - \frac{Q_0}{EIa^2}(1 - \cos ax)$$

$$M = M_0\cos ax + \frac{Q_0}{a}\sin ax$$

$$Q = Q_0\cos ax - M_0 a \cdot \sin ax$$

用以上 4 个初参数方程就可以建立中心受压等截面杆在各种约束情况下的稳定方程。一般而言,每种杆端支承情况给出两个边界条件,有两个初参数可以预先确定。比如:在铰支端,y_0 及 M_0 均为零;在固定端 y_0 及 y_0' 均为零。根据杆件另一端的约束情况,可选用上式中的有关式子,建立其余初参数应满足的方程。所列出的方程组应是齐次的,根据初参数不能全为零的条件,令方程组系数行列式为零,即得所需要的稳定方程。

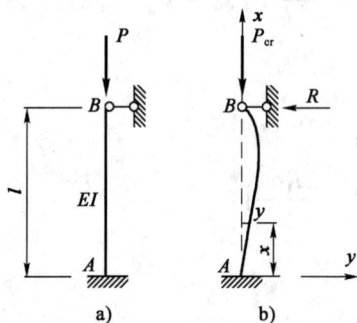

图 13-11

例 13-5 试利用初参数方程求图 13-11 所示受压杆的临界荷载,列出稳定方程。

解

分析该结构,已知的边界条件为

$$在 \ x = 0 \ 处 \qquad y_0 = 0, y_0' = 0 \tag{a}$$

$$在 \ x = l \ 处 \qquad y_l = 0, M_l = 0 \tag{b}$$

根据式(a),4 个初参数中有两个为零,只剩下两个初参数 M_0、Q_0 为未知,再利用式(b)所示条件,得到一下方程:

$$\left.\begin{array}{r} a(1 - \cos\alpha l)M_0 + (al - \sin\alpha l)Q_0 = 0 \\ a \cdot \cos\alpha l \cdot M_0 + \sin\alpha l \cdot Q_0 = 0 \end{array}\right\}$$

式中初参数 M_0 及 Q_0 的系数所组成的行列式为零,得

$$\begin{vmatrix} a(1 - \cos\alpha l) & \alpha l - \sin\alpha l \\ \alpha \cdot \cos\alpha l & \sin\alpha l \end{vmatrix} = 0$$

展开整理后得到

$$\tan\alpha l = \alpha l$$

这就是所求的稳定方程。

例 13-6　试利用初参数方程求图 13-12 所示受压杆的稳定方程。

解

分析结构后可知,边界条件为

在 $x=0$ 处　　$y_0=0, y_0'=0$　　　　(a)

在 $x=l$ 处　　$Q_l=Py_l'-ky_l, M_l=0$　(b)

式(b)中的第一个条件,是 B 端的剪力条件。因为 B 端截面的转角为 y_l',故 B 端剪力 Q_l 与力 P 及 ky_l 的关系式[见图 13-12b)]为

$$Q_l=P\sin y_l'-ky_l \cdot \cos y_l'$$

考虑到杆 AB 的位移为小挠度,可以认为 $\sin y_l'=y_l', \cos y_l'=1$,于是

$$Q_l=Py_l'-ky_l$$

在考虑了边界条件(a)以后,只剩下 M_0、Q_0 为未知的两个初参数,列出 M_l、Q_l、y_l 及 y_l' 的表达式,代入到边界条件(b)中,加以整理后可以得到

$$\left.\begin{array}{l}\cos\alpha l \cdot M_0+\dfrac{\sin\alpha l}{a}Q_0=0 \\[3mm] \dfrac{k}{EI_1a^2}(1-\cos\alpha l)\cdot M_0+\dfrac{k}{EI_1a^3}\left(al-\sin\alpha l-\dfrac{EI_1\alpha^3}{k}\right)Q_0=0\end{array}\right\}$$

使上面方程组中系数行列式为零,得

$$\begin{vmatrix} \cos\alpha l & \dfrac{\sin\alpha l}{\alpha} \\[4mm] \dfrac{k}{EI_1a^2}(1-\cos\alpha l) & \dfrac{k}{EI_1a^3}\left(\alpha l-\sin\alpha l-\dfrac{EI_1\alpha^3}{k}\right) \end{vmatrix}=0$$

展开整理后得到

$$\tan\alpha l=al-\dfrac{EI_1\alpha^3}{k}$$

这就是所求的稳定方程。再给定 k 值,即可求出稳定方程的最小根,从而定出临界荷载。

例 13-7　试利用初参数方程求图 13-13 所示结构的稳定方程。

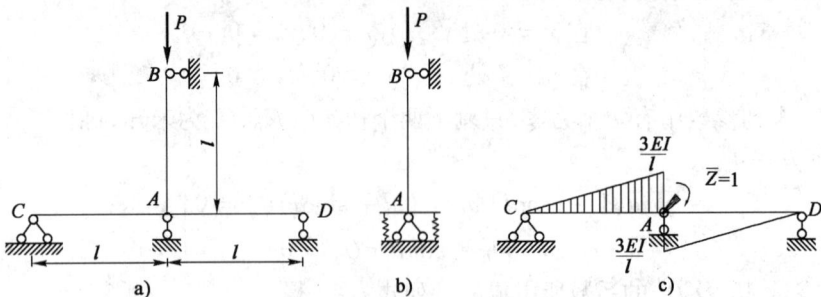

图　13-13

解

首先对结构进行受力分析。由图中可见,AB 杆为中心受压杆,A 端不能转动,当达到临界状态发生弯曲时,A 端的转动将受到 AC 和 AD 杆抗弯作用的约束。这样,AB 杆既可以看作一端铰支,另一端为弹性抗转支座的压杆[如图 13-13b)]。其中的转动刚度 k_θ 可直接按定义由

图 13-13c)求得

$$k_\theta = \frac{3EI}{l} + \frac{3EI}{l} = \frac{6EI}{l}$$

以 AB 杆的 B 端为坐标原点,边界条件为

在 $x = 0$ 处:$y_0 = 0, M_0 = 0$ (a)

在 $x = l$ 处:$y_l = 0, M_l = k_\theta y'_l$ (b)

考虑边界条件(a)后,只剩下 y'_0 和 Q_0 两个未知的初参数,列出 y_l、M_l 和 y'_l 的表达式,再根据边界条件(b)可建立以下方程

$$\left. \begin{array}{l} ly'_0 - \dfrac{k}{EIa^3}(al - \sin al)Q_0 = 0 \\[3mm] k_\theta y'_0 - \dfrac{1}{EIa^2}[k_\theta(1 - \cos al) + aEI \cdot \sin al]Q_0 = 0 \end{array} \right\}$$

取以上方程组的系数行列式为零,即可得到稳定方程

$$\begin{vmatrix} l & \dfrac{1}{EI\alpha^2}(\alpha l - \sin\alpha l) \\[3mm] k_\theta & \dfrac{1}{EIa^2}[k_\theta(1 - \cos\alpha l) + \alpha EI \cdot \sin\alpha l] \end{vmatrix} = 0$$

展开并加以整理,同时将 $k_\theta = \dfrac{6EI}{l}$ 代入,稳定方程为

$$\tan\alpha l = \alpha l \cdot \frac{1}{1 + \dfrac{(\alpha l)^2}{6}}$$

第四节　确定临界荷载的能量准则及能量法

一、确定临界荷载的能量准则

我们以能量特征来重新看图 13-14 所示的刚性小球的问题。在位于凹面内的稳定平衡情况下,如 13-14a)所示,若由于任一外因使小球偏离平衡位置,则其外力势能将增加,故知相应于稳定平衡位置的外力势能为最小。在位于凸面的不稳定平衡情况下,如 13-14c)所示,小球偏离平衡位置时将使外力势能减小,故知对应于不稳定平衡形式的外力势能为最大。而在图 13-14b)所示随遇平衡情况下,使小球偏离原来的平衡位置将不引起外力势能的改变。

具体来说,在分支点失稳问题中,临界状态的能量特征是体系的势能为驻值,这就是确定临界荷载的能量准则。下面以具有弹性支座的刚性压杆为例来说明能量准则和能量法。

图 13-15 所示为一个下端弹性固定、上端自由的单自由度体系,弹簧的转动刚度(即,使弹簧支座发生单位转角所需要的力矩。)为 k。设体系转动了一个角度 θ,并处于平衡状态,如图中实线所示。

如果把荷载 P 看作重量,体系的势能 Π 为弹簧应变能 U 与荷载势能 U_P 之和,则:

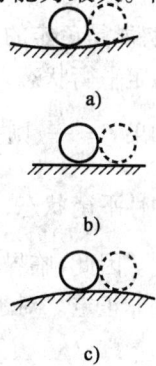

图　13-14

弹簧的应变能

$$U = \frac{1}{2}k\theta^2$$

荷载的势能

$$U_P = -P\lambda$$

这里的 λ 为 B 点的竖向位移,且

$$\lambda = l(1 - \cos\theta) = l\frac{\theta^2}{2}$$

因此

$$U_P = -\frac{Pl}{2}\theta^2$$

体系的势能

$$\Pi = U + U_P = \frac{1}{2}(k - Pl)\theta^2$$

应用势能驻值条件 $\frac{\mathrm{d}\Pi}{\mathrm{d}\theta} = 0$,得

$$(k - Pl)\theta = 0$$

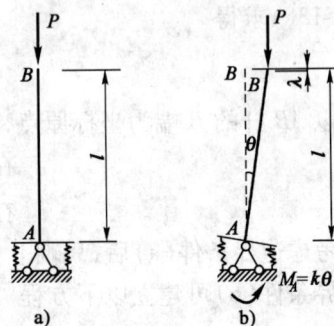

图 13-15

比较静力法可知,势能驻值条件等价于用位移表示的平衡方程。

由于能量法与静力法的计算步骤是完全相同的,则根据位移 θ 有非零解的条件导出特征方程可求出临界荷载。

归结来说,在分支点失稳问题中,临界状态的能量特征是:势能为驻值,且位移有非零解。能量法是根据上述能量特征来求临界荷载。

为了对问题深入理解,下面对势能 Π 作进一步的讨论。由

$$\Pi = U + U_P = \frac{1}{2}(k - Pl)\theta^2$$

可以看出,势能 Π 是位移 θ 的二次式,其关系曲线是抛物线。

如果 $P < \frac{k}{l}$,则关系曲线如图 13-16a)所示。当位移 θ 为任意非零值时,势能 Π 恒为正值,即势能是正定的。当体系处于原始平衡状态($\theta = 0$)时,势能 Π 为极小,因而原始平衡状态是稳定平衡状态。

如果 $P > \frac{k}{l}$,则关系曲线如图 13-16c)所示。当位移 θ 为任意非零值时,势能 Π 恒为负值,即势能是负定的。当体系处于原始平衡状态($\theta = 0$)时,势能 Π 为极大,因而原始平衡状态是不稳定平衡状态。

如果 $P = \frac{k}{l}$,则关系曲线如图 13-16b)所示。当位移 θ 为任意值时,势能 Π 恒为零。体系处于中性平衡状态,即临界状态,这时的荷载称为临界荷载,即 $P_{cr} = \frac{k}{l}$ 。这与静力法所得的结论相同。因此,临界状态的能量特征还可以表述为:在荷载达到临界值的前后,势能 Π 由正定过渡到非正定。对于单自由度体系,则由正定过渡到负定。

二、用能量法求解有限自由度体系的稳定问题

例 13-8 采用能量法求解图 13-17 所示结构的临界荷载。(在例 13-2 中,我们已用静力

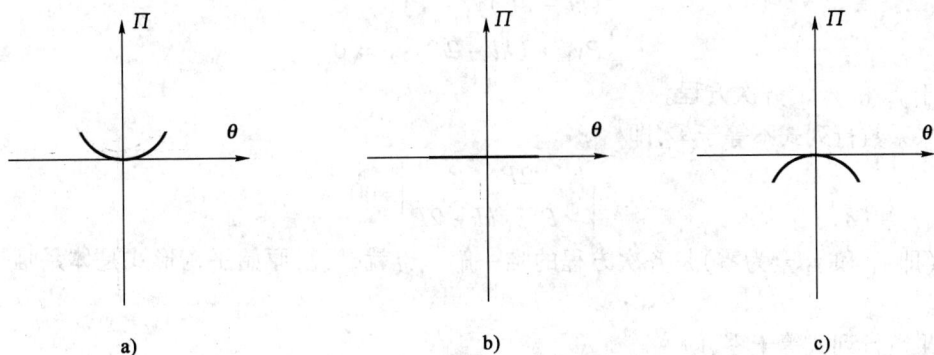

a)   b)   c)

图 13-16

法求解了类似结构)该结构是具有两个变形自由度的体系,其中 AB、BC、CD 各杆为刚性杆,在铰结点 B 和 C 处为弹性支承,其刚度系数都为 k。体系在 D 端有压力 P 作用。

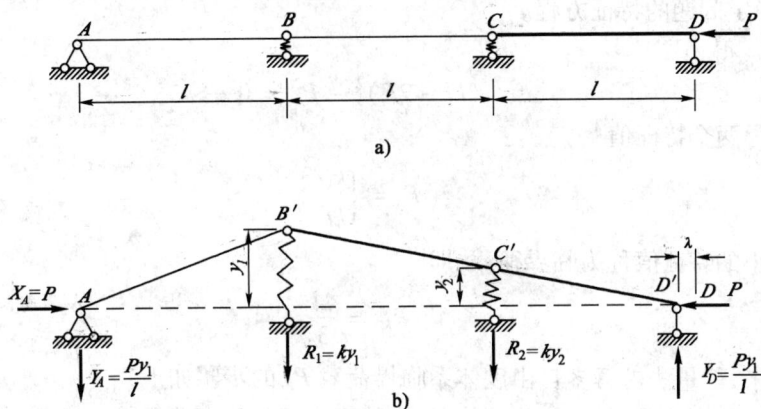

a)

b)

图 13-17

在图 13-17b)中,D 点的水平位移

$$\lambda = \frac{1}{2l}\left[y_1^2 + (y_2 - y_1)^2 + y_2^2 \right] = \frac{1}{l}(y_1^2 - y_1 y_2 + y_2^2)$$

弹性支座的应变能

$$U = \frac{k}{2}(y_1^2 + y_2^2)$$

荷载势能

$$U_P = -P\lambda = -\frac{P}{l}(y_1^2 - y_1 y_2 + y_2^2)$$

体系总的势能

$$\Pi = U + U_P = \frac{k}{2}(y_1^2 + y_2^2) - \frac{P}{l}(y_1^2 - y_1 y_2 + y_2^2)$$

$$= \frac{1}{2l}\left[(kl - 2P)y_1^2 + 2Py_1 y_2 + (kl - 2P)y_2^2 \right]$$

应用势能驻值条件

$$\frac{\partial \Pi}{\partial y_1} = 0, \frac{\partial \Pi}{\partial y_2} = 0$$

得

$$\begin{cases} (kl - 2P)y_1 + Py_2 = 0 \\ Py_1 + (kl - 2P)y_2 = 0 \end{cases}$$

这是关于 y_1 和 y_2 的齐次方程。

如果系数行列式不等于零,即

$$\begin{vmatrix} kl - 2P & P \\ P & kl - 2P \end{vmatrix} \neq 0$$

则零解(即 y_1 和 y_2 全为零)是齐次方程的唯一解。也就是说,原始平衡形式是体系唯一的平衡形式。

如果数行列式等于零,即

$$\begin{vmatrix} kl - 2P & P \\ P & kl - 2P \end{vmatrix} = 0 \qquad (a)$$

则除零解外,齐次方程还有非零解。也就是说,除原始平衡形式外,体系还有新的平衡形式。式(a)就是稳定问题的特征方程。

展开(a),得

$$(kl - 2P)^2 - P^2 = 0$$

由此解得两个特征值

$$P = \begin{cases} kl/3 \\ kl \end{cases}$$

其中最小的特征值称为临界荷载,即

$$P_{cr} = \frac{kl}{3}$$

归结起来,能量法求解多自由度体系临界荷载 P_{cr} 的步骤如下:

先写出势能表达式,建立势能驻值条件,然后应用位移有非零解的条件,得出特征方程,求出荷载的特征值 $P_i(i = 1, 2, \cdots, n)$。最后在 P_i 中选取最小值,即得到临界荷载 P_{cr}。

三、用能量法求解弹性压杆的稳定问题

对于弹性压杆的临界荷载 P_{cr} 仍可根据下列能量特征来求解:对于满足位移边界条件的任一可能位移状态,可求出使势能 $\Pi = 0$ 的相应荷载值 P,而 P_{cr} 是所有 P 中的极小值。

对无限自由度的弹性压杆(包括杆系)运用能量法进行分析常显出其优越性,特别是在各种变截面压杆及轴向荷载沿杆长连续变化的压杆等问题中,静力法的微分方程,其特征方程不易求解,用能量法则较简单又有满意的精度。

压杆的临界状态表示微弯的曲线是其平衡形式之一,如图 13-18 所示,可以用能量关系来表达它的平衡条件。设挠度曲线为 $y(x)$,且满足杆端的位移边界条件。

先求出弯曲应变能

$$U = \int_0^l \frac{1}{2} EI(y'')^2 \mathrm{d}x \qquad (13-4)$$

再来求与 P 相应的位移 λ(压杆顶点的竖向位移)。为此,先取微段 AB 进行分析[如图 13-18b)所示]。弯曲前,微段 AB 的原长为 $\mathrm{d}x$。弯曲后,弧段 $A'B'$ 的长度

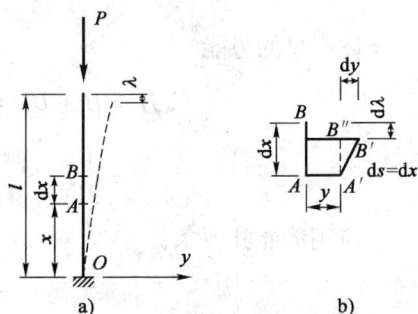

图 13-18

不变,即 $\mathrm{d}s = \mathrm{d}x$。由图中的几何关系可知,微段两端点竖向位移的差值

$$\mathrm{d}\lambda = AB - A'B'' = \mathrm{d}x - \sqrt{\mathrm{d}s^2 - \mathrm{d}y^2}$$

$$= \mathrm{d}x - \mathrm{d}x\sqrt{1 - y'^2} \approx \frac{1}{2}(y')^2\mathrm{d}x$$

因此

$$\lambda = \int_0^l \mathrm{d}\lambda = \frac{1}{2}\int_0^l (y')^2\mathrm{d}x \tag{13-5}$$

将式(13-4)和式(13-5)代入式 $P_{cr} = \min\left[\dfrac{U}{\lambda}\right]$,得

$$P_{cr} = \min\left[\frac{U}{\lambda}\right] = \min\left[\frac{\dfrac{1}{2}\int_0^l EI(y'')^2\mathrm{d}x}{\dfrac{1}{2}\int_0^l (y')^2\mathrm{d}x}\right]$$

利用上式来求 P_{cr} 的精确解,一般比较麻烦。这时,上式右边分数中的 $y(x)$ 是满足位移边界条件的任一可能位移状态,我们需要从无限自由度体系的全部可能位移状态中去求右边分数的极小值。如果我们将考察的范围适当缩小,不从可能位移的全部,而是从其中的一部分去求右边分数的极小值,则将得到临界荷载的近似解。

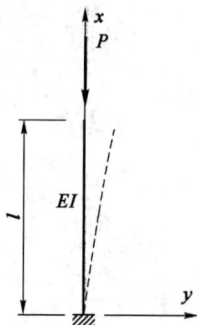

图 13-19

例 13-9   用能量法确定图 13-19 所示悬臂等截面柱的临界荷载。

解

悬臂柱的失稳曲线采用单项函数

$$y = a_1\left(1 - \cos\frac{\pi x}{2l}\right)$$

这就把问题作为一个自由度来处理了。写出函数的导数

$$y' = a_1\varphi_1'(x) = a_1\frac{\pi}{2l}\sin\frac{\pi x}{2l}$$

$$y'' = a_1\varphi_1''(x) = a_1\frac{\pi^2}{4l^2}\cos\frac{\pi x}{2l}$$

这里按照建立稳定方程的步骤,由平衡方程式系数的通式求

$$k_{11} = \int_0^l \left[EI\left(\frac{\pi^2}{4l_2}\cos\frac{\pi x}{2l}\right)^2 - P\left(\frac{\pi}{2l}\sin\frac{\pi x}{2l}\right)^2\right]\mathrm{d}x$$

$$= \frac{EI\pi^4}{16l^4}\int_0^l \frac{\pi x}{2l}\mathrm{d}x - \frac{P\pi^2}{4l^2}\int_0^l \sin\frac{\pi x}{2l}\mathrm{d}x$$

$$= \frac{EI\pi^4}{32l^3} - \frac{P\pi^2}{8l}$$

由于 $D = |k_{11}| = 0$,即得

$$P_{cr} = \frac{\pi^2 EI}{4l^2}$$

因为所选取的曲线函数正是压杆失稳的真实曲线,所以该解是此压杆临界荷载的精确解。

例 13-10   图 13-20 所示为一等截面柱,下端固定、上端自由,试求在均匀竖向荷载作用下的临界荷载值 q_{cr}。

解

选取坐标系如图所示。柱两端的位移边界条件为:

图 13-20

当 $x=0$ 时　　$y=0$

当 $x=l$ 时　　$y'=0$

根据上述位移边界条件,假设变形曲线为

$$y = a\sin\frac{\pi x}{2l}$$

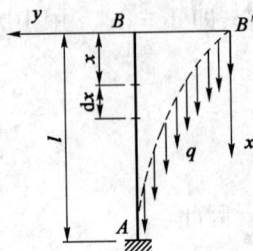

先求应变能

$$U = \frac{EI}{2}\int_0^l (y'')^2 dx = \frac{EIa^2\pi^4}{32l^4}\int_0^l \sin^2\frac{\pi x}{2l}dx = \frac{EI\pi^4 a^2}{64l^3}$$

再求外力做的功。由于微段 dx 倾斜而使微段以上部分向下移动,下降距离

$$d\lambda \approx \frac{1}{2}(y')^2 dx$$

这部分荷载所做的功为

$$W = \frac{1}{2}\int_0^l qx(y')^2 dx = \frac{q\pi^2 a^2}{8l^2}\int_0^l x\cos^2\frac{\pi x}{2l}dx = \frac{0.149}{8}q\pi^2 a^2$$

体系的总势能为

$$\Pi = U + U_P = U - W = \frac{EI\pi^4 a^2}{64l^3} - \frac{0.149}{8}q\pi^2 a^2$$

令 $\Pi=0$,可求得临界荷载 q_{cr} 的近似解

$$q_{cr} = \frac{\pi^2 EI}{8\times 0.149l^3} = 8.27\frac{EI}{l^3}$$

例 13-11　试用能量法求图 13-21 所示阶梯形变截面柱的临界荷载 P_{cr}。

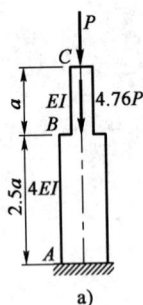

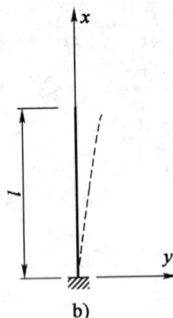

图　13-21

解

根据杆端变形边界条件,假设变形曲线为

$$y = a_1\left(x^2 - \frac{x^3}{3l}\right)$$

则

$$y' = a_1\left(2x - \frac{x^2}{l}\right)$$

$$y'' = a_1\left[2\left(1 - \frac{x}{l}\right)\right]$$

由于已将问题化为单自由度,故可直接用式

$$P = \frac{\int_l EI(y'')^2 dx}{\int_l (y')^2 dx}$$

按分段计算,求得

$$P_{cr} = \frac{2.937EI}{l^2}$$

第五节 剪力对临界荷载的影响

在前面各节中,确定临界荷载时只考虑了弯矩的影响,为了计算剪力对临界荷载的影响,在建立挠曲线微分方程时,应该同时考虑弯矩和剪力对变形的影响。

设用 y_M 表示由于弯矩影响所产生的挠度,用 y_Q 表示由于剪力影响所产生的附加挠度。根据叠加原理,在剪力和弯矩共同影响下所产生的挠度为

$$y = y_M + y_Q \tag{13-6}$$

将上式对 x 求二次导数,可得曲率的近似表达式为

$$\frac{\mathrm{d}^2 y}{\mathrm{d}x^2} = \frac{\mathrm{d}^2 y_M}{\mathrm{d}x^2} + \frac{\mathrm{d}^2 y_Q}{\mathrm{d}x^2} \tag{13-7}$$

对于图 13-22a)所示两端铰支的等截面压杆,沿杆轴承受荷载 P 的作用,此时杆件由于弯矩影响所引起的曲率为

$$\frac{\mathrm{d}^2 y_M}{\mathrm{d}x^2} = -\frac{M}{EI} \tag{13-8}$$

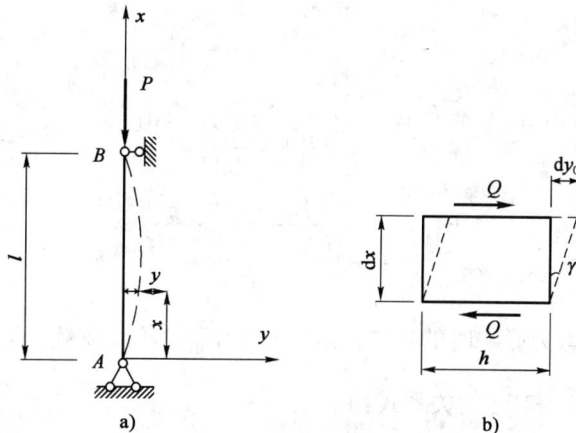

图 13-22

为了计算由剪力影响所引起的附加曲率,可先求出由于剪力所引起的杆轴切线的附加转角 $\frac{\mathrm{d}y_Q}{\mathrm{d}x}$,由图 13-22b)所示,可得附加转角等于切应变 γ,即

$$\gamma = \frac{\mathrm{d}y_Q}{\mathrm{d}x} = k\frac{Q}{GA} \tag{13-9}$$

从而得到

$$\frac{\mathrm{d}y_Q}{\mathrm{d}x} = k\frac{Q}{GA} = \frac{k}{GA}\frac{\mathrm{d}M}{\mathrm{d}x} \tag{13-10}$$

将上式进一步对 x 求导可得

$$\frac{\mathrm{d}^2 y_Q}{\mathrm{d}x^2} = \frac{k}{GA}\frac{\mathrm{d}^2 M}{\mathrm{d}x^2} \tag{13-11}$$

将式(13-11)和式(13-8)代入式(13-7),则得弯矩和剪力共同影响下挠曲线微分方程

$$\frac{\mathrm{d}^2 y}{\mathrm{d}x^2} = -\frac{M}{EI} + \frac{k}{GA}\frac{\mathrm{d}^2 M}{\mathrm{d}x^2} \tag{13-12}$$

对于图 13-22a)所示两端铰支的等截面杆的情形,在图示坐标系下,任意截面的弯矩为 $M = Py$,从而有 $\dfrac{\mathrm{d}^2 M}{\mathrm{d}x^2} = P\dfrac{\mathrm{d}^2 y}{\mathrm{d}x^2}$,把它代入式(13-12),可得

$$EI\left(1 - \frac{kP}{GA}\right)y'' + Py = 0 \tag{13-13}$$

上式与只考虑弯矩影响时的区别在于二阶导数的系数多了一项 $\left(1 - \dfrac{kP}{GA}\right)$,它的通解为

$$y = A\cos\alpha x + B\sin\alpha x \tag{13-14}$$

其中

$$\alpha = \sqrt{\frac{P}{EI\left(1 - \dfrac{kP}{GA}\right)}}$$

将边界条件($x = 0, y = 0$ 和 $x = l, y = 0$)代入式(13-14)得

$$\sin\alpha x = 0$$

其中: $\alpha l = \pi, 2\pi, 3\pi, \cdots$。

最小的临界荷载可由 $\alpha l = \pi$ 和 $\alpha = \sqrt{\dfrac{P}{EI\left(1 - \dfrac{kP}{GA}\right)}}$ 求出

$$P_{cr} = \frac{1}{1 + \dfrac{k}{GA} \times \dfrac{\pi^2 EI}{l^2}} \times \frac{\pi^2 EI}{l^2} \tag{13-15}$$

以 P_e 表示不考虑剪力影响时的临界荷载,也称为欧拉临界荷载,即 $P_e = \dfrac{\pi^2 EI}{l^2}$,则考虑剪力影响时的临界荷载 P_{cr} 和 P_e 的关系式如下

$$P_{cr} = \frac{P_e}{1 + \dfrac{k}{GA}P_e} = \beta P_e \tag{13-16}$$

其中: β 为修正系数。

$$\beta = \frac{1}{1 + \dfrac{k}{GA}P_e} \tag{13-17}$$

上式分母中的 $\dfrac{kP_e}{GA}$ 表示剪力的影响。显然修正系数 β 小于1,故考虑剪力影响时的临界荷载比欧拉临界荷载要小。

在式(13-17)中,剪力的影响为

$$\frac{kP_e}{GA} = k\frac{\sigma_e}{G}$$

上式中 σ_e 为欧拉临界应力。对于工字形截面的压杆,近似有 $k = 1$,若取剪切弹性模量 $G = 80 \times 10^3 \text{MPa}$,欧拉临界应力 $\sigma_e = 200\text{MPa}$,则剪力的影响为 $\frac{1}{400}$。因此,对于实体杆件, 剪力的影响很小,通常可略去不计。

第六节 组合压杆的稳定

在一些大型结构中,如起重机、厂房的双肢柱、桁架桥等,常常采用组合杆的形式。一般组合杆根据构造形式可分为缀条式(如图13-23)缀板式(如图13-24)两类。对于组合杆的稳定, 可以按照精确法计算,也可以采用一些假设后按近似法计算。本节则按照能量法进行近似计算。

一、缀板式组合杆

如图 13-23 所示的缀板式组合杆,可取刚架作为计算简图[图 13-23a)]。缀板式组合杆的精确计算相当复杂,下面介绍能量法的近似计算。

首先,我们来分析缀板式组合杆的变形,其变形状态可以分解为两部分:首先作为一个杆件产生的整体变形,杆件的挠度曲线仍设为半波正弦曲线[如图 13-23a)中所示的虚线]:

$$y = a\sin\frac{\pi x}{l}$$

其次作为一个刚架在结间还将产生局部弯曲变形,这可看作由结间剪力 Q 所引起的附件弯矩 M_Q 造成的[如图 13-23b)、图 13-23c)所示]。

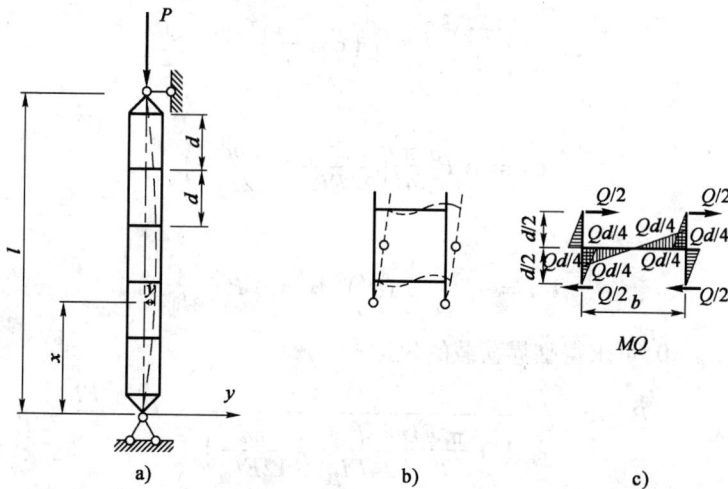

图 13-23

与此情况相对应,缀板式组合杆的应变能也是由两部分所组成:

$$U = U_1 + U_2$$

其中 U_1 是杆件在整体变形时的应变能。用 M 表示组合杆的整体弯矩,则有

$$U_1 = \frac{1}{2}\int_0^l \frac{M^2}{EI}\mathrm{d}x$$

而 U_2 对应是在结间剪力 Q 作用下，结间附件弯矩引起的应变能

$$U_2 = \frac{1}{2}\Big[\ \sum\int_0^l \frac{M_Q^2\mathrm{d}x}{EI_{\text{肢}}} + \sum\int_0^l \frac{M_Q^2\mathrm{d}x}{EI_{\text{板}}}\ \Big]$$

组合杆的整体剪力和整体弯矩分别为：

$$Q = \frac{\mathrm{d}M}{\mathrm{d}x} = Pa\frac{\pi}{l}\cos\frac{\pi x}{l}$$

$$M = Py = Pa\sin\frac{\pi x}{l}$$

则可以得到

$$U_1 = \frac{1}{2}\frac{P^2a^2}{EI}\int_0^l\Big(\sin\frac{\pi x}{l}\Big)^2\mathrm{d}x = P^2a^2\frac{l}{4EI}$$

而对于剪力在结间引起的附加局部弯矩 M_Q，可以按照图 13-23c）来计算。这里采用了一个假设：柱肢反弯点在结间高度的中点。这是因为，一般来说，缀板的线刚度大于柱肢的线刚度。

结间局部弯曲的应变能

$$U_2 = \frac{1}{2}\sum\Big[\ \frac{4}{EI_{\text{肢}}}\cdot\frac{Qd}{2\times4}\cdot\frac{d}{2}\times\frac{2}{3}\cdot\frac{Qd}{4} + \frac{2}{EI_{\text{肢}}}\cdot\frac{Qd}{2\times2}\cdot\frac{b}{2}\times\frac{2}{3}\cdot\frac{Qd}{2}\ \Big]$$

$$= \frac{1}{2}\Big(\frac{d^2}{24EI_{\text{肢}}} + \frac{bd}{12EI_{\text{板}}}\Big)a^2P^2\frac{\pi^2}{l^2}\sum\Big(\cos\frac{\pi x}{l}\Big)^2 d$$

一般来说组合杆的结间数较多，所以计算时可取

$$d = \Delta x \approx \mathrm{d}x$$

于是

$$\sum\Big(\cos\frac{\pi x}{l}\Big)^2 d \approx \int_0^l\Big(\cos\frac{\pi x}{l}\Big)^2\mathrm{d}x = \frac{l}{2}$$

因此得到

$$U_2 = a^2P^2\frac{\pi^2}{4l}\Big(\frac{d^2}{24EI_{\text{肢}}} + \frac{bd}{12EI_{\text{板}}}\Big)$$

外力势能

$$U_P = -P\int_0^l\frac{1}{2}(y')^2\mathrm{d}x = -P\frac{\pi^2a^2}{4l}$$

令 $\Pi = U + U_P = 0$，可求得临界荷载的表达式

$$P_{cr} = \frac{\pi^2EI}{l^2}\frac{1}{1 + \frac{\pi^2EI}{l^2}\Big(\frac{d^2}{24EI_{\text{肢}}} + \frac{bd}{12EI_{\text{板}}}\Big)} = k_2\frac{\pi^2EI}{l^2}$$

显然，式中

$$k_2 = \frac{1}{1 + \frac{\pi^2EI}{l^2}\Big(\frac{d^2}{24EI_{\text{肢}}} + \frac{bd}{12EI_{\text{板}}}\Big)}$$

缀板式组合杆件的计算长度

$$l_0 = \pi\sqrt{\frac{EI}{P_{cr}}} = l\sqrt{1 + \frac{\pi^2 EI}{l^2}\left(\frac{d^2}{24EI_{肢}} + \frac{bd}{12EI_{板}}\right)}$$

如果缀板线刚度比柱肢线刚度大得多,则根号内括号中的第二项可以略去不计。将上式除以 $b/2$,再利用 $I = \dfrac{A_{肢} d^2}{2}$,可得到组合杆的计算长细比公式如下

$$\lambda = \frac{l_0}{b/2} = \sqrt{\left(\frac{l}{b/2}\right)^2 + \frac{2\pi^2}{24}\cdot\frac{A_{肢} d^2}{I_{肢}}} = \sqrt{\lambda_0^2 + 0.83\lambda_{肢}^2}$$

其中的 $\lambda_{肢}^2 = \dfrac{A_{肢} d^2}{I_{肢}}$。简化,可用 1 代替 0.83,则计算长细比

$$\lambda = \sqrt{\lambda_0^2 + \lambda_{肢}^2}$$

二、缀条式组合杆

如图 13-24 所示的缀条式组合杆,可按照桁架进行计算,柱肢和缀条间的连接结点均可视为铰接点。丧失稳定时,桁架中各杆(即柱肢和缀条)只引起附加的轴力。

我们假设组合杆失稳时的变形曲线为半波的正弦曲线

$$y = a\sin\frac{\pi x}{l}$$

组合杆轴线上任意点的弯矩

$$M = Py = Pa\sin\frac{\pi x}{l}$$

剪力

$$Q = \frac{\mathrm{d}M}{\mathrm{d}x} = Pa\frac{\pi}{l}\cos\frac{\pi x}{l}$$

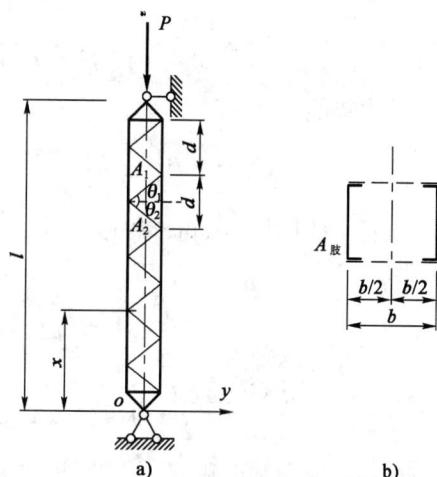

图 13-24

组合杆柱肢和缀条的轴力按照桁架近似计算,可得

$$N_{肢} = \pm\frac{M}{b} = \pm P\frac{a}{b}\sin\frac{\pi x}{l}$$

$$N_{条} = \pm\frac{Q}{\cos\theta} = \pm P\frac{a\pi}{l\cos\theta}\cos\frac{\pi x}{l}$$

上式中的 b 为组合杆肢宽,θ 为斜缀条与水平轴的夹角。

桁架的应变能

$$U = \sum\frac{N^2 s}{2EA}$$

式中:s 为各杆杆长。

将轴力代入后

$$U = \frac{1}{2}\left\{\sum_1^{2n}\frac{\left(P\dfrac{a}{b}\sin\dfrac{\pi x}{l}\right)^2 \mathrm{d}}{A_{肢}} + \sum_1^n\frac{\left(P\dfrac{a\pi}{l\cos\theta_1}\cos\dfrac{\pi x}{l}\right)^2\cdot\dfrac{b}{\cos\theta_1}}{A_1} + \sum_1^n\frac{\left(P\dfrac{a\pi}{l\cos\theta_2}\cos\dfrac{\pi x}{l}\right)^2\cdot\dfrac{b}{\cos\theta_2}}{A_2}\right\}$$

式中:$A_{肢}$ 为弦杆的面积,A_1 为上斜缀条的面积,A_2 为下斜缀条的面积。若组合杆在两个平面

内都有缀条[如图 13-24b)所示]，则计算 A_1 和 A_2 时应加倍。n 为组合杆的结间数，对于上、下斜杆来说，每一结间只有一杆，故总和数为 n 杆之和；对于弦杆来说，每一结间有两个杆，故总和数为 $2n$ 杆之和。

一般缀条式组合杆的结间数较多，实际计算时可取
$$d = \Delta x \approx \mathrm{d}x$$

并将括号内总和符号近似地用沿柱长的积分来代替，即
$$\sum_1^{2n}\left(\sin\frac{\pi x}{l}\right)^2 d \approx 2\int_0^l\left(\sin\frac{\pi x}{l}\right)^2\mathrm{d}x = l$$
$$\sum_1^{2n}\left(\cos\frac{\pi x}{l}\right)^2 d \approx 2\int_0^l\left(\cos\frac{\pi x}{l}\right)^2\mathrm{d}x = \frac{l}{2}$$

并考虑到关系式
$$d = b\tan\theta_1 + b\tan\theta_2$$

则应变能可改写为
$$U = \frac{P^2 la^2}{4E}\left\{\frac{2}{A_{\text{肢}}b^2} + \frac{\pi^2}{l^2(\tan\theta_1 + \tan\theta_2)}\left[\frac{1}{A_1\cos^3\theta_1} + \frac{1}{A_2\cos^3\theta_2}\right]\right\}$$

外力势能
$$U_P = -P\int_0^l\frac{1}{2}(y')^2\mathrm{d}x = -P\frac{a^2}{2}\frac{\pi^2}{l^2}\int_0^l\left(\cos\frac{\pi x}{l}\right)^2\mathrm{d}x = -P\frac{a^2\pi^2}{4l}$$

令 $\Pi = U + U_P = 0$，可求得临界荷载的表达式
$$P_{cr} = \frac{\pi^2 EI}{l^2}\cdot\frac{1}{1 + \frac{\pi^2}{2}\left(\frac{b^2}{l^2}\right)\frac{1}{\tan\theta_1 + \tan\theta_2}\left[\frac{A_{\text{肢}}}{A_1\cos^3\theta_1} + \frac{A_{\text{肢}}}{A_2\cos^3\theta_2}\right]}$$

式中：$I = 2A_{\text{肢}}\left(\frac{b}{2}\right)^2 = \frac{A_{\text{肢}}b^2}{2}$ 为组合截面对形心轴的惯性矩。

当缀条倾角和面积都一样时，即当 $\theta_1 = \theta_2 = \theta$，$A_1 = A_2 = A$ 时，则
$$P_{cr} = \frac{\pi^2 EI}{l^2}\cdot\frac{1}{1 + \frac{\pi^2}{2}\left(\frac{b^2}{l^2}\right)\frac{A_{\text{肢}}}{A\sin\theta\cos^3\theta}}$$

而当 $\theta_2 = 0$ 时，即有水平缀杆和倾斜缀杆时，则
$$P_{cr} = \frac{\pi^2 EI}{l^2}\cdot\frac{1}{1 + \frac{\pi^2}{2}\left(\frac{b^2}{l^2}\right)\left[\frac{A_{\text{肢}}}{A_1\sin\theta\cos^2\theta} + \frac{A_{\text{肢}}}{A_2\tan\theta}\right]}$$

第七节　用矩阵位移法计算刚架的临界荷载

与用矩阵位移法计算刚架内力一样，用矩阵位移法计算刚架的稳定时，也是先将结构离散为若干单元，先进行单元分析，建立单元刚度方程，然后将各单元按一定条件集合成整体，进行整体分析，建立结构的总刚度方程，从而求解。

这里有两个重要的不同之处[图 13-25a)和图 13-25b)所示]：一是计算内力时，在单元分析中没有考虑轴向力对弯曲变形的影响，因为在刚架的弯曲问题中轴力较小，其影响基本可以忽略，这种单元称为普通单元；但在稳定问题中，压杆所承受的轴力是使其失稳受弯的决定因

素,因此在单元分析中必须考虑轴向力对弯曲变形的影响,这种单元称为压杆单元。二是计算内力时,结构总刚度方程中有荷载列阵,求出结点位移后,进而求出内力。用小挠度理论分析刚架的第一类稳定时,原始平衡状态是刚架处于受压状态,在考虑支承条件并忽略轴向变形的情况下,结构的总刚度方程中荷载列阵的全部元素都是零,要使结点位移有任意非零解,必须要总刚度矩阵相应的行列式等于零,据此建立稳定方程,从而求出临界荷载。

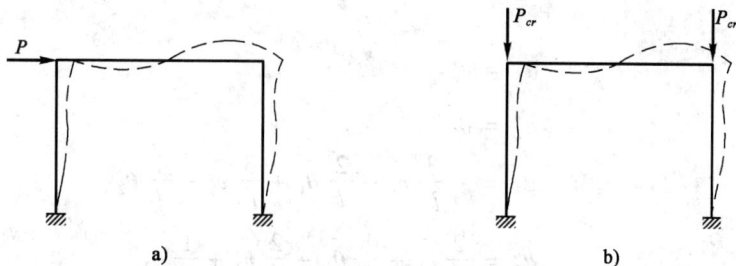

图 13-25

在下边的计算中,先讨论压杆单元的刚度方程,再讨论刚架的整体分析,进而求得临界荷载。

一、压杆单元的刚度方程

用能量法来推导压杆单元的刚度方程,并运用有限元法常用的形式列出。

如图 13-26 所示为一压杆单元 e,两端压力为 P。在图示的单元坐标系中,端点位移和端点力向量分别为

$$\{\bar{\delta}\}^e = \begin{bmatrix} \bar{\delta}_1 \\ \bar{\delta}_2 \\ \bar{\delta}_3 \\ \bar{\delta}_4 \end{bmatrix} = \begin{bmatrix} \bar{v}_1 \\ \bar{\theta}_1 \\ \bar{v}_2 \\ \bar{\theta}_2 \end{bmatrix} \qquad \{\bar{F}\}^e = \begin{bmatrix} \bar{F}_1 \\ \bar{F}_2 \\ \bar{F}_3 \\ \bar{F}_4 \end{bmatrix} = \begin{bmatrix} \bar{Y}_1 \\ \bar{M}_1 \\ \bar{Y}_2 \\ \bar{M}_2 \end{bmatrix}$$

端点位移和端点力的正方向分别如图 13-26a)和图 13-26b)所示。

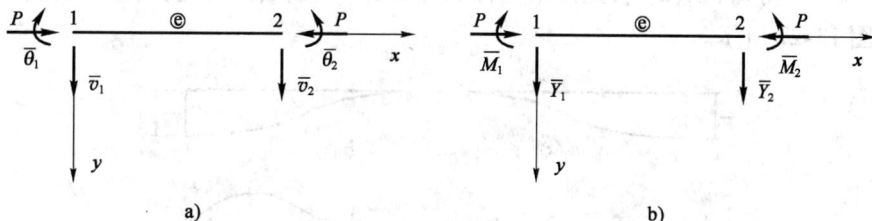

图 13-26

设位移 $y(x)$ 表示为如下多项式:

$$y(x) = a_1 + a_2 x + a_3 x^2 + a_4 x^3 \tag{13-18}$$

这里由于单元共有 4 个端点位移参数,因此所设的多项式只包含 4 个待定常数。

根据端点位移条件得出待定常数与端点位移之间的关系。4 个端点位移条件为

当 $x = 0$ 时 $\quad y = \bar{v}_1 : a_1 = \bar{v}_1$

当 $x = 0$ 时 $\qquad \dfrac{dy}{dx} = \bar{\theta}_1 : a_2 = \bar{\theta}_1$

当 $x = l$ 时 $\qquad y = \bar{v}_2 : a_1 + a_2 l + a_3 l^2 + a_4 l^3 = \bar{v}_2$

当 $x = l$ 时 $\qquad \dfrac{dy}{dx} = \bar{\theta}_2 : a_2 + 2a_3 l + 3a_4 l^2 = \bar{\theta}_2$

从而求得

$$a_1 = \bar{v}_1$$

$$a_2 = \bar{\theta}_1$$

$$a_3 = -\frac{3}{l^2}\bar{v}_1 - \frac{2}{l}\bar{\theta}_1 + \frac{3}{l^2}\bar{v}_2 - \frac{1}{l}\bar{\theta}_2$$

$$a_4 = \frac{2}{l^3}\bar{v}_1 + \frac{1}{l}\bar{\theta}_1 - \frac{2}{l^3}\bar{v}_2 + \frac{1}{l^2}\bar{\theta}_2$$

代入式(13-18),得由杆端4个位移引起的挠度曲线表达式

$$y(x) = \left(1 - 3\frac{x^2}{l^2} + 2\frac{x^3}{l^3}\right)\bar{\delta}_1 + x\left(1 - 2\frac{x}{l} + \frac{x^2}{l^2}\right)\bar{\delta}_2 + \left(3\frac{x^2}{l^2} - 2\frac{x^3}{l^3}\right)\bar{\delta}_3 - \frac{x^2}{l}\left(1 - \frac{x}{l}\right)\bar{\delta}_4$$

也可写成

$$y(x) = \sum_{i=1}^{4} \bar{\delta}_i \varphi_i(x) \tag{13-19}$$

其中

$$\varphi_1(x) = 1 - 3\frac{x^2}{l^2} + 2\frac{x^3}{l^3}$$

$$\varphi_2(x) = l\left(1 - 2\frac{x}{l} + \frac{x^2}{l^2}\right)\frac{x}{l}$$

$$\varphi_3(x) = 3\frac{x^2}{l^2} - 2\frac{x^3}{l^3}$$

$$\varphi_4(x) = -l\left(\frac{x}{l}\right)^2\left(1 - \frac{x}{l}\right)$$

由式(13-19)可知,$\varphi_i(x)$ 就是由单位杆端位移 $\bar{\delta}_i = 1$ 引起的挠度,叫做形状函数。4个形状函数如图13-27所示。

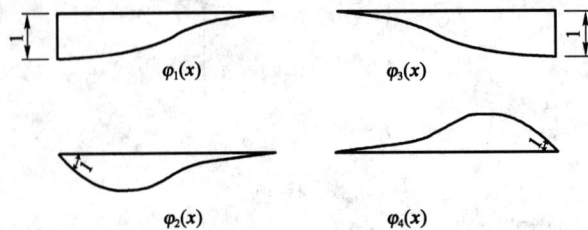

图 13-27

单元势能

$$\Pi = U + U_{P1} + U_{P2}$$

其中 U 为应变能,且

$$U = \frac{1}{2}\int_0^l EI[\,y''(x)\,]^2\mathrm{d}x = \frac{1}{2}\int_0^l [\,\sum_{i=1}^4 \bar{\delta}_i\varphi''_i(x)\,]^2\mathrm{d}x \qquad (13\text{-}20)$$

U_{P1} 是纵向力 P 的势能

$$U_{p1} = -\frac{1}{2}\int_0^l P[\,y'(x)\,]^2\mathrm{d}x = -\frac{P}{2}\int_0^l [\,\sum_{i=1}^4 \bar{\delta}_i\varphi'_i(x)\,]^2\mathrm{d}x \qquad (13\text{-}21)$$

U_{P1} 是杆端力的势能

$$U_{p2} = -\sum_{i=1}^4 \bar{F}_i\bar{\delta}_i \qquad (13\text{-}22)$$

单元处于平衡状态时,势能应为驻值,其条件为

$$\frac{\partial \varPi}{\partial \bar{\delta}_i} = 0 \quad (i = 1,2,3,4)$$

上式可进一步表示为

$$\frac{\partial U}{\partial \bar{\delta}_i} + \frac{\partial U_{P1}}{\partial \bar{\delta}_i} + \frac{\partial U_{P2}}{\partial \bar{\delta}_i} = 0 \quad (i = 1,2,3,4) \qquad (13\text{-}23)$$

由式(13-20)、式(13-21)、式(13-22)可得

$$\frac{\partial U}{\partial \bar{\delta}_i} = \int_0^l EI\left[\sum_{j=1}^4 \bar{\delta}_j\varphi''_j(x)\right]\varphi''_i(x)\,\mathrm{d}x = \sum_{j=1}^4 \bar{\delta}_j\int_0^l EI\varphi''_i\varphi''_j\mathrm{d}x \qquad (13\text{-}24)$$

$$\frac{\partial U_{P1}}{\partial \bar{\delta}_i} = -P\int_0^l \left[\sum_{j=1}^4 \bar{\delta}_j\varphi'_j(x)\right]\varphi'_i(x)\,\mathrm{d}x = -\sum_{j=1}^4 \bar{\delta}_j P\int_0^l \varphi'_i\varphi'_j\mathrm{d}x \qquad (13\text{-}25)$$

$$\frac{\partial U_{P2}}{\partial \bar{\delta}_i} = -\bar{F}_i \qquad (13\text{-}26)$$

将式(13-24)、式(13-25)、式(13-26)代入式(13-23),得

$$\bar{F}_i = \sum_{j=1}^4 \bar{k}_{ij}\bar{\delta}_j - \sum_{j=1}^4 \bar{S}_{ij}\bar{\delta}_j\,(i = 1,2,3,4) \qquad (13\text{-}27)$$

其中

$$\left.\begin{array}{l} \bar{k}_{ij} = \int_0^l EI\varphi''_i\varphi''_j dx \\[2mm] \bar{S}_{ij} = P\int_0^l \varphi'_i\varphi'_j dx \end{array}\right\} \quad \left(\begin{array}{l} i = 1,2,3,4 \\ j = 1,2,3,4 \end{array}\right) \qquad (13\text{-}28)$$

将式(13-25)中的 4 个方程合起来可写成如下的矩阵形式

$$\left\{\begin{array}{c} \bar{Y}_1 \\ \bar{M}_1 \\ \bar{Y}_2 \\ \bar{M}_2 \end{array}\right\} = \begin{bmatrix} \bar{k}_{11} & \bar{k}_{12} & \bar{k}_{13} & \bar{k}_{14} \\ \bar{k}_{21} & \bar{k}_{22} & \bar{k}_{23} & \bar{k}_{24} \\ \bar{k}_{31} & \bar{k}_{32} & \bar{k}_{33} & \bar{k}_{34} \\ \bar{k}_{41} & \bar{k}_{42} & \bar{k}_{43} & \bar{k}_{44} \end{bmatrix}\begin{bmatrix} \bar{v}_1 \\ \bar{\theta}_1 \\ \bar{v}_2 \\ \bar{\theta}_2 \end{bmatrix} - \begin{bmatrix} \bar{S}_{11} & \bar{S}_{12} & \bar{S}_{13} & \bar{S}_{14} \\ \bar{S}_{21} & \bar{S}_{22} & \bar{S}_{23} & \bar{S}_{24} \\ \bar{S}_{31} & \bar{S}_{32} & \bar{S}_{33} & \bar{S}_{34} \\ \bar{S}_{41} & \bar{S}_{42} & \bar{S}_{43} & \bar{S}_{44} \end{bmatrix}\begin{bmatrix} \bar{v}_1 \\ \bar{\theta}_1 \\ \bar{v}_2 \\ \bar{\theta}_2 \end{bmatrix} \qquad (13\text{-}29)$$

也可简写为

$$\{\bar{F}\}^e = [\bar{k}]^e\{\bar{\delta}\}^e - [\bar{S}]^e\{\bar{\delta}\}^e = ([\bar{k}]^e - [\bar{S}]^e)\{\bar{\delta}\}^e \qquad (13\text{-}30)$$

将前面 $\varphi_1(x)$、$\varphi_2(x)$、$\varphi_3(x)$、$\varphi_4(x)$ 的表达式代入式(13-28),可得

$$[\bar{k}]^e = \begin{bmatrix} \dfrac{12EI}{l^3} & \dfrac{6EI}{l^2} & -\dfrac{12EI}{l^3} & \dfrac{6EI}{l^2} \\[3mm] \dfrac{6EI}{l^2} & \dfrac{4EI}{l} & -\dfrac{6EI}{l^2} & \dfrac{2EI}{l} \\[3mm] -\dfrac{12EI}{l^3} & -\dfrac{6EI}{l^2} & \dfrac{12EI}{l^3} & -\dfrac{6EI}{l^2} \\[3mm] \dfrac{6EI}{l^2} & \dfrac{2EI}{l} & -\dfrac{6EI}{l^2} & \dfrac{4EI}{l} \end{bmatrix} \tag{13-31}$$

$$[\bar{S}]^e = P \begin{bmatrix} \dfrac{6}{5l} & \dfrac{1}{10} & -\dfrac{6}{5l} & \dfrac{1}{10} \\[3mm] \dfrac{1}{10} & \dfrac{2l}{15} & -\dfrac{1}{10} & -\dfrac{l}{30} \\[3mm] -\dfrac{6}{5l} & -\dfrac{1}{10} & \dfrac{6}{5l} & -\dfrac{1}{10} \\[3mm] \dfrac{1}{10} & -\dfrac{l}{30} & -\dfrac{1}{10} & \dfrac{2l}{15} \end{bmatrix} \tag{13-32}$$

其中,$[\bar{k}]^e$ 为不考虑纵向力影响时的普通单元刚度矩阵,$[\bar{S}]^e$ 为考虑纵向力影响时的附加矩阵,也可称为单元几何刚度矩阵。

二、刚架的稳定计算

有了上面的刚度方程,用矩阵位移法可进行刚架的稳定计算。在此假设刚架只承受结点荷载,失稳前各杆只受轴力,同时还假设各杆的轴向变形可忽略。

利用刚度集成法得出刚架的整体刚度方程为

$$([K] - [S])\{\Delta\} = \{0\} \tag{13-33}$$

式中:$[K]$——用整体坐标表示的刚架的整体刚度矩阵;

$[S]$——用整体坐标表示的刚架的整体几何刚度矩阵;

$\{\Delta\}$——用整体坐标表示的结点位移向量;

$\{0\}$——用整体坐标表示的结点荷载向量。

三、刚架临界荷载的计算

式(16)是位移法的基本方程,临界状态的特点是 $\{\Delta\} \neq \{0\}$,因此需要

$$|[K] - [S]| = 0 \tag{13-34}$$

式(13-34)的展开式是一个包含荷载值 P 的代数方程,其最小根就是刚架的临界荷载 P_{cr}。

1. 稳定问题与强度问题有什么本质的区别?

2. 怎样判断丧失第一和第二类稳定性? 试述其各自的特点,对于一中心受压杆,如有初始缺陷,能否出现第一类稳定问题?

3. 静力法和能量法的特征各是什么? 用两种方法求解临界荷载的计算步骤是什么?它们间的异同是什么?

4. 用静力法确定临界荷载的依据是什么? 什么是临界状态的静力特征?

5. 分别就单自由度和无限自由度体系总结用静力法求解临界荷载的解题思路和计算步骤,并分析、比较两者之间的异同。

6. 增加或减少杆端的约束刚度,对压杆的计算长度和临界荷载值有什么影响?

7. 用能量法计算临界荷载时,为什么所得的结果一般都大于精确解? 在什么情况下才能得到精确解?

8. 与一般的静力法确定弹性杆临界荷载的方法相比较,初参数法有何不同点? 其又有哪些优点?

9. 用矩阵位移法分析分析刚架的稳定,其误差的来源是什么? 无精确解可用于比较时,怎样衡量误差的大小? 怎样提高计算结果的精度?

10. 若以受压杆的挠曲微分方程解作为其弯曲后挠曲线的形式,则前述矩阵位移法在哪些方面应作变更?

习 题

13-1　用静力法解习图 13-1 所示中心受压杆时,(1)列出失稳时的微分方程;(2)给出建立特征方程的边界条件。

13-2　用静力法求解习图 13-2 所示结构的稳定方程及临界荷载。

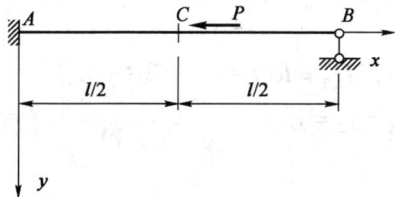

习图 13-1

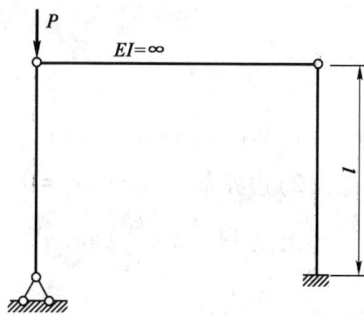

习图 13-2

13-3　用初参数法求解习图 13-3 所示结构的临界荷载。已知 $EI_1/EI_2 = \alpha, \alpha < 1$。

13-4　用能量法求习图 13-4 所示阶梯形柱的临界荷载。设挠度曲线取为 $y = \alpha\left(1 - \cos\dfrac{\pi x}{2l}\right)$。

13-5　用能量法求解习图 13-5 所示结构的临界荷载。

13-6　用矩阵位移法求解习图 13-6 所示结构的临界荷载。

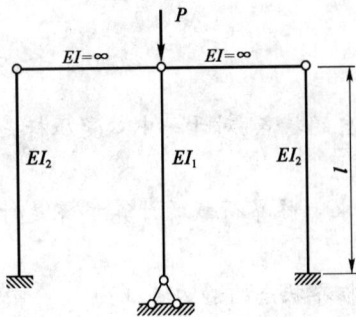

习图 13-3

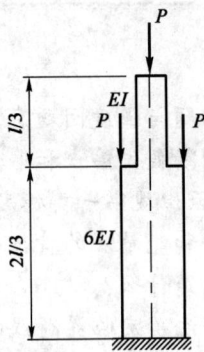

习图 13-4

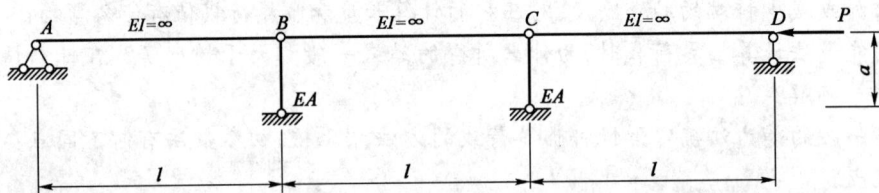

习图 13-5

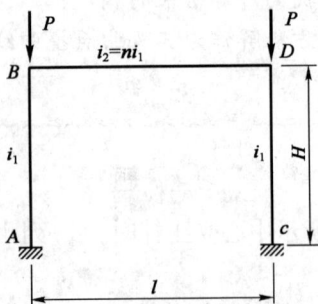

习图 13-6

习 题 答 案

13-1　(1) $EIy_1'' = R(l-x) - P(y_c - y)\,(0 \leqslant x \leqslant l/2)$; $EIy_2'' = R(l-x)\,(l/2 \leqslant x \leqslant l)$

　　　(2) 边界条件: $x=0, y_1=0, y_1'=0, x=l/2, y_1=y_2=y_c, y_1'=y', x=l, y_2=0, R \neq 0$

13-2　稳定方程: $\left(1 - \dfrac{k\delta}{P}\right)\sin(nl) = 0$; $P_{cr} = \dfrac{3EI}{l^2}$

13-3　$P_{cr} = \dfrac{6EI_1}{l^2}\alpha$

13-4　$P_{cr} = \dfrac{7.908EI}{l^2}$

13-5　$P_{cr} = \dfrac{EA\beta}{3\alpha}$

13-6　$P_{cr} = 7.445\dfrac{EI_1}{H^2} = \dfrac{\pi^2 EI_1}{\left(\dfrac{\pi}{2.728}H\right)^2}$

参 考 文 献

[1] 龙驭球,包世华. 结构力学教程. 北京:高等教育出版社,2000.

[2] 杨天祥. 结构力学. 北京:高等教育出版社,1986.

[3] 杨苇康,李家宝. 结构力学. 北京:高等教育出版社,1983.

[4] 李廉锟. 结构力学. 北京:高等教育出版社,2000.

[5] 缪加玉. 结构力学的若干问题. 成都:成都科技大学出版社,1993.

[6] 刘昭培,张韫美. 结构力学(上、下册). 天津:天津大学出版社,2003.

[7] 包世华. 结构力学(上、下册). 武汉:武汉工业大学出版社,2000.

[8] 张延庆. 结构力学(上、下册). 北京:科学出版社,2006.

[9] 黄靖,孙跃东. 硕士研究生入学考试结构力学复习及解题指导. 北京:人民交通出版社,2004.

[10] 崔恩第. 结构力学学习指导. 北京:国防工业出版社,2003.

[11] 刘尔列,崔恩第,徐振铎. 有限单元法及程序设计. 天津:天津大学出版社,2004.